生物工程新兴领域
“十四五”高等教育教材

新形态教材
生物技术与生物工程系列

蛋白质工程

（第2版）

主　编　吴　敬　刘展志

编　者（按姓名拼音排序）

方中明（武汉生物工程学院）
李宪臻（大连工业大学）
刘同军（齐鲁工业大学）
刘祥瑞（浙江大学）
刘展志（江南大学）
王从刚（大连工业大学）
王奕蓉（湖南大学）
吴　敬（江南大学）
郑　珩（中国药科大学）
周卫红（南开大学）
周哲敏（江南大学）
朱咏华（湖南大学）

中国教育出版传媒集团
高等教育出版社·北京

内容提要

本书在保持第1版编写特色与体系基础上修订而成，内容强调蛋白质工程基础理论、研究方法及实际应用相结合，同时涵盖了本领域的最新研究成果和实例。主要介绍蛋白质的结构与功能、结构分析与预测、重组表达、化学修饰、分子改造、全新设计及应用，力求使学生加深对蛋白质工程课程知识的理解和掌握，并提高理论知识的应用能力，为学生今后熟练掌握蛋白质工程技术、从事科学研究及实际工作奠定坚实的基础。

配套数字课程涵盖与纸质教材密切配合的知识拓展、补充范例、深入学习、关联实例等内容，是纸质教材内容的拓展和补充。

本书紧扣课程教学实际，密切联系工程应用，注重学生应用能力培养，适合作为高等学校生物工程、生物技术、生物制药和相关专业的本科生教材，也可供发酵工程、生物化工专业硕士研究生参考。

图书在版编目（CIP）数据

蛋白质工程 / 吴敬，刘展志主编 . -- 2版 . -- 北京：高等教育出版社，2025. 7. -- ISBN 978-7-04-064214-8

Ⅰ. TQ93

中国国家版本馆 CIP 数据核字第 202553LE75 号

Danbaizhi Gongcheng

策划编辑 单冉东　　责任编辑 单冉东　　特约编辑 张 彤　　封面设计 张志奇
责任印制 刁 毅

出版发行	高等教育出版社	网　址	http://www.hep.edu.cn
社　址	北京市西城区德外大街4号		http://www.hep.com.cn
邮政编码	100120	网上订购	http://www.hepmall.com.cn
印　刷	中农印务有限公司		http://www.hepmall.com
开　本	889mm×1194mm 1/16		http://www.hepmall.cn
印　张	12.25	版　次	2017年3月第1版
字　数	410千字		2025年7月第2版
购书热线	010-58581118	印　次	2025年7月第1次印刷
咨询电话	400-810-0598	定　价	36.00元

本书如有缺页、倒页、脱页等质量问题，请到所购图书销售部门联系调换

物 料 号 64214-00

数字课程（基础版）

蛋白质工程

（第2版）

主　编　吴敬　刘展志

abooks.hep.com.cn/64214

使用方法：

1. 电脑或移动设备访问课程网站。
2. 注册并登录后，进入“个人中心”。
3. 刮开图书封底防伪码涂层，通过扫描二维码或手动输入20位密码，完成防伪码绑定。
4. 绑定成功后，即可开始本数字课程的学习。

如有使用问题，请点击页面下方的“疑问”按钮。

第2版前言

蛋白质是具有特定空间结构的生物大分子，作为生命活动的主要承担者，其在食品、日化、饲料等工业领域中被广泛应用，展现出无可替代的重要价值。蛋白质工程作为一门交叉学科，融合了分子生物学、结构生物学、计算生物学及化学工程等多学科的知识与技术，成为解决复杂生物学问题、设计新型生物分子以及开发高效生物制剂的关键手段。在高等教育体系中，“蛋白质工程”课程不仅是生物技术和生物工程专业的核心课程，更是培养学生创新思维与实践能力的重要平台。

本教材先后获评教育部高等学校生物技术、生物工程类专业教学指导委员会组织实施的“高等学校生物技术与生物工程专业精品资源共享课及系列教材”、“生物技术与生物工程系列”新形态教材建设项目，并于2023年入选教育部战略性新兴领域“十四五”高等教育教材。全书紧密围绕课程核心教学内容，紧跟蛋白质工程领域研究进展，确保学生不仅能够获得扎实的基础知识，还能了解前沿学术动态。同时，教材内容与实际应用紧密结合，通过生动的案例分析和深入浅出的讲解，引导学生思考科学问题，激发科研兴趣和热情。此外，配套的数字资源包括但不限于知识拓展模块、分析案例、动态教学课件、教学视频以及详尽的参考文献列表，为学生提供了自主学习的广阔平台。

《蛋白质工程》自第一版问世以来，在相关学科领域内广受赞誉，为教学与科研活动提供了坚实的理论基础与实践指导。鉴于蛋白质工程相关学科的快速发展与技术的持续革新，我们深感有必要对第一版内容进行全面修订，以更好地契合当前的学科前沿和教学需求。因此，经过深入研究与精心编纂，在保留第一版核心知识体系的基础上，进行了系统性的修订、更新与深化。本教材全面覆盖了蛋白质工程学科的基础理论、核心技术与前沿应用。同时，新增了反映学科领域最新研究成果与技术进展的相关案例，如体内连续进化、人工智能预测蛋白质结构以及蛋白质从头设计等。这些新增内容不仅丰富了教材的知识体系，也提升了其学术价值与实践意义，确保符合当前的学科发展趋势和教学需求。在修订过程中，我们高度重视学生实践能力的培养，增添了大量的实践案例，旨在帮助学生深入理解所学知识，并提升其解决实际问题的能力。此外，还进一步丰富了在线实践教学资源，如关联实例、知识拓展、视频教程等，以便学生进行自主学习与实践操作。

衷心感谢所有为本书编写与修订做出贡献的人员与机构，包括作者团队、审稿专家、编辑人员等。在此也感谢所有支持与关注本教材发展的读者朋友们，是你们的支持与鼓励，让我们不断前行。同时，诚挚邀请读者提出宝贵的意见与建议，以便我们不断改进与完善教材。

愿本教材能够为蛋白质工程学科的教学与科研活动做出更大的贡献，推动学科领域的持续发展与进步。

编　者

2024年秋

目录

1 绪论 …… 1

1.1 蛋白质工程概论 …… 2

1.1.1 蛋白质工程含义 …… 3

1.1.2 蛋白质工程的发展历史与研究进展 …… 3

1.1.3 蛋白质工程与其他学科的关系 …… 4

1.2 蛋白质工程的研究内容与技术 …… 5

1.2.1 蛋白质表达与分离纯化 …… 5

1.2.2 蛋白质多肽的研究 …… 6

1.2.3 蛋白质改性的研究 …… 6

1.2.4 蛋白质固定化的研究 …… 6

1.2.5 蛋白质结构分析、功能设计与预测 …… 7

1.2.6 蛋白质设计与合成 …… 9

1.3 蛋白质工程的应用领域 …… 10

1.3.1 医药工业领域 …… 10

1.3.2 食品工业领域 …… 13

1.3.3 化工领域 …… 13

2 蛋白质的结构与功能 …… 15

2.1 氨基酸与多肽链 …… 16

2.1.1 常见氨基酸的结构特征 …… 16

2.1.2 氨基酸的分类 …… 17

2.1.3 肽和多肽链 …… 18

2.2 蛋白质的结构 …… 20

2.2.1 蛋白质的一级结构和空间结构 …… 20

2.2.2 维持蛋白质空间构象的作用力 …… 22

2.3 蛋白质结构与功能的关系 …… 23

2.3.1 蛋白质一级结构与功能的关系 …… 23

2.3.2 蛋白质空间结构与功能的关系 …… 24

2.4 蛋白质的折叠 …… 25

2.4.1 蛋白质折叠的驱动力 …… 25

2.4.2 蛋白质的正确折叠 …… 26

2.4.3 蛋白质内稳态的调控 …… 27

2.4.4 蛋白质错误折叠与神经退行性疾病 …… 28

3 蛋白质结构分析与预测 …… 30

3.1 蛋白质结构解析技术 …… 31

3.1.1 蛋白质氨基酸测序技术 …… 31

3.1.2 X 射线晶体结构分析技术 …… 34

3.1.3 核磁共振结构解析技术 …… 38

3.1.4 冷冻电镜成像技术 …… 43

3.2 蛋白质结构预测 …… 45

3.2.1 蛋白质数据库 …… 45

3.2.2 蛋白质序列分析 …… 47

3.2.3 蛋白质二级结构预测 …… 49

3.2.4 蛋白质三级结构预测 …… 49

3.2.5 蛋白质复合物结构预测 …… 53

4 蛋白质的重组表达 …… 55

4.1 蛋白质重组表达的一般流程 …… 56

4.1.1 目的基因的获得 …… 56

4.1.2 目的基因与载体的连接 …… 59

4.1.3 重组载体导入细胞 …… 62

4.1.4 克隆子的筛选与鉴定 …… 65

4.2 微生物表达系统 …… 70

4.2.1 原核生物表达系统 …… 70
4.2.2 酵母表达系统 …… 75
4.2.3 丝状真菌表达系统 …… 79
4.3 其他表达系统 …… 83
4.3.1 昆虫细胞表达系统 …… 83
4.3.2 哺乳动物细胞表达系统 …… 86
4.3.3 植物表达系统 …… 88

5 蛋白质的化学修饰 …… 93
5.1 功能基团的添加 …… 95
5.1.1 体内酶作用下的添加 …… 95
5.1.2 体内非酶作用下的添加 …… 99
5.1.3 体外非酶作用下的添加 …… 99
5.2 蛋白质的其他修饰 …… 101
5.3 氨基酸的化学修饰 …… 101
5.4 蛋白质侧链基团的修饰 …… 102
5.4.1 氧化还原反应 …… 102
5.4.2 芳香环取代反应 …… 102
5.5 蛋白质修饰的反应部位 …… 102
5.5.1 巯基的化学修饰 …… 103
5.5.2 氨基的化学修饰 …… 104
5.5.3 羧基的化学修饰 …… 104
5.5.4 蛋白质位点专一性修饰 …… 105
5.6 蛋白质结构改变 …… 107
5.7 蛋白质修饰实例 …… 108
5.7.1 胰岛素生产中二硫键的切割与形成 …… 108
5.7.2 肽链切割是蛋白质特异性的关键所在 …… 108
5.7.3 蛋白质侧链基团的化学修饰 …… 108
5.8 蛋白质的化学交联 …… 109
5.8.1 蛋白质的交联方法及交联剂 …… 109
5.8.2 蛋白质的固定化 …… 109
5.9 蛋白质化学修饰的应用 …… 109
5.10 蛋白质化学修饰的局限性 …… 112
5.11 蛋白质化学修饰面临的困难与发展趋势 …… 112

6 蛋白质的分子改造 …… 114
6.1 蛋白质分子改造技术 …… 115
6.1.1 基因突变技术 …… 115
6.1.2 定向进化技术 …… 121
6.1.3 基因融合技术 …… 140
6.2 蛋白质分子改造设计 …… 145
6.2.1 蛋白质结构预测 …… 146
6.2.2 蛋白质分子理性设计策略 …… 148
6.2.3 蛋白质设计实例 …… 154

7 蛋白质分子全新设计 …… 157
7.1 蛋白质分子设计原理 …… 158
7.1.1 蛋白质分子设计概述 …… 158
7.1.2 分类和原则 …… 159
7.1.3 蛋白质分子设计的程序 …… 161
7.2 全新设计 …… 162
7.2.1 全新蛋白质的设计方案 …… 162
7.2.2 结构的从头设计 …… 163
7.2.3 功能的从头设计 …… 166
7.2.4 蛋白质计算设计 …… 169

8 蛋白质工程的应用 …… 172
8.1 蛋白质工程在医药工业中的应用 …… 173
8.1.1 蛋白质工程在抗体生产中的应用 …… 173
8.1.2 蛋白质工程在病毒疫苗中的应用 …… 174
8.1.3 蛋白质工程在药用蛋白质中的应用 …… 175
8.2 蛋白质工程在食品工业中的应用 …… 177
8.2.1 蛋白质工程在食品原料品质改良中的应用 …… 177
8.2.2 蛋白质工程在食品生产工艺改进中的应用 …… 178
8.2.3 蛋白质工程在食品添加剂生产中的应用 …… 178
8.2.4 农作物品质改良与转基因食品 …… 178
8.3 蛋白质工程在轻工业中的应用 …… 179
8.3.1 蛋白质工程在酿造与发酵中的应用 …… 179
8.3.2 蛋白质工程在纺织与日化中的应用 …… 181
8.3.3 蛋白质工程在环保与监测中的应用 …… 182

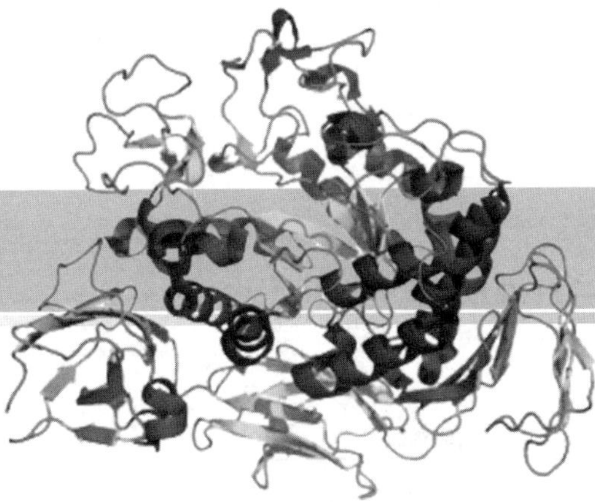

1 绪 论

● 1.1 蛋白质工程概论

蛋白质工程含义；蛋白质工程的发展历史与研究进展；蛋白质工程与其他学科的关系

● 1.2 蛋白质工程的研究内容与技术

蛋白质表达与分离纯化；蛋白质多肽的研究；蛋白质改性的研究；蛋白质固定化的研究；蛋白质结构分析、功能设计与预测；蛋白质设计与合成

● 1.3 蛋白质工程的应用领域

医药工业领域；食品工业领域；化工领域

蛋白质工程广义上指研究蛋白质优质生产和高效利用的方法学，是通过物理、化学、生物和基因重组等技术改造蛋白质或设计合成全新的蛋白质，是基因工程的延伸和发展；狭义的蛋白质工程就是在对蛋白质结构与功能关系了解的基础之上，借助计算机辅助设计，利用基因定点突变等技术，特异性地对蛋白质结构基因进行改造，从而获得具有特定生物功能的蛋白质，并研究这些蛋白质的结构和功能之间的关系。

蛋白质工程的研究大致分为两方面：一方面是根据需要合成具有特定氨基酸序列和空间结构的蛋白质分子；另一方面是研究蛋白质的化学组成、空间结构与生物功能之间的关系。

通过本章学习，可以掌握以下知识：

1. 蛋白质工程的定义
2. 蛋白质工程历史与发展
3. 蛋白质工程研究的内容

知识导图

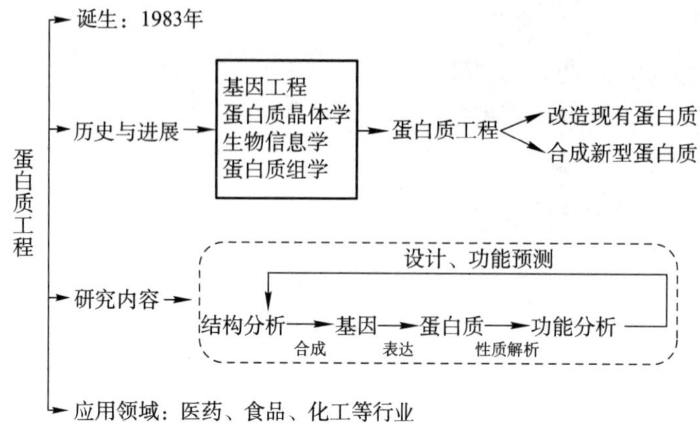

关键词

蛋白质　蛋白质工程　研究内容　应用

1.1 蛋白质工程概论

蛋白质是生物体中广泛存在的一类生物大分子，具有特定的立体结构和活性，是生命的基础物质之一，也是生命活动的直接执行者，参与了生命的所有过程，如遗传、发育、繁殖、物质和能量代谢、应激、思维和记忆等。人类所有器官组织，外到皮肤，内至心脏，都是以蛋白质为主要构成部分的。在生活中，蛋白质也随处可见，可以是营养物质、致病原、生产原料或者医药试剂，可以存在于食品、化妆品和饲料中。美国生物学家约翰·埃迪塞尔（John Edissel）教授的一句话，“蛋白质是具有独特而奇妙性质的实体”，生动形象地描述了蛋白质的性质与特征。

20世纪70年代初期，DNA重组技术的诞生，实现了基因在分子水平上的操作，使人们能够从基因水平来改造氨基酸序列，为蛋白质工程的诞生奠定了基础。进入80年代，结构生物学研究技术迅速发展，使蛋白质的空间立体结构与其生物学功能之间的关系得到更精确的揭示，为设计以及改造蛋白质提供了技术支持。结合近10年来基因拼接技术、结构生物学手段以及迅速发展的生物信息学方法，促成了蛋白质工程的诞生。

1983年，Kevin M. Ulmer博士在*Science*上发表了“Protein Engineering”专论，首次提出“蛋白质工程”这一概念，讨论了大分子晶体结构、化学修饰以及计算机建模等技术在蛋白质分子改造与设计中的运用。蛋白质工程是在生物化学、分子遗传学、分子生物学等学科的基础上，融合了蛋白质晶体学、蛋白质动力学、基因工程技术、生物信息学以及计算机辅助技术等手段，通过基因修饰或基因合成而改造蛋白质或构建新型蛋白质的新兴生物技术，是基因工程的深化和发展，因此，也被称为“第二代基因工程”。

1.1.1 蛋白质工程含义

蛋白质工程的含义有广义与狭义之分。广义上，蛋白质工程是指研究蛋白质优质生产和高效利用的方法学，是通过物理、化学、生物和基因重组等技术改造蛋白质或设计合成全新的蛋白质，是基因工程的延伸和发展；狭义上，蛋白质工程是在了解蛋白质结构与功能关系的基础上，借助计算机辅助设计，利用基因定点诱变等技术，特异性地对蛋白质结构基因进行改造，从而获得具有特定生物功能的蛋白质，并研究这些蛋白质结构和功能之间的关系。

蛋白质工程的基本原理，是在了解蛋白质结构和功能的前提下，根据需要设计预期的蛋白质结构，推测应有的氨基酸序列，找到相对应的DNA序列并改造基因（或者修饰基因、合成基因），从而构建具有预期功能的蛋白质分子。

蛋白质工程的研究大致分为两方面：一是根据需要合成具有特定氨基酸序列和空间结构的蛋白质分子；二是研究蛋白质的化学组成、空间结构与生物功能之间的关系。综合上述两方面的研究，实现从氨基酸序列预测蛋白质的空间结构和生物功能，设计合成具有特定生物功能的全新蛋白质，并最终根据需要改造天然蛋白质，或者创造自然界不存在的全新蛋白质，从而满足人类社会的需求。

1.1.2 蛋白质工程的发展历史与研究进展

天然的蛋白质是在长期进化过程中形成的，其结构、性能在很多情况下不能完全满足人类生产和生活的需要，因而需要对现有的蛋白质进行改造，甚至创造出在自然界不存在的蛋白质。蛋白质工程便是基于这样的需求而产生的。

（1）从多肽开始

从本质上说，蛋白质是由氨基酸构成的有活性的多肽，而蛋白质工程就是对多肽的研究。人类第一次发现多肽类物质是在1902年，伦敦医学院的两位生理学家William M. Bayliss和Ernest H. Starling发现了胰泌素，其是由27个氨基酸残基组成、含11种不同氨基酸的一种碱性多肽。1926年，美国生物化学家James B. Sumner从刀豆中分离提纯出脲酶（urease），得到了结晶酶，首次直接证明酶的本质就是蛋白质。1931年，我国生物化学家吴宪首次提出了完备的蛋白质变性学说理论，其基本论点沿用至今。1953年，英国生物化学家Frederick Sanger测定了由51个氨基酸组成的牛胰岛素两条多肽链的全部序列，这也是人类第一次成功解析多肽链中氨基酸残基的特定序列与蛋白质分子的空间结构的关系。1963年，美国生物化学家Bruce R. Merrifield提出了固相多肽合成方法（SPPS），并因此荣获1984年诺贝尔化学奖。1965年，我国科学家成功地合成了含有51个氨基酸的结晶牛胰岛素，这是世界上首次实现人工合成具有天然生物活力的蛋白质。1986年的诺贝尔生理学或医学奖，颁给了发现多肽生长因子（NGF）的美国生物化学家Stanley Cohen与发现神经生长因子（EGF）的意大利女科学家Rita Leviohen，表彰他们为基础科学研究开辟了一个重要的新领域。2004年的诺贝尔化学奖，授予了3位科学家——以色列科学家Aaron Ciechanover和Avram Hershko、美国科学家Irwin Rose，他们的成果是发现了泛素调节的蛋白质降解的重要机制。

蛋白质是构成包括人类在内的一切生物的基础，近几十年来生物学家在对蛋白质及其相关研究上取得了很多进展，科学家们在这个领域的研究成果也已经惠及人们的生活。

（2）在基因水平操作

当前，蛋白质工程发展如此之快，就是因为蛋白质分子经过预测与设计之后，可以应用高效的基因工程手段来进行蛋白质的合成与表达。

最早的蛋白质工程是1982年发表在*Nature*上的一篇论文，英国科学家Greg Winter等通过基因重组技术获得改性酪氨酰tRNA合成酶。他们根据X射线衍射测定酶与底物结合部位结构，用定位突变（site-directed mutagenesis）技术改变与底物结合位点的氨基酸残基，并用动力学方法测定变异酶的活性，深入讨论了酶与底物的作用机制。1983年，美国科学家Kevin M. Ulmer在*Science*上首次提出了蛋白质工程这一概念。1984年，美国科学家Jeanne L. Perry将溶菌酶中氨基酸Ile3突变成Cys3，从而生成二硫键，使酶热稳定性提高，显著改进了该酶在食品工业中的应用价值。1985年，美国科学家James A. Wells提出了盒式突变（cassette mutagenesis）技术，在一个位点上可以一次产生20种不同氨基酸的突变体，可以对蛋白质分子中氨基酸进行"饱和性"变异研究。1987年，英国科学家Alan R. Forsht通过将枯草杆菌蛋白酶分子表面的氨基酸Asp99和G1u156突变成Lys，从而导致了活性中心His64质子pK_a从7下降到6，使得该酶在pH = 6时的活力提高了10倍。

上述实例是通过对关键氨基酸残基的突变或者增删的蛋白质工程，另一类蛋白质工程是"从头设计"。1988年，杜邦公司宣布，成功设计并合成了73个氨基残基组成的4段反平行α螺旋。这显示，按人们预期要求，通过从头设计并合成新蛋白质的目标得以实现。华盛顿大学贝克实验室（Baker Laboratory）开发并维护着一个网络计算平台（BOINC），主要用于蛋白质结构预测、蛋白质–蛋白质对接、蛋白质设计和比较建模的研究。其中的Rosetta项目已经形成多个分支，有不同的发展和服务方向。Rosetta Design是蛋白质设计工具，Rosetta Dock是蛋白质–蛋白质对接预测工具，还有一款在线蛋白质结构预测游戏——Foldit。

很多国家政府、公司及科研机构，制订的生产目标都与蛋白质工程相关，如特异性疫苗、免疫球蛋白、精确的治疗药物、诊断用药和生物感受器等。1987年，美国批准了第一个基因工程药物——胰岛素，开辟了制药工业的新时代。1986年，日本通产省投资300亿日元应用到蛋白质工程研究领域。1990年美国正式启动"人类基因组计划"，2000年，美、英、日、法、德、中6个参与国家联合宣布人类基因组"工作框架图"完成，这也带来并已出现了蛋白质工程高速发展的新阶段。美国Cetus公司也准备将其预算的15%～20%投放到蛋白质工程上。

1.1.3 蛋白质工程与其他学科的关系

蛋白质工程是在对蛋白质结构和功能关系认识的基础上，按人类需要通过基因工程途径定向地改造和创造蛋白质的理论及实践，是一门应用多学科知识和技术的综合性学科。

（1）生物化学与蛋白质晶体学

蛋白质分子的生化性质、功能与空间结构的关系，以及蛋白质的生物学功能机制，是改造蛋白质的理论基础。可以说蛋白质工程是蛋白质化学和结构分子生物学研究走向应用的产物。

（2）基因工程

蛋白质工程与基因工程（genetic engineering）是密不可分的。基因工程是通过基因操作将目的基因转入适当的生物体内，并进行表达。基因工程生产的是自然界已存在的蛋白质，其结构与功能符合某种物种生存的需要，但是不一定完全符合人类生产和生活的需要。而蛋白质工程是根据蛋白质的结构与功能之间的关系，利用基因工程技术，按照人类需要，定向地改造天然的蛋白质，或者创造新的、自然界中不存在的蛋白质。蛋白质工程的产品不是天然的蛋白质，而是具有优良性能的、符合人类需要的蛋白质分子。基因定点突变技术就是通过改变特定位点碱基来实现蛋白质局部构象的改变，从而获得具有特定功能的蛋白质。天然蛋白质都是经过漫长的进化过程而形成的，而蛋白质工程是对天然蛋白质的改造，就好像是在实验室里加快了进化过程。设计合成具有特定生物功能的新型蛋白质，是利用基因工程技术将改进蛋白质的技术提升到了理想的境界。

蛋白质工程是基因研究与蛋白质研究相结合的产物，既是以基因工程为基础手段，又是基因工程的深入和延伸。与基因工程相比，蛋白质工程减少了盲目性，增加了科学性，加强了工程性，因此也被人们称为“第二代基因工程”。

（3）酶工程

酶是一类重要的蛋白质，具有生物催化作用。蛋白质工程包含酶工程（enzyme engineering），酶工程是蛋白质工程中非常有应用前景的一个分支。酶工程是指利用酶、细胞或细胞器等所具有的特异催化功能，借助生物反应装置并通过一定的工艺手段生产出人类所需产品的应用技术，是酶学理论与化工技术相结合而形成的一种新技术，是酶的生产与应用的技术过程。酶工程可以分为两个部分：一是如何生产酶；二是如何应用酶。

蛋白质工程可以对酶的催化活性、底物专一性、抗氧化性、热变性、酸碱性等加以改变。蛋白质工程技术可以提高酶的热稳定性，改变酶对底物的亲和力，提高反应的催化效率，增强酶的转移性，改变酶的别构调节部位，改变酶的底物专一性，减少反馈抑制，提高产物的产率，简化催化过程等。

（4）生物医学工程

生物医学工程（biomedical engineering）是一门由理、工、医相结合的高技术学科，是一门高度综合的交叉学科，是多种工程学科作用于医学研究的应用产物。生物医学工程是运用现代自然科学和工程技术的原理和方法，从工程学的角度在多层次上研究人体的结构、功能，揭示其生命现象以及相互关系。将蛋白质作为生物材料应用于生物医学工程，可为防病、治病提供新的技术手段。蛋白质与配体的相互作用机制，是药物设计的基础，可为新药研发提供必要的理论依据。

（5）计算机技术

计算机技术对于蛋白质工程的建立具有决定性作用。蛋白质空间结构分析是一项复杂繁重的工作，涉及大量的数据处理，单靠人脑和手工是难以完成的，而计算机恰恰善于处理这些工作，可实现将数据转变成图形和影像进行结构预测与分子设计。因此蛋白质工程的创立和发展，很大程度上取决于计算机技术的应用和发展。

1.2 蛋白质工程的研究内容与技术

蛋白质工程汇集了当代分子生物学等学科前沿领域的最新成就，其将核酸与蛋白质、蛋白质空间结构与生物功能结合起来研究。蛋白质工程研究内容主要有两方面：一方面是确定蛋白质化学组成、空间结构与生物功能之间的关系；另一方面是设计合成满足需求的蛋白质分子。

1.2.1 蛋白质表达与分离纯化

蛋白质分离纯化技术是从混合物中分离纯化出所需要的目的蛋白质的方法，是蛋白质工程研究的基础。研究蛋白质的结构和功能，首先需要获得目的蛋白；通过分子设计获得自然界中存在或者不存在的蛋白质，也必须通过分离纯化后才能应用于生活。无论是从宿主菌中提取重组蛋白，还是从动物、植物、微生物中分离目的蛋白，都是要从多种蛋白质、核酸、多糖等混合物中提取少量的高纯度的目的蛋白。

分离与纯化方法有很多种，常用技术有各种沉淀技术、各种电泳技术、透析技术、层析技术等，蛋白质的分子印迹技术和结晶技术有待深入研究。蛋白质分离纯化是当代生物产业的核心技术，技术要求与应用成本都较高，一种生物药品的成本大约75%都用于下游的蛋白质分离纯化中。因此，蛋白质的分离纯化技术已经越来越受到重视，正不断地向着自动、智能、快速、高效的方向发展。

1.2.2 蛋白质多肽的研究

20世纪60年代，美国生物化学家Bruce R. Merrifield建立了多肽固相合成（solid phase peptide synthesis，SPPS）技术，因此荣获1984年诺贝尔化学奖。该技术对一些含量很少的生物活性肽（如神经肽）的功能和结构研究、有重要应用价值的多肽的大规模制备等具有重要意义。对蛋白质多肽的研究虽然不如对蛋白质研究那样轰轰烈烈，但多肽的研究产生的经济效益却十分可观，主要体现在多肽药物的研发上。蛋白质多肽研究包括活性产物的鉴定、分离和功能评价，也包括多肽生产的方式，如随机序列多肽库的构建。活性多肽作为药物研究成果显著，如胸腺五肽、重组人胸腺肽等，并且其经济效益也很显著。

1.2.3 蛋白质改性的研究

蛋白质改性包括物理改性、酰化作用改性、磷酸化作用改性、糖基化作用改性、酶法水解改性、共价交联作用等。

物理化学法包括对蛋白质进行变性、复性处理，修饰蛋白质分子侧链官能团，分割肽链，改变表面电荷分布促进蛋白质形成一定的立体构象等；生物化学法是使用蛋白酶选择性地切割蛋白质，利用转糖苷酶、酯酶、酰酶等去除或连接不同化学基团，利用转酰胺酶使蛋白质发生交联等。以上方法只能对相同或相似的基团或化学键发生作用，不能针对特定的部位起作用。蛋白质衍生物可以作为新的产品添加成分，为产品体系补充重要的功能，广泛应用于食品加工业、木材制品工业、纺织业等。在改变结构和功能性方面，化学法比酶法更有效，酶法改性和物理改性的安全性优于化学改性。

1.2.4 蛋白质固定化的研究

固定化酶（immobilized enzyme）是20世纪60年代发展起来的一种新技术，是指用物理或化学方法处理水溶性的酶，使之变成不溶于水或固定于固相载体但仍具有酶活性的酶的衍生物。通常酶催化反应都是在水溶液中进行的，而固定化酶是将水溶性的蛋白酶分子用物理或化学方法处理，使之成为具有催化活性却不溶于水的状态。进一步开发更简便的固定化方法以及性能更加优异的载体材料，仍然是该领域追求的目标。

（1）固定化酶技术

与游离酶相比，固定化酶除可以保持其高效、专一、温和以及酶活性可调节控制等酶催化反应特性以外，还具有易于回收、可重复使用、操作连续可控、工艺简便等一系列优点。选择性地利用酶分子表面且远离活性中心位点的特定稀有基团（如巯基等）进行修饰与连接反应，使该基团与载体上另一基团共价交联来固定酶蛋白，使其活性中心朝向溶液方向，以达到控制其空间取向的目的。酶的定向固定化技术正在成为研究的热点，其解决了传统酶固定化方法中酶在任意位点与载体进行连接，使酶活性位点不能充分暴露、酶活力低等问题。

（2）生物传感器

酶促反应产生的物质在电极上发生氧化或还原反应产生的电流信号，在一定条件下与被测物质浓度呈线性关系，因此，可以用氧化还原蛋白质和酶的直接电化学来构建生物传感器。对蛋白质氧化还原电位的测定和电子转移速率的研究有助于理解环境对生物化学功能的影响。氧化还原蛋白与电极之间的直接电子转移的研究在分析化学上具有重要意义，而电化学方法已经广泛应用于生物分子的电子转移方面。将氧化还原蛋白质分子固定在生物相容性的电极表面，就会表现出快速的电子转移过程，可以不加入媒介体直接对底物进行电化学检测。

近年来，用于蛋白质的直接电子转移且能保持生物活性的无机多孔材料引起了人们越来越多的关注。无机多孔材料具有层状的稳定结构，其中沸石和介孔分子筛具有规则的大孔结构、良好的机械强度、热化学稳定性、生物相容性和高负载量，可以修饰电极材料，构成电子传递环境，并且能抑制生物降解。分子筛作为酶的固定材料，可以不需要交联剂而直接通过物理或化学反应与酶混合，用来制作新的生物传感器。将沸石和介孔分子筛的择形性、离子交换性、热化学稳定性和现代电化学技术的高灵敏度性相结合，其性能大大超过基于其他化学修饰电极所构建的传感器。

（3）组织工程

目前，在骨组织工程支架材料的研究中，胶原是最常用的天然衍生物。胶原在组织内是细胞附着的支架，并通过介导各种理化刺激来调节细胞的分化，对种子细胞的早期熟附、随后的分化增殖及发挥成骨功能等都具有促进作用。这种支架材料具有良好的细胞相容性和生物降解性，但是其生物强度比较低。研究者 N. Saito 等制备了热敏感的聚乳酸－聚乙烯 / 人重组骨形态发生蛋白聚合物，该物质在较高温度下是液体，注射到体内后该液态复合物会随着体温逐渐冷却而变成半固体状，可以作为骨形成的支架材料，并且在局部可逐渐释放人重组骨形态发生蛋白。利用这种可注射支架材料修复骨缺损，具有组织损伤小、操作简便、手术并发症少等诸多优点，应用前景广阔。

1.2.5 蛋白质结构分析、功能设计与预测

（1）蛋白质的结构分析

蛋白质工程的核心内容之一就是收集蛋白质分子结构的信息，以建立结构与功能之间关系的数据库，为蛋白质构效关系的理论研究奠定基础。蛋白质结构分为 4 级，目前都有比较成熟的结构解析方法。

蛋白质是由不同氨基酸按一定顺序通过肽键连接而成的，因此氨基酸序列就是蛋白质的一级结构，其决定着蛋白质的空间结构与生物功能。1955 年，英国生物化学家 Frederick Sanger 首次解析了胰岛素分子的氨基酸序列，因此荣获了 1958 年的诺贝尔化学奖。测定氨基酸序列的主要方法有 Edman 降解法、肽链的从头测序（*de novo*）法，也可以通过 cDNA 文库获得全序列推测氨基酸序列。自动化仪器的相继出现大大推动了蛋白质一级结构测序的发展，例如 Edman 液相自动顺序分析仪、固相顺序分析仪、气相色谱－质谱（GC–MS）等。

蛋白质的二级结构主要包括 α 螺旋、β 折叠和无规则卷曲，目前主要通过圆二色谱方法（circular dichroism，CD）和傅里叶红外光谱法（FT–IR）进行测定。CD 可以定量检测手型分子结构，蛋白质的二级结构（α 螺旋、β 折叠）以及侧链都是具有手性的，蛋白质的手性是 CD 测定蛋白质二级结构的基础。FT–IR 是通过红外光谱来推知蛋白质相关的结构信息，由于红外光谱的形成是以分子的振动为基础的，这些振动能定位蛋白质分子中的键和基团。除了这些测定方法之外，还有一些生物化学的技术被用于测定肽链间的二硫键。

蛋白质的空间结构十分复杂，测定难度也很大，测定方法主要有 X 射线衍射法、核磁共振技术（NMR）、三维电镜重构技术 3 种方法。X 射线晶体衍射是最经典的测定生物大分子结构的方法。DNA 双螺旋的发现一个重要的依据就是晶体衍射图片。蛋白质晶体衍射中最大的难点是蛋白

质的结晶，也在一定程度上限制了其发展。NMR 可以分析液态下的肽链结构，该方法绕过了结晶、X 射线衍射成像分析等难点，直接分析自然状态下的蛋白质的结构。NMR 技术是后起之秀，相对于 X 射线衍射法较为简单，分辨率也很高，近年来技术越发成熟。三维电镜重构技术是结构生物学研究中的一种较新的技术，是将电子显微、电子衍射与计算机图像处理相结合而形成的适合分析难以形成三维晶体的膜蛋白等大的复合体的三维结构分析技术。迄今为止，电子晶体和冷冻电子显微技术、扫描隧道显微镜、波谱技术、计算机分子图形学、量子力学对构象研究做出了贡献。

（2）蛋白质功能预测与设计

以蛋白质结构与功能关系为基础，根据自身需要对蛋白质进行分子改造，有物理方法、化学方法、基因重组等多种方法。根据对天然蛋白质结构与功能分析建立起来的数据库里的数据，可以预测氨基酸序列肽链空间结构和生物功能；反之，也可以根据特定的生物功能，设计蛋白质分子的氨基酸序列和空间结构。

当前蛋白质结构预测方法主要有比较建模法、折叠识别法、二级结构预测法和从头预测法，前 3 项是基于已有知识，后 1 项是从头预测。按照其对模板的依赖与否主要分为 2 类：模板依赖模型和从头预测法。模板依赖模型又可以分为 2 种模型：同源模型（或称比较模型）和折叠识别模型（又称穿线法）。具有相似序列的蛋白质具有相似的功能，比较可靠的预测蛋白质功能的方法是进行数据库的相似性搜索。通过数据库搜寻，比较目的蛋白是否与已知功能的蛋白质相似。常用的数据库是无冗余蛋白序列数据库，如 SWISS-PROT 和 PDB。当目标序列没有同源结构时，进行蛋白质三维结构预测就必须使用从头预测方法。

2021 年，DeepMind 公司在 *Natrue* 杂志上发表了人工智能（AI）系统 AlphaFold 根据氨基酸序列预测蛋白质三维结构的研究。人工智能系统 AlphaFold 可以根据氨基酸序列预测蛋白质三维结构，自公开以来在生命科学领域掀起一阵前所未有的热潮，被称为“划时代的进步”。AlphaFold 预测蛋白质三维结构的准确性可与使用冷冻电子显微镜、核磁共振或 X 射线晶体学等实验技术解析的三维结构相媲美。对于要确定特定蛋白详细结构的研究人员来说，AlphaFold 的预测提供了一个可以通过实验验证或改进的初始模型，有助于理解实验数据。例如，X 射线晶体学的原始数据是 X 射线的衍射图案。通常情况下，科学家需要对蛋白的结构进行初步猜测来解释这些图案，通过拼凑公开蛋白数据库中相关蛋白的信息或使用实验方法来确定最初的蛋白模型。现在，AlphaFold 的预测使科学家无需这一策略就可以解析大多数 X 射线衍射图案。在药物开发方面，AlphaFold 提供的结构不完全取代实验获得的结构，但它们可能与实验手段相辅相成，加快药物开发的过程。虽然 AlphaFold 的设计是用来预测单一结构，但是研究发现，如果用一个长连接序列将两个蛋白序列拼接在一起，AlphaFold 可以准确预测它们的相互作用。这些工具已经帮助研究人员发现了新的结合蛋白。利用预测蛋白结构的算法，研究团队只需要知道靶点蛋白的结构信息，就能够发现与它们以高亲和力结合的迷你蛋白。

（3）蛋白质组学

蛋白质组（proteome）指“一种基因组所表达的全套蛋白质”，即包括 1 种细胞乃至 1 种生物所表达的全部蛋白质，这个概念由澳大利亚科学家 Marc Wilkins 于 1994 年提出。

蛋白质组学（proteomics）指的是在大规模水平上研究蛋白质的特征，包括蛋白质的表达水平、翻译后的修饰、蛋白质与蛋白质的相互作用等。随着人类基因组计划的逐步完成，科学家们又提出了后基因组计划，蛋白质组的研究就是其中的核心内容之一。事实上大部分疾病并不是因为基因改变所造成的，而是由蛋白质突变引起的。蛋白质组学的研究包括蛋白质的鉴定、蛋白质的功能确定、比较细胞在不同生理或病理条件下蛋白质表达的异同以及蛋白质间的相互作用等。与传统的针对单一蛋白质进行的研究相比，蛋白质组学采用高通量和大规模的研究手段，在回答有关生命活动机制的基本问题方面达到空前的规模和速度。

蛋白质组分析一般采用双向凝胶电泳技术、质谱以及数据检索来完成。1975 年，美国科学家 H. O. Patrick 等建立了双向凝胶电泳技术，可以用于组织与细胞中大规模蛋白质的分离，近年来经过多方面改进已成为研究蛋白质组最有使用价值的核心方法。1973 年，德国科学家 Franz Hillenkamp 开发了激光解吸质谱（laser microprobe mass analyzer）；1984 年，美国科学家 John Fenn 设计了电荷电喷雾（ESI）质谱，而日本科学家 Koichi Tanaka 于 1988 年则发明了用激光轰击成团的生物大分子的方法（MALDI），2 种方法均成功地分离出了完整的生物大分子，可以高效、精确地测量生物大分子的质量并测定部分序列；随后，瑞士科学家 Kurt Wiithrich 发明了利用核磁共振技术测定溶液中生物大分子三维结构的方法，并因此同美国科学家 Jonn Fenn、日本科学家 Koichi Tanaka 共同荣获了 2002 年诺贝尔化学奖。

2001 年，丹麦科学家 Matthias Mann 等在此基础上，建立了肽指纹图谱与肽序列标签技术，是目前蛋白质组研究中鉴定蛋白质较为常用的方法。不同的蛋白质经专一酶解后产生特定的肽段序列，采用生物质谱对肽混合物进行质量分析，结合数据库检索寻找具有相似肽谱的蛋白质，实现了质谱准确、快速、自动化和大规模鉴定蛋白质的飞跃。MALDI-TOF-MS（基质辅助激光解吸电离飞行时间质谱，matrix-assisted laser desorption/ionization time of flight mass spectrometry）是近年来发展起来的一种新型的软电离生物质谱，既可以直接应用于混合物的分析，也可以用来检测样品中是否含有杂质及杂质的相对分子质量，其准确度高达 0.1% ~ 0.01%，目前可测定生物大分子的相对分子质量高达 6×10^5。这些研究成果使人类可以通过对蛋白质进行详细的分析而加深对生命进程的了解，使新药的开发发生了革命性的变化，并在食品控制、癌症的早期诊断等领域也得到了广泛应用。

1.2.6 蛋白质设计与合成

通过基因重组技术或人工合成 DNA，改变编码蛋白质的基因，不但可以改造蛋白质，甚至可以从头合成全新的蛋白质。在已知蛋白质结构与功能的基础上，有目的地改变蛋白质的某一活性基团或模块，可以运用定点突变等技术来实现，该法又称为理性分子设计。如果不确定基因序列或氨基酸序列与蛋白质功能之间关系，可以采用随机诱变或者 DNA 改组技术（DNA shuffling），造成碱基对的随机缺失、插入或替代，建立突变文库，再通过高通量的筛选方法，定向选择出性状较为满意的突变体，该技术又称非理性设计。

合成全新蛋白质，即从头设计全新蛋白质（*de novo* protein design），包括从头结构设计和从头功能设计，是建立在人们认识蛋白质、掌握其结构规律、了解结构与功能关系的基础上进行的。蛋白质分子设计有助于进一步揭示蛋白质的结构原理和构效关系，同时也有助于指导药物合成以及工业产品的设计。目前人类已经迈进蛋白质设计的时代，并且正在以越来越快的步伐前进。1988 年，William DeGrado 首次分享了他如何用从头设计水溶性 4 螺旋（alpha4）的成果。它代表了蛋白质从头设计的第一个里程碑，alpha4 在水溶液中具有协同折叠的球状构象，并且非常稳定。蛋白质从头设计的另一个里程碑是 Baker 的基于片段的设计方法，现已经被广泛使用。尽管有可能产生与天然蛋白质相似或同源的从头蛋白质，但毫无疑问，这对蛋白质从头设计领域和生成初始骨架的问题产生了巨大影响。通过 RosettaRemodel 等框架实现的蓝图设计已经成为蛋白质从头计算设计中最成功的方法之一。与此同时，也出现了一系列骨架生成方法如 TERMS、SEWING、LUCS、TopoBuilder 等。2022 年，中国科学技术大学刘海燕教授、陈泉副教授团队发表论文公布了一条全新的蛋白质从头设计路线。该团队基于先前提出的“给定主链结构设计氨基酸序列”的 ABACUS 模型与本研究汇总提出的“氨基酸序列待定时从头设计全新主链结构”的

SCUBA 模型，搭建了能够从头设计具有全新结构和序列的人工蛋白完整工具流。这是除了目前广泛使用的 RosettaDesign 之外的又一个蛋白质从头设计方法。现阶段，蛋白质从头设计已经从设计出具有稳定折叠结构的蛋白质，逐步走向从头设计具有特定功能的蛋白质。研究人员已成功利用 AI 工具 AlphaFold 设计和构建出前所未有的蛋白结构。研究人员只需要给出负责特定催化功能的氨基酸，然后让 AI 设计出其他部分。研究人员在细菌中表达了 129 种 AI 系统想象出的蛋白，并且发现大约五分之一的蛋白会折叠成 AI 预测的结构。这首次证明了使用这些神经网络可以用来设计蛋白。目前已有研究团队使用这一策略设计有用的蛋白，比如能够催化特定化学反应的蛋白催化剂。

融合蛋白质是 2 个不同的蛋白质连成 1 个大分子。蛋白质融合技术可以通过化学方法连接，也可以将编码不同蛋白质基因的片段组合在一起，经基因克隆和表达，产生出具有多种功能的新型融合蛋白质。这种方法可以将不同蛋白质的特性集中在一种蛋白质上，显著地改变蛋白质的特性，各组分可发挥协同作用，使融合蛋白质的生物学活性较各单体大大增强。现在研究较多的所谓“嵌合抗体”和“人缘化抗体”等，就是采用这种方法。

1.3 蛋白质工程的应用领域

蛋白质工程除了用于改造天然蛋白质或设计制造新的蛋白质外，其本身还是研究蛋白质结构功能的一种强有力工具，其在解决生物理论方面所起的作用，可以与任何重大的生物研究方法相提并论。蛋白质工程的研究在过去 20 多年里发展迅速，已经取得了一系列成果，一些经过蛋白质工程改造的酶和蛋白制剂相继投入生产，应用于蛋白质药物、工业酶制剂、食品加工、农业生物技术、生物代谢途径等领域。在 20 多年的实践过程中，无论在基础理论研究领域还是在生产实际应用方面，蛋白质工程研究均取得了惊人成就，给生命科学研究带来了深刻变化。在分子生物学手段日益发展的今天，新的蛋白质工程手段逐渐面世，对于蛋白质分子改造起到了极其重要的作用，通过这种手段提高蛋白质的特性（如热稳定性、耐酸性、耐碱性等）仍然是目前的重要研究方向。随着蛋白质工程的发展，大量新型的、具有特定功能的蛋白质将在工业、农业、医药、食品和环境保护等方面发挥重要作用。

1.3.1 医药工业领域

蛋白质工程在医药行业的应用非常多，如抗体生产、疫苗制备、抗肿瘤药物等，发展也非常快，下面介绍几个例子。

早期制备抗体是将某种天然抗原经各种途径免疫动物，成熟的 B 细胞克隆受到抗原刺激后，将抗体分泌到血清和体液中。血清中的抗体是多种单克隆抗体的混合物，称为多克隆抗体，这是人类有目的利用抗体第一步。1975 年，德国科学家 Georges Kohler 及英国科学家 Cesar Milstein 等通过杂交瘤技术成功制备出均一的单克隆抗体，这是免疫学上划时代的伟大进展之一，他们也因此荣获 1984 年的诺贝尔生理学或医学奖。利用这种技术制备的单克隆抗体在疾病诊断、治疗和科学研究中得到广泛应用，但是该技术生产成本太高，不适合大规模工业化生产。20 世纪 80 年代初，抗体基因结构和功能的研究成果与重组 DNA 技术相结合，产生了第三代——基因工程抗体（genetic engineering antibody，GeAb）。这种运用蛋白质工程技术改造抗体被称为抗体工程。基因工程抗体是将抗体的基因按不同需要进行加工、改造和重新装配，然后导入适当的受体细胞中进行表达的抗体分子。该技术是按人工设计得到重新组装的新型抗体分子，保留天然抗体的特异性和生物学活性，去除无关结构。1994 年英国科学家 Kerry A. Chester 等创建了噬菌体抗体库（phage antibody library）技术，使得人们不用经免疫即可获得任何一种动物（包括人）的特异性抗体，从而使抗体工程进入一个全新的时期。抗体工程使抗体的制备更加简化，并且拓宽了抗体的应用范围，比天然抗体更具有潜在的应用前景。

免疫球蛋白呈“Y”形，是由 2 条重链与 2 条轻链通过二硫键相互连接而构成的。每条链分为可变区（N 端）和恒定区（C 端），抗原的吸附位点在可变区，而细胞毒素或其他功能因子的吸附位点在恒定区。在每个可变区中有 3 个部分的氨基酸序列是高度变化的，是在三维结构上处在 p 折叠端头的松散结构（CDR），是抗原的结合位点，其余部分为 CDR 的支持结构。因为不同种属的 CDR 结构也是保守的，故可以通过蛋白质工程对抗体进行改造。例如，鼠单克隆抗体被人免疫系统排斥，可以用人抗体的恒定区替代鼠单克隆抗体的恒定区，以此降低其免疫原性；也可以将抗原吸附区域嫁接到人抗体上，这样的抗体上外源肽链最小，免疫原性也就最小。但是，仅将 CDR 转接到人抗体上，其抗原吸附能力很小，必须带上几个框架氨基酸残基，才能保持原有的吸附力，而这个框架可以通过逐个氨基酸替代或计算机模拟分析来获得，在保持原有吸附力的基础之上，尽量地降低免疫原性。

疫苗是人类预防和控制传染病最为经济有效的手段之一。减毒活疫苗具有接种量小、维持免疫时间长以及免疫效果较好等优势，但是病毒没有完全灭活，仍然具有一定的毒性，容易引发生物安全问题。研究表明通过在病毒蛋白外壳上连接蛋白酶体靶向片段 PTD，可以利用宿主细胞的“泛素 – 蛋白酶体”系统来对减毒活疫苗中的病毒蛋白进行降解。这种减毒活疫苗在体内保持良好的减毒效果，并且有效刺激机体的免疫应答，能够对多种同源或异源病毒产生良好的防护效果，为新的疫苗技术的开发提供了新的有效策略。

目前基因工程抗体在疾病的预防、诊断及治疗方面已获得广泛应用，如治疗淋巴肉芽肿病和风湿性关节炎的 CAMPATH-1H、治疗直肠结肠腺癌的单克隆抗体 Mab17-1A、治疗脊髓性白血病的 ANTI-CD33 等。

基因工程技术诞生后，首先就被用于生产人体生长激素释放抑制因子和胰岛素等医用蛋白质产品的开发，大大降低了治疗成本。重组蛋白质药物在药品中占有重要地位，采用蛋白质定向进化技术可以选择性地改造这些产品的基因，获取所需性质，排除不利的活性。随着蛋白质工程技术的建立和发展，医药生物高科技产品也迅速发展。当前，人们不仅可以利用基因克隆和表达技术，使可以应用于临床的微量蛋白质得以产业化生产，而且可以应用蛋白质工程“从头设计”的思路，结合基因工程技术，对多肽和蛋白质类药物的结构加以改造，以期更好地解决蛋白质类药物的导向性问题。临床治疗的基因工程药物有激素类和神经递质类、细胞因子类、酶类及凝血因子等不同类别的多种药物。

将白介素 -2 的基因同白喉毒素的第 H 和第 m 区段拼接，通过基因工程获得白介素 -2- 白喉毒素的融合蛋白，可定向与 T 细胞表面的白介素 -2 受体结合，进入细胞继而杀死 T 细胞，因而具有特异性治疗 T 细胞白血病的作用，并可抑制器官移植的免疫排斥作用，治疗某些自身免疫性疾病。

Abrocitinib 是一种口服小分子，可选择性地抑制 Janus 激酶 1。在美国，FDA 于 2018 年 2 月授予了 abrocitinib 治疗中重度特应性皮炎的突破性药物资格。其制备过程中的还原胺化酶随着底物负载量增加转化率降低，是生产过程的限速酶。通过多种蛋白质改造策略，筛选得到可高效催化的突变体，为绿色生物催化方法在药物关键中间体制备相关应用提供范例。

生长激素是通过对特异受体的作用来促进细胞与机体的生长发育的，其不仅仅与生长激素受体结合，还会与许多种不同类型细胞的催乳激素受体相结合，引发其他的生理过程。为了在治疗过程中减少不良反应，需要使人的重组生长激素只与生长激素受体相结合，尽可能减少与其他激素受体的结合。经研究发现，人的生长激素和催乳激素受体相结合需要锌离子的参与，而它与生长激素受体的结合则不需要锌离子的参与，因此可以考虑替换参与锌离子结合的氨基酸侧链，如His18、His21和Glu17。实验结果与预先设想基本一致，但是要开发作为临床用药还有很长的距离。

水蛭素是水蛭唾液腺分泌的凝血酶特异抑制剂，有多种变异体，由65或66个氨基酸残基组成的小分子蛋白质（多肽），是迄今为止所发现最强的凝血酶天然特异抑制剂。1986年，重组水蛭素已在大肠杆菌表达成功，与天然水蛭素相比，重组水蛭素在第63位氨基酸（酪氨酸）上未经硫酸酪化，活性略低，在治疗的剂量下静脉注射无毒副反应。重组水蛭素药物于1998年底在德国正式上市，1999年英国批准上市，已注册的国家有美国、欧洲、澳大利亚、新西兰、南非等10多个国家。美国一研究机构将水蛭素与PEG一起加工成为耦合体制剂后可大大延长水蛭素血清的半衰期，从而提高其在体内的抗血栓效果。

利用蛋白质工程技术研究、改造、生产胰岛素，使得糖尿病的治疗工作取得了相当多的成果。1921年加拿大生理学家Frederick Banting和John Macleod首次合作从动物胰腺中提取到可供临床应用的胰岛素，为临床治疗糖尿病作出贡献，因此获1923年诺贝尔生理学或医学奖。胰岛素于1992年开始被用于临床治疗，使糖尿病患者得到挽救。直至20世纪80年代初，用于临床的胰岛素几乎都是从猪和牛的胰中提取的。不同动物的胰岛素组成均有所差异，猪的与人的胰岛素结构最为相似，只有B链羧基端的一个氨基酸不同。80年代初，人们通过基因工程技术用酵母或中国仓鼠卵巢细胞大量生产合成人胰岛素，并且应用于临床。在对胰岛素结构和成分的深入研究中发现，天然胰岛素制剂在储存中易形成二聚体和六聚体，这种多聚体结构会延缓胰岛素从注射部位进入血液中，从而延缓了其降血糖作用，也增加了抗原性，这是胰岛素B23～B28氨基酸残基结构所导致的。20世纪90年代末，利用蛋白质工程技术改变这些氨基酸组合，降低其聚合作用，研制出更适合人体生理需要的胰岛素类似物，也称为速效胰岛素，可以快速起作用。

用蛋白质工程来改造特殊蛋白质分子为制造特效抗癌药物开辟了新途径。癌症的基因治疗方法分2种：一是药物直接作用于癌细胞，特异性地抑制或杀死癌细胞；二是利用药物保护正常细胞免受化学药物的侵害，同时提高化学治疗的剂量。具有抗癌作用的蛋白质工程产品——免疫球蛋白属于第一种高效治癌药物，被形象地誉为“生物导弹”。“生物导弹”是免疫导向药物的形象称呼，是指具有对准目标杀死特定癌细胞而不伤害正常细胞的抗癌药物。例如，向患者血液中注射用示踪放射性物质标记的单克隆抗体，抗体将携带的放射活性物质通过全身血液渗透到所有组织。由于肿瘤细胞表面有特异性抗原可与单克隆抗体结合，因而这种抗体－放射性同位素结合物就会不断积累在肿瘤上。常规医学仪器扫描患者身体，就可以在底片上得到放射活性图像，放射活性密集的区域就是肿瘤所在部位，采用大剂量单抗体与同位素，也可以获得一定的治疗效果。

细胞因子能够发挥重要的免疫调节功能，近年来其在肿瘤治疗中逐渐显现出重要的作用。“抗体－细胞因子融合蛋白”通过抗体部分向病变部位靶向递送细胞因子，可以增强抗肿瘤免疫应答。但抗体－细胞因子融合蛋白在注射后会立即表现出活性，产生毒性副作用。利用蛋白质工程的方法改造抗体－细胞因子融合蛋白，使它在溶液中不显示细胞活性，在抗体部分特异结合抗原后恢复免疫刺激活性，从而降低对正常组织的毒性。

“生物导弹”除了能够诊断、治疗癌症和某些疾病外，最有希望的是在组织与器官移植过程中用以净化骨髓。因白血病患者有时需要进行全身照射治疗或化学治疗，以杀灭白血病细胞，但这种治疗也毁灭了骨髓里有造血功能的多能干细胞，为此需要给患者移植骨髓以补充新的干细胞。这种移植可能引起患者的致死性反应，称为移植物抗宿主疾病，因为移植骨髓里的T细胞把患者身体细胞视为异物并加以攻击和杀灭。为了避免这种致死性反应，必须在骨髓移植给患者之前应用抗 T 细胞的单克隆抗体。

1.3.2 食品工业领域

20 世纪 70 年代后，以基因工程为核心内容的现代生物技术广泛应用于食品原料生产、加工和制造，食品工业也有了飞速的发展，其中包括应用蛋白质工程改良食品原料的加工品质、生产高质量的农产品、制造食品添加剂等。

众所周知，蛋白质工程正在成为改造农业、大幅度提高粮食产量的新途径。例如，植物光合作用是利用光能将二氧化碳转化成储存能量的淀粉，在植物叶片中普遍存在着一种核酮糖二磷酸羧化酶，它既能固定二氧化碳，又会使二氧化碳在光照条件下通过光呼吸作用损失一半，导致光合效率只有 50%。现在这种酶的三维结构已经得到精确解析，通过蛋白质工程改造这种酶，控制其不利面，就可以大大提高其光合效率，增加粮食产量。研究人员在实验室实现了二氧化碳到淀粉的合成，提出了一种颠覆性的淀粉制备方法，不依赖植物光合作用，以二氧化碳、电解产生的氢气为原料，成功生产出淀粉，使淀粉生产从传统农业种植模式向工业车间生产模式转变成为可能。科研人员采用蛋白质工程改造手段，对其中几个关键限速步骤进行改造，解决了途径中限速酶活性低、辅因子抑制、ATP 竞争等难题，进而让生物酶催化剂的用量减少了近一半，淀粉的产率提高了 13 倍。这一研究为解决“粮食危机”提供了一条新道路，还可以缓解温室气体造成的气候危机。

国际上，蛋白质工程技术在农业方面也有着很多重要的应用。近年来，美国科研人员立题，以蛋白质工程作为设计优良微生物农药的新思路，实施对微生物蛋白质结构进行修改，仅此一举，使微生物农药的杀虫效率提高了 10 倍。

我国目前在农业蛋白质工程方面的研究主要集中在饲料用酶的分子改良、饲料用抗菌肽的分子改良、重要农作物蛋白质标记的分离鉴定、食品用酶及抗氧化酶的分子改良、有机磷降解酶及毒素解毒酶的分子改良，以及重大动物疫病快速检测试剂的研发等方面。目前，《饲料添加剂品种目录》中包含饲料用酶制剂 14 种，这些饲料用酶在性能方面有着特殊的应用要求。限于饲料加工制粒过程中瞬时高温的工艺要求，饲料用酶必须具有良好的热稳定性；而饲料用酶需要在畜禽体内发挥功能，因此又必须在生理温度下具有高活性。利用现代生物技术定向修饰、改造及设计蛋白质分子，赋予其新的功能与特性，研制出全新的蛋白质产品，可为提高我国农产品的国际竞争力、促进农业的可持续发展提供重要的技术和产品保障。

1.3.3 化工领域

蛋白质工程在工业用酶、微生物酿造、发酵等领域的应用取得了非常多的成果。以酶的固定化技术为核心的酶工程是本世纪继生物发酵工程后又一次创造出巨大工业应用价值的现代生物工程技术，蛋白质工程在这一领域的应用前景最为看好。通过酶分子的结构或局部构象的调整、改造，来提高酶分子的耐高温、抗氧化能力，增加分子的稳定性以及适用 pH 范围，从而获得性质更稳定、作用效率更高的工业酶用于发酵、化工、制革和洗涤等工业生产中。

在洗涤剂工业上，洗涤剂中的酶对洗涤效果具有多方面的作用：易于清除直接附着在织物表面的污垢，消除微纤维、短毛和小球，改善织物表面的色泽，清除微粒的残余污垢并且保持织物白度，防止织物发灰以及减轻微粒污垢的再沉积等作用。例如枯草杆菌蛋白酶的活性位点中有一个 Met 残基，作为去污剂的一种组分，该酶要置于氧化条件下使用，利用定点突变，用其他 19 种氨基酸的任何一种取代这个 Met 残基，得到的突变酶在活性方面大不相同，除了 Cys 代替 Met 的突变酶外，其他突变酶的活性都有所下降。研究者根据这些突变酶的动力学特性来研究枯草蛋白酶在去污剂中的应用，以提高去污效率，加强去污作用。其发展趋势是向着应用生物工程、基因工程，以及蛋白质工程方面发展，以开发酶的新品种、改变酶的动力学特性、改进酶的性能来研制出高效除污酶。

多元醇糖基化反应常应用于化妆品制造业和洗涤剂工业。但是，在多元醇的糖基化反应中实现区域和立体选择性的同步控制仍然具有挑战性。有研究获得了一种优越的酶生物催化剂 M12，同时具有高转糖基化催化效率、高热稳定性以及对多元醇糖基化完全的区域选择性和立体选择性等四个有益的催化特性，并建立了一个热力学有利且无需 ATP 的多元醇糖基化反应体系，以廉价的淀粉作为糖基供体进行多元醇的糖基化反应研究，成功合成了几种转化率较高的多元醇糖苷。克服了传统生物催化方法的反应平衡性，为化妆品和洗涤剂行业提供了一种高效制造策略，为制造其他有价值的手性 1,2- 顺式糖苷提供了希望。过量的 PET 废弃物会引发各种环境问题，为了提高 PET 生物循环利用，开发优良的 PET 水解酶成为近年的研究热点。来源于隐孢子囊菌的 CaPETase 具有较高的 PET 降解活性和热稳定性。通过以结构为导向的蛋白质工程改造引入二硫键、氢键和盐桥，并筛选了可以提高活性和蛋白质对 PET 表面吸附能力的突变位点，最终获得的突变体显著提高了活性和热稳定性，可用于分解具有不同物理性质的 PET 塑料，加速 PET 生物循环利用的进程。

还有许多蛋白质工程取得的应用性研究成果，如利用蛋白质酶生产仿羊毛、蚕丝等，其具有强度高、质量轻等优点。

开放讨论题

蛋白质工程未来的发展方向是什么？

思考题

1. 简述蛋白质工程的含义与研究内容。
2. 举例说明蛋白质工程的研究方法与思路。
3. 请从基本思路、过程、技术等方面探讨蛋白质工程与基因工程的关系与区别。

推荐阅读

1. 李维平 . 蛋白质工程 . 北京：科学出版社，2013.

点评： 该教材从 3 个层次阐述：蛋白质生物学基础理论、蛋白质工程技术理论、蛋白质工程方法与技术，书中还列举了大量科研及生产案例。

2. 汪世华 . 蛋白质工程 . 2 版 . 北京：科学出版社，2017.

点评： 该书不仅介绍了蛋白质工程基本内容，还对生物信息学和现代生物技术在蛋白质工程上的应用、蛋白质的分离纯化与鉴定作了介绍。

数字课程学习

◆本章小结　◆教学课件　◆参考文献

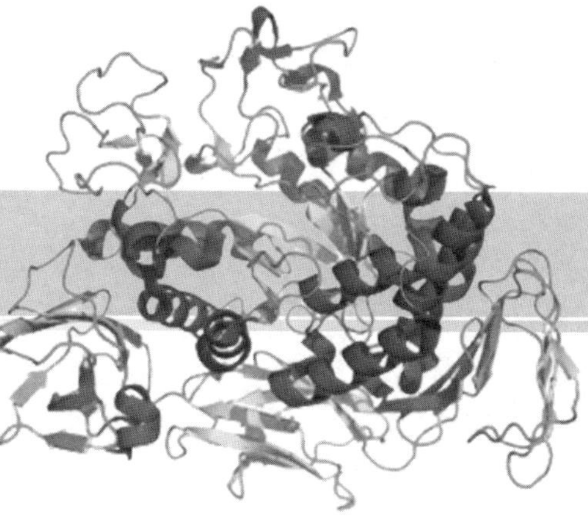

2 蛋白质的结构与功能

- **2.1　氨基酸与多肽链**
  常见氨基酸的结构特征；氨基酸的分类；肽和多肽链
- **2.2　蛋白质的结构**
  蛋白质的一级结构和空间结构；维持蛋白质空间构象的作用力
- **2.3　蛋白质结构与功能的关系**
  蛋白质一级结构与功能的关系；蛋白质空间结构与功能的关系
- **2.4　蛋白质的折叠**
  蛋白质折叠的驱动力；蛋白质的正确折叠；蛋白质内稳态的调控；蛋白质错误折叠与神经退行性疾病

蛋白质是人体必不可少的大分子，由氨基酸组成。常见的氨基酸有 20 种，各自具有不同的性质。氨基酸之间缩合形成多肽链，这些多肽链及其氨基酸的排列顺序即蛋白质的一级结构，决定了蛋白质的高级结构。

在一级结构的基础上，多肽链会进行螺旋折叠等形成二级结构，这些二级结构元件相互作用，在空间结构上具有一定的规律，逐渐形成三级结构。独立的三级结构称之为亚基，共同组成蛋白质的四级结构。疏水作用、氢键等作用力共同维持了蛋白质的空间构象。

若蛋白质的空间构象受到外界作用力破坏时就会导致蛋白质的变性，而如果蛋白质内稳态出现了问题，就会导致多种疾病。对蛋白质的研究可以对相应的疾病做出针对性治疗。

通过本章学习，可以掌握以下知识：

1. 常见氨基酸的种类及分类
2. 蛋白质的各级结构
3. 维持蛋白质空间结构的作用力
4. 蛋白质内稳态如何进行调节
5. 蛋白质的错误折叠会导致哪些疾病

知识导图

- 蛋白质结构
  - 一级结构
  - 二级结构
  - 三级结构
  - 四级结构
- 蛋白质结构与功能的关系
  - 一级结构与功能的关系
  - 二级结构与功能的关系
- 蛋白质折叠
  - 驱动力 → 正确折叠
  - 内稳态调控
  - 错误折叠导致疾病

关键词

蛋白质一级结构　空间结构作用力　折叠功能

2.1　氨基酸与多肽链

自然界中，蛋白质的结构和功能非常复杂，但在化学结构上都是由氨基酸（amino acid）组成的。目前已知的天然氨基酸有 100 多种，而组成蛋白质的氨基酸只有 20 种，被称为 20 种常见氨基酸。

2.1.1　常见氨基酸的结构特征

蛋白质可以被酸、碱或蛋白酶水解，逐渐降解成为游离氨基酸的混合物。

（1）氨基酸的化学结构

表 2–1 中列出了 20 种常见氨基酸的英文名称、三字母缩写及单字母符号，在表示氨基酸序列时，通常使用这些氨基酸的简写符号。

（2）天然氨基酸具有单一构型

构型是一个分子中各原子的特定空间排布，当一种构型转变为另一种构型时必须有共价键的断裂和重新形成，最基本的分子构型（立体异构体）是 L– 型和 D– 型。

20 种常见氨基酸中，甘氨酸的结构最简单，含有 2 个碳原子，侧链只有 1 个氢原子。除甘氨酸外，所有氨基酸中的 C_α 原子结合了 4 个不同的基团，存在 2 种不能重合的镜像立体异构体，即 L– 型和 D– 型 2 种异构体。目前已发现的氨基酸绝大多数都是 L– 型氨基酸，D– 型氨基酸主要存在于微生物中。

表 2-1 20 种常见氨基酸的中英文名称及简写符号

中文名称	英文名称	三字母缩写	单字母缩写
甘氨酸	Glycine	Gly	G
丙氨酸	Alanine	Ala	A
缬氨酸	Valine	Val	V
亮氨酸	Leucine	Leu	L
异亮氨酸	Isoleucine	Ile	I
脯氨酸	Proline	Pro	P
苯丙氨酸	Phenylalanine	Phe	F
酪氨酸	Tyrosine	Tyr	Y
色氨酸	Tryptophan	Trp	W
丝氨酸	Serine	Ser	S
苏氨酸	Threonine	Thr	T
半胱氨酸	Cystine	Cys	C
甲硫氨酸	Methionine	Met	M
天冬酰胺	Asparagine	Asn	N
谷氨酰胺	Glutamine	Gln	Q
天冬氨酸	Aspartic acid	Asp	D
谷氨酸	Glutamic acid	Glu	E
赖氨酸	Lysine	Lys	K
精氨酸	Arginine	Arg	R
组氨酸	Histidine	His	H

2.1.2 氨基酸的分类

20 种氨基酸因其侧链 R 基团不同而具有不同的物化特性，当它们连接成多肽链时，也决定了蛋白质的物化特性与空间结构。

(1) 按照 R 基的化学结构进行分类

按照 R 基的化学结构不同可以将 20 种氨基酸划分为脂肪族、芳香族和杂环氨基酸 3 类，其中脂肪族氨基酸最多。

① 脂肪族氨基酸 脂肪族氨基酸是指 R 侧链是脂肪族基团的氨基酸，根据 R 基所带电荷不同，又可以分为中性氨基酸、酸性氨基酸、碱性氨基酸，另外还包括一些特殊的含羟基和含硫氨基酸。

a. 中性氨基酸：包括甘氨酸、丙氨酸、缬氨酸、亮氨酸、异亮氨酸。

b. 含羟基或硫氨基酸：包括丝氨酸、苏氨酸、半胱氨酸、甲硫氨酸。

c. 酸性氨基酸及其酰胺：包括天冬氨酸、谷氨酸、天冬酰胺、谷氨酰胺。

d. 碱性氨基酸：包括赖氨酸、精氨酸。

② 芳香族氨基酸 芳香族氨基酸包括苯丙氨酸、酪氨酸、色氨酸。

③ 杂环氨基酸 杂环氨基酸包括组氨酸和脯氨酸。

（2）按照 R 基的极性性质进行分类

按照 R 基的极性不同可以将 20 种常见氨基酸分为 4 组：疏水氨基酸（非极性 R 基氨基酸）、不带电荷的极性 R 基氨基酸、带正电荷的 R 基氨基酸和带负电荷的 R 基氨基酸。

① 疏水氨基酸（非极性 R 基氨基酸） 疏水氨基酸共有 8 种，包括丙氨酸、缬氨酸、亮氨酸、异亮氨酸、甲硫氨酸、脯氨酸、苯丙氨酸和色氨酸。这组氨基酸的侧链是疏水的，所以在水中的溶解性比极性 R 基氨基酸小，而相互间或与其他非极性原子间可以发生疏水相互作用。所有蛋白质分子内部都有一部分这类氨基酸，形成疏水内核。

② 不带电荷的极性氨基酸 这组氨基酸包括丝氨酸、苏氨酸、天冬酰胺、谷氨酰胺、半胱氨酸、组氨酸、酪氨酸。比非极性 R 基氨基酸易溶于水。它们的侧链中含有不解离的极性基团，能与水形成氢键，也可以是氢键的给体或受体。其中，半胱氨酸和酪氨酸的 R 基极性最强。

在蛋白质的三维结构中，靠近的 2 个半胱氨酸（Cys）的—SH 常常被氧化形成二硫键，成为胱氨酸（cystine），二硫键可以稳定蛋白质的三维结构。

③ 带电荷的极性氨基酸 这些氨基酸包括 3 种带正电荷的 R 基氨基酸：赖氨酸、精氨酸和组氨酸，2 种带负电荷的 R 基氨基酸：天冬氨酸和谷氨酸。其中赖氨酸、精氨酸和组氨酸是一组碱性氨基酸，在 pH 7.0 的溶液中携带正电荷；天冬氨酸和谷氨酸是 2 种酸性氨基酸，都含有 2 个羧基，在 pH 7.0 时也完全解离，分子带负电荷。

除了上述 20 种常见的氨基酸外，在某些蛋白质中还存在一些经过修饰的不常见氨基酸，如胶原蛋白中的 5– 羟赖氨酸和 4– 羟脯氨酸、肌球蛋白中的甲基组氨酸等。

（3）非天然氨基酸

随着蛋白质工程的迅速发展，人们已经能够在蛋白质分子中掺入各种经过修饰的非天然氨基酸，从而赋予蛋白质新的功能。这些非天然氨基酸含有特定的侧链基团，包括荧光基团、发磷光基团、电子供体 / 受体、糖基、磷酸化基团、生物素、对光反应变色基团、金属配体、核酸碱基等。

各种非天然氨基酸可以在实验室中用酶法合成，并通过大肠杆菌、兔网织红细胞等体外翻译系统掺入蛋白质中。例如，利用高效渗入的荧光基团标记可以检测极微量的配体、抗原和抑制剂，在医疗诊断上具有很大的应用前景。

2.1.3 肽和多肽链

肽是氨基酸的线性聚合物，也称为肽链（peptide chain），蛋白质就是由 1 条或多条具有确定的氨基酸序列的多肽链构成的大分子。

（1）肽键与多肽链

① 肽键 氨基酸同时含有氨基和羧基，它们能以首尾相连的方式进行缩合反应，一个氨基酸的 α—NH_2 与另一个氨基酸的 α—COOH 缩合脱去一分子水，可以形成一个共价酰胺键或称肽键（peptide bond），得到的产物称为肽（peptide）。由 2 个氨基酸形成的肽成为二肽，多个氨基酸连接就会形成多肽。

氨基酸在连接成多肽链时，每形成一个肽键就会丢失一分子的水，已经不是原来完整的分子，称为氨基酸残基（amino acid residue）。

肽键具有局部双键性质，不能自由旋转，具有反式（*trans*）和顺式（*cis*）2 种构型。在反式构型中，相邻 C_α 原子之间有 0.38 nm 的距离，而在顺式中只有 0.32 nm。在顺式肽构型中原子间的斥力较大，能量上处于不利状态，其稳定性只有反式肽稳定性的千分之一，自然界中的肽键构型以反式结构更为稳定。

② 多肽链 通过肽键将多个氨基酸连接在一起构成多肽链（polypeptide chain）。对少于 12 个氨基酸残基的肽链直接称为三肽、四肽等，将超过 12 个而不多于 20 个氨基酸残基的肽链称为寡肽（oligopeptide），含 20 个以上氨基酸残基的称为多肽（polypeptide）。常见的蛋白质可以包括几十到数千个氨基酸残基。

多肽链的第一个氨基酸具有自由的 NH_2，称为氨基端或 N 端；最末一个氨基酸的羧基也是自由的，称为羧基端或 C 端。肽链中氨基酸残基的次序都是从左向右排列的，氨基酸序列可以用氨基酸的 3 个英文字母缩写和单字母缩写形式表示。例如，一个四肽就可以写成 Ala—Ser—Gly—Asp，也可以用单字母缩写表示：A—S—G—D。

多肽链中由肽键连接的部分称为主链（main chain 或 backbone）。氨基酸的侧链从主链的 C_α 原子伸出。氨基酸残基侧链之间的相互作用对于稳定一个蛋白质分子的空间结构具有重要影响。

连接氨基酸残基的共价键除了肽键之外，还有二硫键，也称二硫桥（disulfide bridge），可以连接肽链内部或肽链之间的半胱氨酸残基。

生物体内存在很多的活性肽，如谷胱甘肽是最常见的三肽，催产素和加压素都是九肽，而胰岛素是一个含有 51 个氨基酸残基的多肽。许多小肽在很低浓度下就具有生物活性。也可以通过人工合成获得所需要的小肽。例如，二肽 L- 天冬氨酰 -L- 苯丙氨酸甲基酯，是一种人造甜味剂。

一些蛋白质含有 1 条肽链，有的则含有 2 条或多条肽链，相互间以非共价键结合，这些蛋白质称为多亚基蛋白或寡聚蛋白，每条独立的肽链称为亚基。有些蛋白质是由完全相同的亚基组成，也有一些蛋白质含有不同的亚基。

少数蛋白质会含有 2 条或 2 条以上由肽键外其他共价键连接的多肽链，如胰岛素的 2 条链由二硫键相连。这种蛋白质不是多亚基蛋白，每条肽链并不是独立的亚基。

许多蛋白质只由氨基酸残基构成而无其他化学基团，这些蛋白质成为单纯蛋白质或简单蛋白质（simple protein），如核糖核酸酶、胰岛素等。有些蛋白质除了氨基酸外还含有其他化学基团和非肽链部分，称为结合蛋白质（conjugated protein），非氨基酸部分称为辅基（prosthetic groups）。

（2）多肽链的构象

① 肽单位 由于部分双键性质，肽键连接的基团处于同一平面，具有确定的键长和键角。肽键是一种酰胺键，连接的基团即是酰胺基（由 4 个原子组成，—CO—NH—），称为肽单位（peptide unit）。有序连接的肽单位就是多肽链的主链，肽键的平面性质在肽链折叠成三维结构中起着重要作用。

② 多肽链的构象 肽单位之间是通过 2 个共价单键 C_α—N 连接，由于这 2 个单键都可以自由旋转，而肽单位是不能旋转的刚性平面基团，所以肽单位绕着这 2 个单键的旋转就可以形成多肽链主链的不同构象。如果固定 2 个单键中的 1 个，旋转另 1 个单键，就可以使 2 个相邻的肽单位或肽平面间形成一定的角度，称为扭角（torsion angle）或双面角（dihedral angle），双面角的变化范围是 ±180°。

在多肽链中，绕 C_α—N 单键形成的扭角称为 Φ 角，绕 C_α—C′ 单键形成的扭角称为 ψ 角。一个蛋白质多肽链主链的构象就可以用其所有组成氨基酸的一套（Φ，ψ）$_n$ 角度值来描述。一个氨基酸残基的特定构象就可以用一对（Φ，ψ）角来表述。氨基酸残基中的侧链构象可以用侧链中的双面角来描述，中心旋转键就是侧链中的共价单键。

2.2 蛋白质的结构

2.2.1 蛋白质的一级结构和空间结构

（1）蛋白质的一级结构

补充范例 2-1 蛋白质的一级结构示例

蛋白质的一级结构是指蛋白质分子的多肽链数目及每条多肽链中氨基酸残基的排列顺序，还包括链内或链间二硫键的配置情况。蛋白质的一级结构是由基因上遗传密码的排列顺序决定的。英国生物学家 Fred Sanger 于 1953 年首次报道了牛胰岛素的一级结构，这是世界上第一个被确定一级结构的蛋白质（图 2-1）。

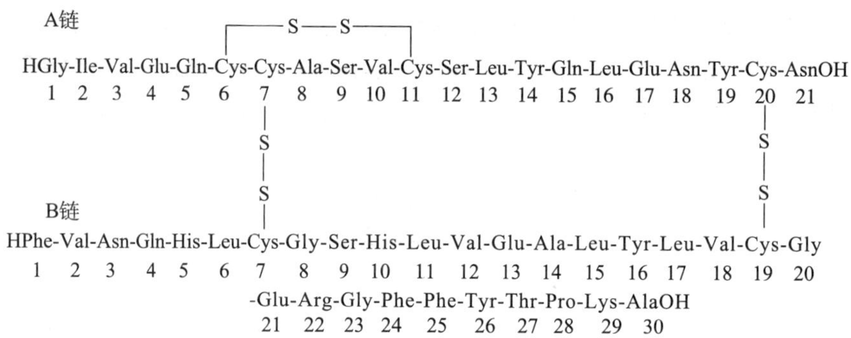

图 2-1 牛胰岛素的一级结构

由于组成蛋白质的 20 种氨基酸侧链基团具有不同的理化性质和空间排布，当它们按照不同的序列关系组合时，就能构成多样的空间构象，从而形成不同生物学活性的蛋白质分子。因此蛋白质的一级结构是蛋白质最基本的结构，它决定了蛋白质的二级、三级等高级结构，是蛋白质空间构象和生物学功能特异性的基础。

牛胰岛素是牛胰脏中胰岛 β- 细胞分泌的调节糖代谢的蛋白质激素。牛胰岛素是由一条 21 个氨基酸组成的 A 链和另一条 30 个氨基酸组成的 B 链通过 2 对链间二硫键联结而成的双链分子，其中 A 链内还有一对链内二硫键。英国人 Fred Sanger 由于测定了牛胰岛素的一级结构而获得 1958 年诺贝尔化学奖。

（2）蛋白质的空间结构

蛋白质的空间结构是蛋白质的二级结构、三级结构、四级结构及超二级结构、结构域等的总称，蛋白质的空间结构是实现其生物学功能的基础。

深入学习 2-1 蛋白质的二级结构分类

① 二级结构　蛋白质的二级结构是指多肽链主链各原子在局部区域的空间排布，它不涉及侧链的构象和与多肽链其他部分的关系。蛋白质中主要的二级结构包括 α 螺旋、β 折叠、β 转角、Ω 环、无规则卷曲等。大多数蛋白质结构中都包含多种二级结构形式，但也有一些蛋白质主要含有一种二级结构，如伴刀豆球蛋白中有 59% 的 β 折叠而缺少 α 螺旋，而肌红蛋白中有 75% 的 α 螺旋而没有 β 折叠（图 2-2）。

② 超二级结构　超二级结构是指若干相邻的二级结构元件彼此作用、相互聚集，形成有规律的二级结构聚集体。超二级结构是蛋白质空间结构中很重要的结构层次，可充当三级结构的构件，对于蛋白质结构预测和多肽链折叠研究具有重要作用。已知的超二级结构主要有 αα、βαβαβ

图 2-2 常见二级结构示意

（Rossmann 折叠）和 β 折叠桶等（图 2-3）。

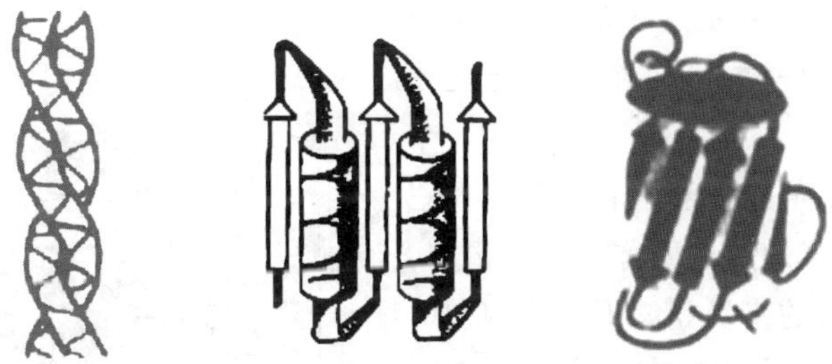

图 2-3 蛋白质中常见超二级结构示意

③ 结构域 结构域是在二级结构或超二级结构基础上形成的在空间结构上可以明显区分的折叠实体。结构域介于超二级结构和三级结构之间，对于较小的蛋白质分子来说，结构域和三级结构表达了同一含义。

纤维素酶通常具有 2 个结构域：催化域含有活性中心，负责底物的催化；结合域含有底物结合位点，负责底物的结合（图 2-4）。

知识拓展 2-1
结构域

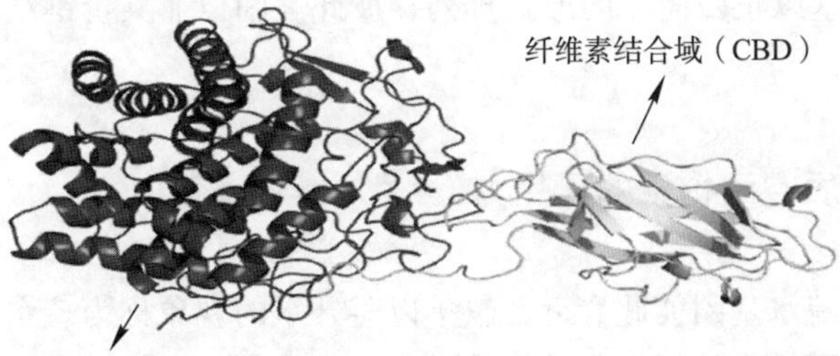

图 2-4 纤维素酶结构域示意

④ 三级结构 蛋白质的多肽链在各种二级结构基础上进一步盘曲折叠形成的具有一定规律的三维空间结构，称为蛋白质的三级结构，包括肽链一级结构中相距较远的肽段之间的几何相互关系、二级结构的空间排布方式及侧链基团在三维空间中相互作用关系。蛋白质的三级结构中

存在一些具有生物学功能的特定结构区域，如酶的活性中心、底物结合位点、分子间识别位点等（图 2–5）。

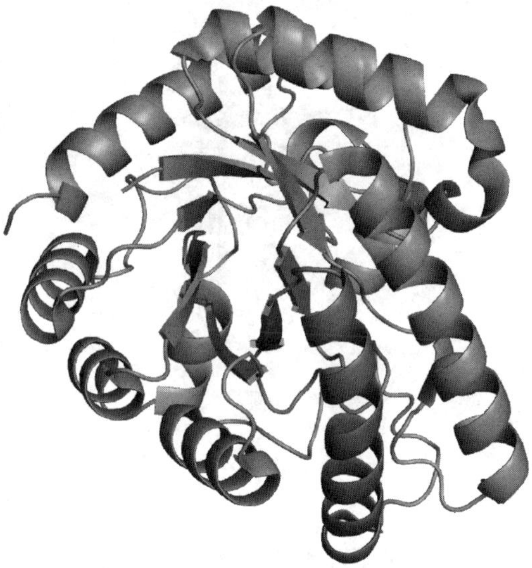

图 2–5 蛋白质三级结构示意

环糊精葡糖基转移酶含有 5 个结构域。A 域包含 8 个 α 螺旋和 8 条平行的 β 折叠，具有催化性，因此也称为催化域，存在于 α– 淀粉酶家族的所有酶中；B 域是在 A 域的第三个 β 折叠后面所延伸的一个环区域，该区域上有一个位于酶蛋白表面的凹槽，凹槽周围的一些氨基酸残基能与底物发生作用，从而使底物能有效结合到酶蛋白上，因此称为底物结合域；C 域是 β 片状结构，其中包含一个麦芽糖结合位点，这个麦芽糖结合位点参与了原淀粉的结合，说明了 C 域具有结合原淀粉的功能；D 域只存在于 CGTase 中，其中含有 β 片状结构，功能尚不清楚，可能与 E 域正确定位有关；E 域由大约 110 个氨基酸残基组成，与淀粉颗粒的吸附有关。

⑤ 四级结构 由 2 条或 2 条以上具有独立三级结构的多肽链单位组成的蛋白质称为寡聚蛋白，每个具有独立三级结构的多肽链单位称为亚基，亚基间通过次级键结合而形成的有序排列的空间结构称为四级结构。四级结构包括亚基的立体排布、相互作用及接触部位的构象。亚基之间一般不含有共价键，亚基间次级键的结合较二、三级结构疏松，在一定的条件下，四级结构的蛋白质通常可分离为其组成的亚基并保持亚基本身构象不变。构成蛋白质四级结构的亚基可以是相同的、相似的或完全不同的。

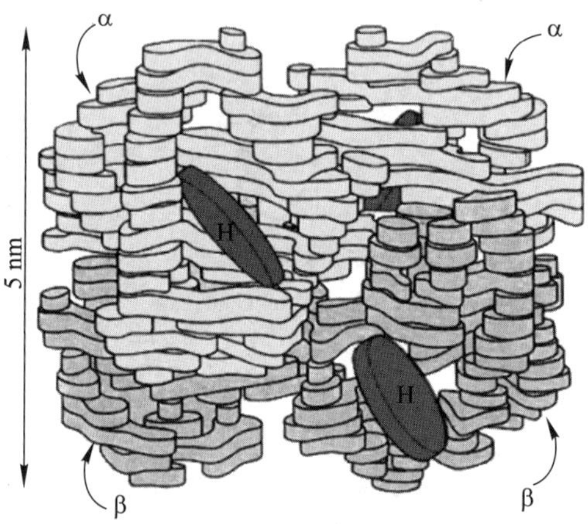

图 2–6 血红蛋白四级结构示意

补充范例 2–2
蛋白质的四级结构示例

血红蛋白由 4 个亚基组成，2 个 α– 亚基，2 个 β– 亚基，每个亚基均由 1 条多肽链与 1 个血红素辅基构成。4 个亚基以正四面体的形式排列，彼此之间以非共价键结合（主要是离子键、氢键）（图 2–6）。

2.2.2 维持蛋白质空间构象的作用力

（1）疏水作用

蛋白质分子内部的疏水基团彼此靠近、聚集以避开水的现象称为疏水相互作用。疏水相互作用是非极性基团在极性环境中趋于聚集的择优效应，是从高能态趋于低能态的自发过程。非极性基因的聚合使水分子从碳氢基团转移到溶剂相中，有利于体系趋于能量极小化。当蛋白质中的疏水侧链聚集在蛋白质内部而不被水溶剂化时，蛋白质在水中达到稳定状态（图 2–7c）。

（2）氢键

电负性较大的原子与氢原子结合形成偶极矩时，氢原子核外侧裸露显正电性，此时遇到另一个电负性较大、半径较小、带有孤对电子的原子时，产生静电吸引，即为氢键。如多肽链主链上的羰基氧原子和酰胺氢原子之间通常可形成氢键，一段连续的肽单位借助氢键可排列成具有周期性结构的构象（图 2-7b）。

（3）范德华力

范德华力包括吸引力和斥力 2 种相互作用力。分散效应是在多数情况下起主要作用的范德华力，是非极性分子或基团间仅有的一种范德华力，只有当 2 个非极性残基处于一定距离时才能达到最大。虽然单个范德华力是很弱的，但是其数量巨大并且具有加和效应，因此成为一种不可忽视的作用力（图 2-7d）。

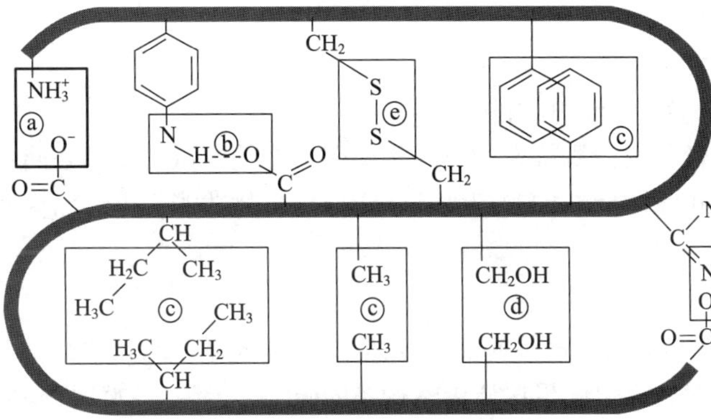

图 2-7 维持蛋白质分子构象的化学键

a. 离子键；b. 氢键；c. 疏水作用；d. 范德华力；e. 二硫键

（4）二硫键

2 个半胱氨酸巯基氧化脱氢所形成的二硫桥称为二硫键。通常在二硫键形成之前蛋白质分子已经采取了特有的空间构象，因此二硫键并不改变多肽链的折叠，而是对蛋白质已形成的构象起稳定作用。很多情况下，二硫键在多肽链的 β 转角附近形成（图 2-7e）。

（5）离子键

离子键是正电荷与负电荷之间产生的一种静电相互作用。在一定 pH 下，蛋白质中酸性氨基酸的侧链解离成负离子，碱性氨基酸的侧链解离成正离子，这些基团大多分布在球状蛋白质分子表面，因此可与介质水分子发生电荷 - 偶极相互作用，形成有序的水化层，这对稳定蛋白质的构象有一定作用（图 2-7a）。

2.3 蛋白质结构与功能的关系

2.3.1 蛋白质一级结构与功能的关系

蛋白质的结构与功能密切相关，而蛋白质特定的构象是由其一级结构所决定的。氨基酸序列的替换、插入、缺失等常常会引起蛋白质结构的变化，导致蛋白质生物活性发生改变。

（1）一级结构不同，生物功能各异

多肽链中各氨基酸残基的数量、种类及在肽链中的排列顺序主要从 2 方面影响蛋白质的功能：一部分氨基酸残基直接参与构成蛋白质的功能区域，它们的特殊侧链基团形成了蛋白质的功能基团，这类氨基酸残基如被置换会直接影响蛋白质的功能；另一部分氨基酸残基虽然不是直接

关联实例 2-1
氨基酸序列变异对功能的影响

作为功能基团，但它们在蛋白质的构象中处于关键位置，这类残基一旦被置换将会影响蛋白质的构象，从而影响其活性。因此，一级结构不同的各种蛋白质，其构象和功能不同。

（2）同源蛋白质的物种差异与生物进化

在不同生物体中具有相似功能的蛋白质称为同源蛋白质，同源蛋白质的氨基酸序列具有明显的相似性，即序列同源性。同源蛋白质中许多位置的氨基酸残基在不同物种中是相同的，被称为不变残基，不变残基对于蛋白质的生物学功能非常重要。同源蛋白质中还存在一些氨基酸残基在物种之间变化很大，被称为可变残基，通过比对可变残基的种类和数目，可对物种间的进化关系进行分析。任何 2 个来自不同物种的同源蛋白，其氨基酸序列之间的差别越大，在进化位置上相差越远。

关联实例 2-2 同源蛋白质的物种差异

2.3.2 蛋白质空间结构与功能的关系

关联实例 2-3 蛋白质空间结构与功能的关系

蛋白质功能的多样性与蛋白质特定的空间构象密切相关，蛋白质的空间结构是其功能活性的基础。蛋白质变性时，由于空间结构遭到破坏，蛋白质生物功能丧失；而变性蛋白质复性后，构象复原，活性又能恢复。

（1）蛋白质的变性

天然蛋白质分子受到物理因素（如热、紫外线、高压等）或化学因素（如有机溶剂、脲、胍、酸、碱等）的影响时，会引起蛋白质天然构象的破坏，导致生物活性降低或完全丧失，这一过程称为变性（denaturation）。蛋白质变形的实质是蛋白质分子中的次级键被破坏，引起天然构象解体，形成无规则卷曲的构象。

多种条件可引起蛋白质变性，如 pH 变化可改变蛋白质中可解离侧链的离子状态使氢键断裂，或制造电荷排斥区和破坏离子对使蛋白质变性；加热可引起振动和旋转的能量增加，也会破坏蛋白质天然构象中的弱相互作用；高温、强酸或强碱条件下，破坏共价键而造成蛋白质的不可逆失活。

除此以外，一些化学试剂在较温和条件下也会引起蛋白质的变性，这些试剂称为变性剂。变性剂不破坏共价键，只破坏二级结构、三级结构和四级结构，因此，这些试剂的影响有时是可逆的。高浓度的脲和盐酸胍（GuHCl），如 8.0 mol/L 脲溶液中，6.0 mol/L GuHCl，主要破坏蛋白质分子内部的疏水键，促使疏水基暴露，从而使蛋白质分子失去立体结构。GuHCl 的变性作用可以使具有非极性侧链的蛋白质分子表面基团更好地溶解。而脲与蛋白质作用不仅与分子表面基团作用，而且还可以与蛋白质分子的疏水内核发生作用，从而导致了分子结构的较大变化。

去污剂，如十二烷基硫酸钠（SDS），在比脲或盐酸胍浓度还低的浓度下就会引起蛋白质变性，这些去污剂分子的疏水尾巴插入到蛋白质的疏水内部，破坏内部的疏水相互作用，引起蛋白质变性。含有二硫键的蛋白质的彻底变性除了要破坏疏水作用之外，还需要切断二硫键。所以常在变性介质中加入巯基试剂，如 β- 巯基乙醇或二硫苏糖醇等，含有巯基试剂的变性剂不仅破坏疏水相互作用，还使二硫键还原。

（2）蛋白质的复性

当变性因素去除后，变性蛋白又可以重新恢复到天然构象，这一现象称为蛋白质的复性（renaturation）或再折叠（refolding）。多数人认为天然构象是处于能量最低的状态，认为变性是可逆的，即蛋白质的体外再折叠过程与生理条件下蛋白质的生物合成及折叠过程具有相同的原理和途径；但并不是所有变性的蛋白质在变性后都重新恢复活力，有些蛋白质变性后不能复性，主要是因为所需要的条件复杂，不容易满足。

复杂的蛋白质空间结构和众多的影响因素决定了蛋白质复性方法的多元化。分子间的疏水性作用所导致的聚集体生成是影响蛋白质复性收率的主要原因。针对这一问题，研究者们发展了“添加稀释”复性、分子伴侣和人工分子伴侣、液相色谱复性、反向胶束蛋白再折叠等技术。

人们已经发现多种具有抑制变性蛋白质分子间疏水相互作用、促进蛋白质复性的溶质——辅助因子，如聚乙二醇、环糊精、精氨酸、脯氨酸和表面活性剂等，其中精氨酸最常用。液相色谱（LC）是一种最有效的纯化蛋白质的方法，近些年来已成为基因重组蛋白质复性的重要手段。用LC法进行蛋白质复性可以有效防止变性蛋白分子聚集，提高蛋白质的质量和活性回收率，而且可以使蛋白质在复性的同时得到纯化。

知识拓展 2-2
别构蛋白

2.4 蛋白质的折叠

蛋白质的生物活性与功能是由其具有特征的三维结构决定的，蛋白质若要发挥正常功能，需保持稳定的天然构象。一级序列中包含的信息将反映蛋白质的三级结构，这些信息与环境因素共同决定蛋白质的组装、修饰及运输过程。一维的线性氨基酸序列转化为具有特征三维结构的天然蛋白质的自我组装过程被称为蛋白质折叠。

蛋白质的折叠约在半个世纪前开始被关注，主要围绕 2 个核心问题展开：第一，蛋白质折叠的动力是什么，一维氨基酸序列如何决定其三维天然结构？该问题也被概括为折叠的能力学问题；第二，多肽链的可能构象数不胜数，蛋白质如何得以快速而正确地折叠？该问题也称作折叠代码，即作用于氨基酸残基序列上的原子间相互作用力如何指导蛋白质的折叠？也常被概括为折叠的热力学问题 。

2.4.1 蛋白质折叠的驱动力

蛋白质的巨大构象空间决定了其具有极多的折叠可能性，但它们仍能在毫秒到秒的时间尺度内快速折叠成天然构象。为了解决蛋白质折叠的热力学问题，首先要查明已知蛋白质正确折叠的驱动力，这就引出了折叠的热力学问题，即折叠代码及其作用机理。我们已经知道蛋白质的自发折叠是因为自由热运动引发的构象变化，驱使能量急剧下降地朝着天然构象变化（图 2-8）。热力学定律决定了系统中各组分间的关系和能量迁移定律，其中所涉及的主要概念有熵（S）、焓（H）和自由能（G）。

知识拓展 2-3
构象与构型

熵（S）是度量体系混乱度的热力学函数，熵值小对应体系处于比较有序的状态，熵值大对应体系处于比较混乱无序的状态。在孤立体系或绝热体系中，系统一切可以发生的过程要么是熵变为 0（可逆，平衡态），要么是熵变大于 0（不可逆），熵不可能减小，即熵总是增大的。热力学将系统中总的热量称为焓，以 H 表示。在恒定温度和压力条件下，总能量中可以做功的那一部分能量为自由能，以 G 表示，$G = \Delta H - T\Delta S$（T 为绝对温度）。因此，当熵增加时，系统的自由能便会下降。

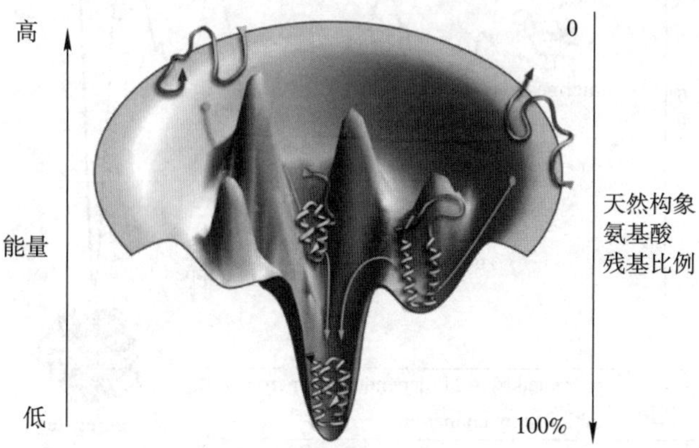

图 2-8　漏斗状蛋白质折叠（修改自 Dill and Maccallum，2012）

传统的观点认为，折叠代码是由许多个单独的、小的相互作用叠加而成，这使得一级序列能够编码二级结构，进而由二级结构编码三级结构。换言之，距离较近的原子间相互作用很容易形成简单的局部结构，通过这些局部结构间的碰撞和相互作用，便能形成更为复杂的蛋白质三维结构。驱使蛋白质从氨基酸序列形成三维构象的物理作用力主要有：氢键、范德华力、肽骨架角偏向力、静电相互作用、疏水作用及链熵值（相关内容在 2.2.2 已有介绍）。值得注意的是疏水作用是多肽链折叠的主要驱动力，疏水作用的主要动力来自于蛋白质溶液体系的熵值的增加。当疏水化合物或基团进入水中，它周围的水分子将排列成刚性的有序结构。当疏水作用发生时即疏水集团相互聚集，笼型结构被破坏，这部分水分子被排入自由水中，使得体系的混乱度增加，即熵值增加。同时，疏水基团的聚集是有序化的过程，熵值减少，但其变化值不大，一般对蛋白质折叠不起主要作用。

2.4.2 蛋白质的正确折叠

对于第二个问题，蛋白质的折叠过程非常复杂，涉及一整套辅助折叠分子及其构象的变化。有时也会发生蛋白错误折叠但能量稳定的情况，比如疏水残基自发聚集，导致寡聚体等聚集体的形成。蛋白质的错误折叠不仅会使得蛋白质丧失正常功能，还会破坏蛋白质稳态网络并导致疾病。正因如此，生物进化出了一系列质量控制网络，例如，为避免产生错误折叠蛋白，所有细胞都存在着细胞表达保护机制，包括分子伴侣（能识别初生肽的高度保守蛋白家族）和能辅助蛋白形成天然构象的折叠介导物（用来帮助蛋白质正确折叠、修复或降解错误折叠的蛋白质）。分子伴侣是能与另一种蛋白发生相互作用、助其达到功能活性构象而不出现在其最终结构中的蛋白质。细胞中存在着几种结构不相关的分子伴侣，它们之间合作构成作用网络。多样化的分子伴侣系统有助于蛋白质从头折叠和运输、寡聚复合物的组装以及从压力诱导的解折叠中恢复（图 2-9）。最具代表性的分子伴侣是热休克蛋白。热休克蛋白在细胞受环境温度、压力或化学物质的刺激时被上调，从参与新生肽的折叠、错误折叠蛋白质的展开以及重新折叠，到参与寡聚物的组装、异常蛋白质的降解和功能蛋白质的运输，在维持细胞内环境稳定的同时协助细胞完成特定生理功能。

深入学习 2-2
分子伴侣

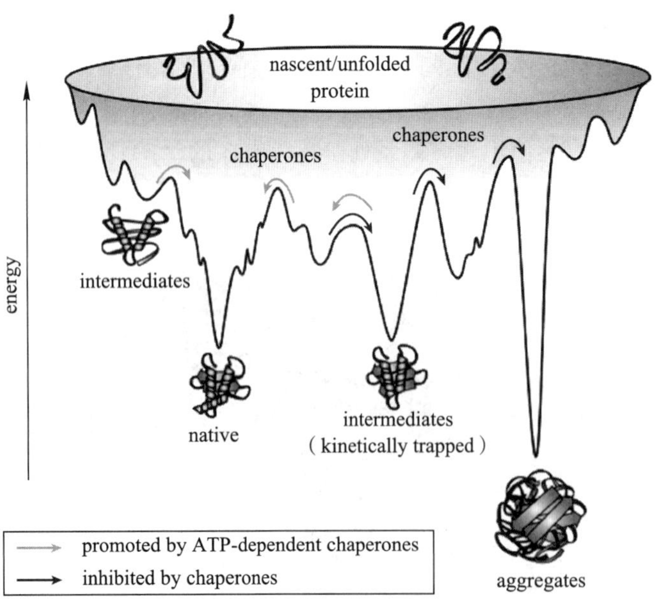

图 2-9 分子伴侣塑造蛋白质折叠的能量景观
（Balchin et al.，2020）

分子伴侣在拥挤的细胞环境中帮助蛋白质完成复杂的折叠。当试管中除去变性剂后，很多小蛋白分子会在没有其他组分或能量来源的情况下重新折叠，这表明由 DNA 编码的氨基酸序列包含了所有精确构成蛋白质三维结构的信息。虽然小蛋白分子很快（几毫秒内）就能完成折叠，但是在稀释的缓冲溶液里，更大一些的、多结构域的蛋白质就需要花几分钟甚至几小时才能完成折叠，而且在试管内常常不能达到它们的天然构象。这样的蛋白质在细胞内折叠就更具挑战性，因为细胞环境高度拥挤，胞质蛋白浓度高达 300 ~ 400 g/L。在这种拥挤的环境中，就需要分子伴侣的帮助来避免蛋白质沉积，并使其维持在可溶且构象动力学稳定的状态。

分子伴侣的另一重要作用是作为缓冲系统帮助蛋白质积累一定的突变，从而帮助蛋白质进化。在实验室中，分子伴侣能够通过定向进化来优化蛋白质的折叠功能，或用作疾病相关易聚集蛋白质的解聚剂。自然界中的分子伴侣在不同生物体内，甚至是同种生物不同细胞器内也进化出功能相似或完全不同的同源物，为物种多样性提供物质基础。因此，分子伴侣和蛋白质的进化是相辅相成的：分子伴侣可以帮助蛋白质进化，而蛋白质的进化也需要分子伴侣产生相应改变来适应进化的蛋白质。

2.4.3 蛋白质内稳态的调控

哺乳动物细胞通常表达出超过 10 000 种蛋白质，大部分都是在核糖体上合成的包含几千个氨基酸的链状分子。蛋白质质量控制和蛋白质组动态平衡（亦称蛋白质内稳态）的维持对于细胞和有机体的健康来说至关重要。然而，天然存在的蛋白质仅具有边缘稳定性，少量突变或轻微环境扰动就可能影响蛋白质的正确折叠。蛋白质组的稳定性，即蛋白质内稳态，由蛋白质组中较不稳定的蛋白质决定，因而也具有边缘稳定性。蛋白质以及蛋白质组的边缘稳定性决定了细胞内存在着复杂的质量控制机制，用来帮助蛋白质正确折叠、修复或降解错误折叠的蛋白质。

一些因素会改变蛋白质折叠控制系统的组分表达，进而影响胞内的蛋白质折叠动力学。这些因素包括：环境因素，如温度、含水量波动和养分平衡；化学因素，如氧自由基、过度金属元素等；病理生理状态，多细胞生物中常与贫血、病毒或细菌性感染及组织损伤有关。分子伴侣广泛表达于亚细胞结构、细胞、组织中，对维持各种条件下蛋白质组的稳定必不可少。很多分子伴侣的表达由各种环境和生理因素共同调控，这些因素也可能改变折叠稳定性而产生错误折叠蛋白质。为了自我保护，细胞激活热休克应答并表达出编码分子伴侣及其他调控蛋白质表达的基因以重新达到细胞动态平衡。尽管有热休克应答和能识别错误折叠蛋白的分子伴侣，易聚集的致病蛋白仍会脱离控制，慢性表达，进而导致错误折叠蛋白的积累，这种积累会在功能上耗尽蛋白质水解机制，最终加剧蛋白质损伤。这意味着蛋白质质量控制系统调控对于蛋白质水解在有机体生命周期内监控蛋白质组的状态至关重要。

很多与易聚集蛋白有关的神经衰退症大都在晚年出现，表明老化的细胞更易受到蛋白毒性物质的伤害（图 2-10）。在老化的过程中，致病蛋白不断干预正常分子伴侣的功能，久而久之，损伤蛋白逐渐积累，进而破坏蛋白质内稳态。为了应对损伤蛋白质积累，细胞的质量控制机制可通

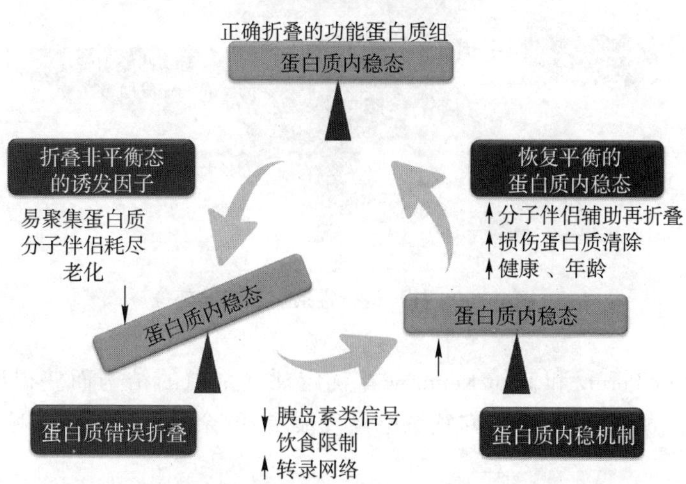

图 2-10 蛋白质内稳态的维护（修改自 Voisine et al.，2010）

过如下因素加强：胰岛素信号减弱、刺激性的饮食限制以及细胞自卫应答途径（激活相关转录网络以激发关键分子伴侣网络表达）。若能使细胞蛋白重新达内稳态并修复蛋白质组的功能性，就能获得神经退化性疾病以及跟错义突变和蛋白质非稳态有关疾病的新疗法，以蛋白质内稳态调节因子为靶向的治疗手段可以成为修复毒蛋白损伤和老龄化的新方法。

目前并没有可用于蛋白质折叠的通用规律，所有成功的蛋白质的结构预测都是基于同氨基酸序列相似的已知结构的蛋白质的对比，并建立在相似序列具有相似结构的基础上。因此目前还无法回答蛋白质折叠的第三个主要问题，只能寄托于将来发展出更好的蛋白质 - 水的作用模型、更快的分析构象的方法。

2.4.4 蛋白质错误折叠与神经退行性疾病

神经退行性疾病与蛋白质的错误折叠密切相关。大多数神经退行性疾病在病理学上的共性是特异性错误折叠的蛋白质在脑部形成蛋白质聚集体或包涵体。在脑部不同的部位聚集会诱发不同的疾病（图 2-11）。这些疾病包括肌萎缩性侧索硬化症（amyotrophic lateral sclerosis，ALS）、帕金森病（Parkinson's disease，PD）、亨廷顿舞蹈病（Huntington's disease，HD）、阿尔茨海默病（Alzheimer's disease，AD），朊病毒病（prion-related disorders，PrDs）等。在这些疾病中，均有某种特定蛋白质或多肽从具有正常结构的可溶态转变为富含 β 折叠结构的淀粉样纤维沉积，从而导致细胞正常功能的丧失并引发细胞毒性。目前为止，已发现近 40 种蛋白质或多肽形成的淀粉样纤维化沉积与退行性疾病相关，例如：AD 患者脑组织中的淀粉样斑块，主要由 Aβ40 和 Aβ42 多肽聚集形成，而患者神经细胞中发现的纤维缠结，则主要由 Tau 蛋白聚集形成。PD 患者脑神经细胞中的 Lewy 小体，主要由 α-synuclein（α-syn）聚集形成。 异常蛋白质的聚集改变了细胞的正常功能，往往会造成神经元损失和神经逻辑性损伤。蛋白质错误折叠的常见病理学特征是在细胞器功能上的变化，尤其是内质网内稳态的扰动。内质网的主要功能之一是在分泌途径中开启蛋白质折叠，它的内腔中有着由分子伴侣、蛋白质折叠酶及相关辅酶构成的复杂动力学网络，催化蛋白质的正确折叠，避免其因错误折叠而聚集。内质网同时还作为胞内主要的储钙场所，在脂质合成中起着重要作用。

知识拓展 2-4
神经退行性疾病

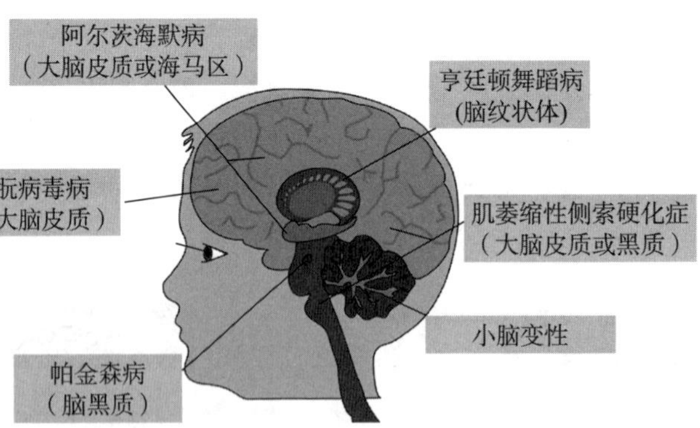

图 2-11 神经退行性疾病及病源部位

自从 1962 年 Max Perutz 和 John Kendrew 因测定球状蛋白的结构而获得诺贝尔奖并奠定了结构生物学的基础，蛋白质折叠研究领域已经发展了 60 余年，目前该领域还有待解决的问题主要有：

① 对蛋白质折叠能景图（energy landscape）了解太少。

② 蛋白质结构预测准确度不够。
③ 不能够定量细微地理解任意氨基酸序列的折叠途径及转换态。
④ 不能够预测跟衰老及折叠病相关的蛋白质聚集的倾向。
⑤ 没有能够准确获得小分子与蛋白质亲和能力的计算方法。
⑥ 不知道细胞内的蛋白质组在高密度下为何不聚集。
⑦ 关于蛋白质折叠疾病的成因及干预方法知之甚少。

知识拓展 2-5
构象和构型

开放讨论题

举例说明蛋白质结构研究在生命科学中的重大意义。

思考题

1. 简述蛋白质各结构层次的基本特点。
2. 维持蛋白质结构的作用力有哪些?
3. 为什么说蛋白质的一级结构决定了蛋白质的高级结构?
4. 举例说明蛋白质的结构与功能之间的关系。
5. 蛋白质折叠的驱动力和物理作用力有哪些?
6. 简述分子伴侣的特点和功能。
7. 蛋白质内稳态有哪些调节机制?
8. 神经退行性疾病的主要成因是什么,为什么难以治疗?

推荐阅读

1. 朱圣庚,徐长法. 生物化学. 4版. 北京:高等教育出版社,2016.

点评:该书为国内内容最为丰富的基础类生物化学教材,比较详细地介绍了生物化学国际、国内的最新进展,内容丰富,符合国内的教学习惯,便于教师教学使用和学生自学。

2. Ben-Naim A. The Protein Folding Problem and Its Solutions. New Jersey: World Scientific Publishing, 2013.

点评:该书提出了一种新的方法来解决蛋白质折叠问题。

数字课程学习

◆本章小结　◆教学课件　◆参考文献

3

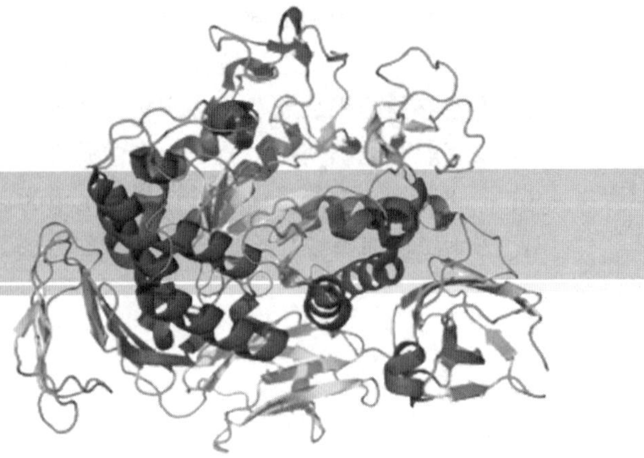

蛋白质结构分析与预测

- **3.1 蛋白质结构解析技术**
  蛋白质氨基酸测序技术；X 射线晶体结构分析技术；核磁共振结构解析技术；冷冻电镜成像技术
- **3.2 蛋白质结构预测**
  蛋白质数据库；蛋白质序列分析；蛋白质二级结构预测；蛋白质三级结构预测；蛋白质复合物结构预测

蛋白质结构非常复杂，但是在对蛋白质的研究和改造中，又必须通过蛋白质结构进行分析和预测，因此，蛋白质结构的获取至关重要。

从蛋白质一级结构氨基酸的测序开始，到最后获得蛋白质空间结构，期间需要多种方法的综合应用。每种方法都有各自所必需的前提条件，如蛋白质纯度要求高或样品需处于冷冻状态等。利用这些方法，可以得到所需蛋白质的结构，从而可以依照相关要求进行观察和功能的深入研究。

蛋白质结构的精确解析虽然准确，但是难度较大，要求很高。随着生物信息学的迅猛发展，可以通过预测蛋白质结构的方式进行研究。通过数据库搜索、序列比对、结构模拟等方式可以预测目的蛋白空间结构，从而对其进行分析研究。

通过本章学习，可以掌握以下知识：

1. 氨基酸一级序列测序方法
2. 蛋白质空间结构解析的各种技术及要求
3. 蛋白质结构预测工具

知识导图

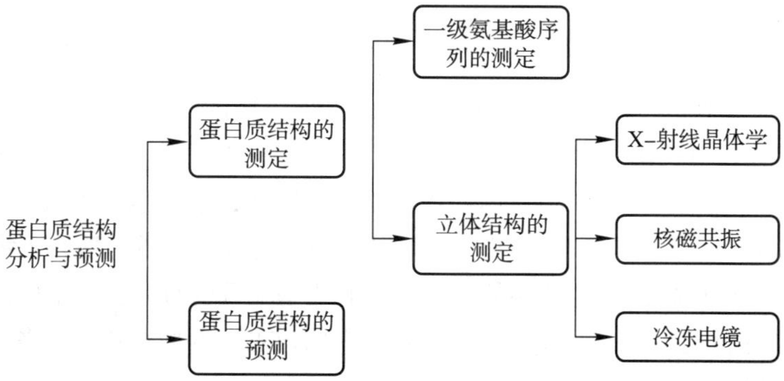

关键词

蛋白质结构　分析方法　结构预测

3.1　蛋白质结构解析技术

蛋白质是生命活动的主要承担者。蛋白质占细胞平均干重的50%左右，参与各种生命活动，可以说，没有蛋白质就没有今天地球上如此丰富多彩的生物世界。那么，蛋白质是什么样子的？又是如何发挥其功能的？人们也一直在寻找能够“看清”蛋白质的办法，即阐明蛋白质的一级序列组成和发挥功能的三维结构信息。当前，主要有蛋白质结构的实验测定和计算机预测 2 个方向，它们相辅相成，共同发展进步。

3.1.1　蛋白质氨基酸测序技术

对蛋白质的研究，人们首先需要了解蛋白质的一些基本信息，如理论相对分子质量、等电点、多肽链的数目和氨基酸序列精确组成等，其中氨基酸序列测定是了解蛋白质性质和生物功能的重要途径，也是确定蛋白质立体结构的前提。但是由于科学理论和技术的局限，直到 20 世纪 40 年代末才开始进行氨基酸的测序工作，随后的 10 年中，随着质谱技术和标记技术的快速发展，蛋白质测序技术发展迅速，测序的速度和精确度日益提高。

传统的蛋白质序列测定方法步骤如下：

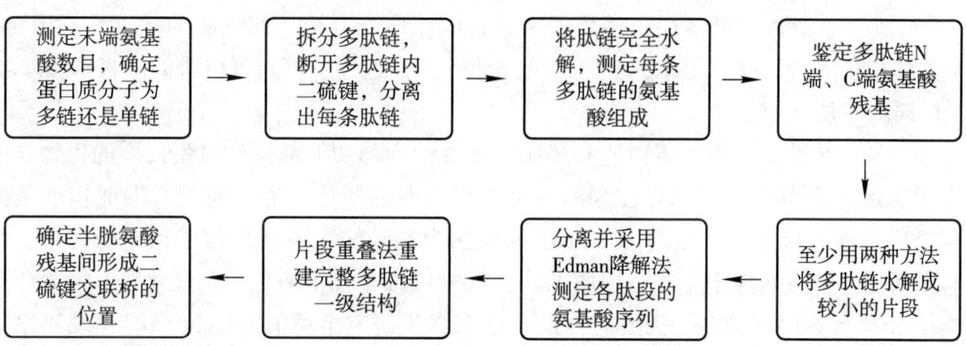

但传统的手工测序方法速度慢、灵敏度低，远远不能满足人们的需求。自动测序仪的发明和广泛使用，使得蛋白质测序工作得到快速发展。至今，随着一些新技术和方法的产生及推广，蛋白质测序技术已经有了长足发展，氨基酸测序技术已经成为一种较常规快速的测定方法。

蛋白质测序技术主要分N端测序法和C端测序法。

（1）N端测序法

蛋白质的合成都是从N端开始的，其序列组成对蛋白质的结构和生物学功能都有着巨大影响。N端氨基酸序列可以控制蛋白质寿命，且与蛋白质的亚细胞器定位有密切关系；蛋白质N端所发生的翻译后修饰，将会影响蛋白质的结构和功能。因此，蛋白质的N端肽段鉴定意义重大，通过对蛋白质N端序列的研究有利于分析蛋白质的高级结构，揭示蛋白质的生物学功能。蛋白质N端序列的特异性往往很高，通过N端的几个氨基酸残基就可以对大多数蛋白质进行鉴定，N端测序还可以确定二硫键的位置、糖基化或磷酸化修饰的位点。因此在蛋白质各种测序技术中，N端测序技术较为重要，应用也更加广泛。

N端测序技术的基本原理就是Edman降解法（Edman degradation method），其反应原理及操作方法在此不再赘述。对蛋白质与多肽进行测序的方法已经经历了半个多世纪的发展，在Edman降解法的基础上，依据样品处理方式和试剂输送方式的不同而出现了液相、固相和气相蛋白质序列测定方法。目前多采用固相和气相2种序列测定方法。蛋白质与多肽的固相序列分析技术是Laursen于1971年首次提出的，随后他又推出了固相蛋白质自动测序仪。固相测序是首先将蛋白质或多肽样品共价偶联到惰性载体如聚苯乙烯膜、微孔玻璃珠或聚亚乙烯基二氟化物（polyvinylidine difluoride，PVDF）膜上，再进行序列分析的方法。此方法可避免因冲洗而使样品损失，从而可以在序列降解及冲洗步骤采取比较剧烈的条件。

Edman本人也于1967年推出了第一台自动测序仪，不仅减少了繁琐的手工操作，而且使测序的每一个循环在精确的条件下进行，提高了测序的可重复性。近年来，将质谱的序列标签概念用于Edman降解，应用自动化的Edman降解法来产生短的N端序列标签，已成为一种强有力的蛋白质鉴定策略。基于Edman法的蛋白质N端自动测序仪在灵敏度和精确度上都要好过基于（异）硫氰酸法的蛋白质C端自动测序仪。

随着蛋白质组学研究的快速发展，人们希望能对电泳分离后的蛋白质或多肽样品进行直接的序列测定。较早期的尝试是采用对二异硫氰酸苯酯玻璃纤维膜片（DITC-GF），通过印迹转移把电泳分离后凝胶上的蛋白质转移到膜上，然后用考马斯亮蓝显色，将需要的带切下来进行测序。这一方法中DITC-GF的制备比较麻烦。Pappin等利用PVDF膜进行电泳后的直接测序，首先把凝胶上的蛋白质转印到PVDF膜上，晾干后浸入20%的甲醇溶液中数秒钟，这样PVDF膜没有吸附蛋白质的部分会颜色较深，有蛋白质的部分则显出浅色的条带。也可以用二氢荧光素喷洒PVDF膜，在紫外灯下观察蛋白质条带，剪下感兴趣条带的膜片，在其上先后加入DITC和聚乙烯胺溶液，经过45℃保温使之发生偶联反应。蛋白质分子则通过DITC偶联到聚乙烯胺上，在PVDF膜上形成一个通透性的薄层，然后即可进行固相序列分析。此方法的优点是不用对PVDF膜进行事先的衍生处理，操作简单，不足之处是印迹转移过程中不同蛋白质的回收率相差较大。

（2）C端测序法

与N端一样，C端同样也是蛋白质和多肽的重要结构与功能部位，对蛋白质的生物功能起到决定性作用，例如蛋白质的C端往往隐藏着许多蛋白质的活性位点，同时C端剪切也是蛋白质重要的翻译后修饰手段之一。目前以Edman降解法为基础的N端测序技术已十分完善，且已实现了仪器自动化。但自然界中有些蛋白质因其N端被修饰（如甲酰化、乙酰化等）而处于封闭状态，较难从N端得到序列信息。因此蛋白质化学家期望研究出类似Edman降解N端测序法的方法，从 C 端对蛋白质进行氨基酸残基的逐一降解并测定其序列。但由于蛋白质 C 端羧基的化学活泼性差等原因，这一方面的研究一直进展缓慢。目前采用的 C 端序列分析方法主要有羧肽酶法、化学法和串联质谱法。

羧肽酶（carboxypeptidase，CP）法是广泛应用于蛋白质及多肽 C 端序列测定的方法，其利用羧肽酶特点，从蛋白质或多肽的 C 端逐个切下氨基酸残基，释放游离氨基酸，并通过检测被释放氨基酸的顺序来判断蛋白质的 C 端序列。羧肽酶总共有 4 种：羧肽酶 A（CPA）、羧肽酶 B（CPB）、羧肽酶 P（CPP）和羧肽酶 Y（CPY）。在蛋白质的 C 端序列分析中常用的羧肽酶是 CPY 和 CPP。CPP 来自柑橘叶，是一种酸性羧肽酶，可被 Ca^{2+} 活化，但是 Zn^{2+}、Cu^{2+} 及 Ag^{+} 强烈抑制其活性。CPY 具有较广泛的识别能力，能裂解包括脯氨酸在内的 C 端的各种氨基酸残基，且能水解乙酰化等翻译后修饰的氨基酸残基，因此该酶已成为蛋白质及多肽链 C 端测序中常用的工具酶。用羧肽酶法进行 C 端测序，可以使用色谱法或质谱法来检测酶切释放的氨基酸残基。

化学法是用可以专一性裂解蛋白质或多肽 C 端氨基酸残基的化学试剂与目的序列反应，然后分析氨基酸残基以得到序列信息的方法。根据所用化学试剂不同，可将化学法分为（异）硫氰酸法、过氟酸酐法、肼解法、还原法等。其中，（异）硫氰酸法最为常用，而肼解法和还原法因不易进行连续测序，并不常用。

（异）硫氰酸法是 Schlack 和 Kumpf 在 1926 年提出的，又称 Schlack-Kumpf 降解。其基本原理是：蛋白质或多肽的 α- 羧基反应与异硫氰酸会形成蛋白质或多肽乙内酰硫脲，用裂解试剂切下 C 端的氨基酸残基，形成氨基酸乙内酰酸脲，然后利用高效液相色谱（high performance liquid chromatography，HPLC）进行分离、分析游离的氨基酸乙内酰酸脲。由于不同氨基酸的乙内酰酸脲在 HPLC 上的保留时间不同，因此可以对它们进行区分。（异）硫氰酸法的反应机制与 Edman 降解类似，是最有希望成为常规的 C 端序列测定方法。但根据这种方法设计的蛋白质 C 端自动测序仪，当样品量在 10 pmol 时，只能测到 4 ~ 5 个氨基酸残基序列，即使经过优化，如果要测得更多的氨基酸残基序列，样品量也必须达到几十甚至上百 pmol。这和基于 Edman 法的蛋白质 N 端自动测序仪自然不可同日而语，后者的灵敏度可在 10 pmol 下检测 50 个循环。此外，蛋白质结构也会对测序有影响，因此此法能测定多大的序列还要视具体的蛋白质片段而定。

串联质谱法是将蛋白质经胰蛋白酶或其他酶或试剂降解后，直接利用串联质谱对降解后的多肽混合物进行分析。在分析过程中，通过串联质谱的第一级质谱选择 C 端肽段离子，进入碰撞室进一步诱导解离，然后进入第二级质谱检测分析得到 C 端的序列信息。利用串联质谱技术，测定羧肽酶消化蛋白质和多肽所产生的缩短肽片段的质量，得到各个不同酶切时间所形成的肽质量梯度，然后根据图谱中相邻 2 个肽峰的质量差，得到所切去的氨基酸的信息，从而读出 C 端氨基酸序列。

这 3 种方法每种都有一定的局限性和使用范围，随着质谱技术的不断发展，羧肽酶法还常和串联质谱法结合来测定蛋白质的 C 端序列。

可靠、有效的蛋白质测序方法仍是传统的 Edman 降解法，迄今所完成的大部分蛋白质直接序列的测定几乎都是通过 Edman 降解取得的。但是常规的 Edman 降解法，需要的蛋白质或多肽的量较多，对样品纯度要求很高，反应时间也较长，也无法解决 N 端封闭肽的测序问题。随着科技的进步，蛋白质测序工作从人工手动向自动测序方向发展，除了液相自动测序仪外，随后又先后出现了固相和气相自动测序仪。同时人们对测序仪的性能进行不断地优化和提高，提高了检测灵敏度，降低了样品需求量，缩短了循环时间，大大提高了蛋白质测序效率。

近年来，在蛋白质序列测定方面又出现了新的技术手段和仪器设备。例如在液相色谱分析方向上，除了常用的 HPLC 方法外，又发展出了微柱高效液相色谱（microcolumn-HPLC）、无孔层析短柱法［常与飞行时间质谱仪（time of flight mass, TOF-MS）连用］、毛细管液相色谱（capillary liquid chromatography, CLC）及毛细管电泳（capillary electrophoresis, CE）等。

另外，质谱（mass spectrometry, MS）测序是对 Edman 降解的很好补充，特别是可对 N 端封闭的肽段进行测序，并可以通过碰撞诱导断裂（collision-induced dissociation, CID）得到部分至完全的序列信息，做出 MS- 肽谱。它还可以确定被修饰的性质和位置，确定二硫键的分布，如果质谱技术与分离技术直接相连，也能够对混合肽进行测序并相互验证。另外它还有快速、灵敏的优点。

20 世纪 80 年代又发展了许多新的技术，使质谱技术在生物大分子结构测定中的应用越来越广泛。目前应用较广的有电喷雾电离质谱（electrospray ionization mass spectrometer，ESI-MS）和基质辅助激光解吸质谱（matrix-assisted laser desorption/ionization mass spectrometry，MALDI-MS）。而 MALDI-TOF-MS 则是 MALDI-MS 与飞行时间质谱的联用，它能电离一些难于电离的样品，无明显碎裂，且可得到完整的分子电离产物，特别适用于相对分子质量较大或疏水性较强的蛋白质、核酸等生物大分子的分析测定。这种方法的最大优点是不受样品所含添加物、缓冲液或盐的影响，且灵敏度比其他离子化方式高，其灵敏度可达 fmol（10^{-15} mol）或 amol（10^{-18} mol）级以上，可有效、准确地分析较复杂的肽混合物或物理化学性质相差较大的蛋白质混合物，这是以往用电泳或层析测定相对分子质量的方法所无法比拟的。氨基酸序列的测定只是表征了蛋白质的一级结构，但蛋白质需要通过三维空间结构来行使其功能，因此对蛋白质三维结构的研究更能直观准确地了解蛋白质的结构与功能的关系。结构生物学（structural biology）就是以研究大分子物质（包括核酸，蛋白质及其复合物）的结构与功能关系为目标的一门新型的、发展迅速的交叉学科。

知识拓展 3-1
质谱技术在蛋白质结构测定中的应用

目前研究蛋白质三维结构的主要方法有三种：X 射线晶体结构分析技术、核磁共振结构解析技术和冷冻电镜成像技术。

3.1.2 X 射线晶体结构分析技术

（1）晶体 X 射线衍射的基本原理和相位问题

X 射线是原子中的电子在能量相差悬殊的 2 个能级之间跃迁而产生的电磁辐射，由德国物理学家 W. K. 伦琴于 1895 年发现，故曾称伦琴射线。X 射线衍射是人类进行物质微观结构研究的第一种方法，也是最有效的、应用最广泛的手段，已渗透到物理、化学、地球科学、材料及工程技术等各种学科之中，成为一种非常重要的实验方法和结构分析手段。X 射线的应用领域非常广泛，如 X 射线衍射结构分析、X 射线漫散射及广角非相干和小角相干、非相干散射、X 射线吸收谱分析、X 射线照相术、X 射线光谱分析、X 光电子能谱分析和 X 射线衍射貌相术等。对于生命科学研究最重要的就是 X 射线衍射结构分析，特别是 X 射线衍射单晶结构分析。常用 X 射线波长在 0.25 ~ 0.05 nm 之间，与晶体中的原子间距（0.1 nm）数量级相同，因此晶体可以作为 X 射线的天然衍射光栅，这就使得利用 X 射线衍射进行晶体结构分析成为可能。

衍射是散射的一个特例，即相干散射。当 X 射线沿某方向入射晶体时，晶体中原子的核外电子产生的相干波，彼此发生干涉。当 2 个相邻波源在某一方向的光程差等于波长 λ 的整数倍时，其波峰间互相叠加而得到最大限度的加强，这种波的加强称为衍射，相应的方向称为衍射方向，而在衍射方向前进的波称为衍射波。

物质在晶体中是呈三维紧密规则排列的，即形成“点阵结构”。在点阵结构中，周期性排列的原子或电子散射的次生 X 射线间相互干涉的结果决定了 X 射线在晶体中衍射的方向，通过测定衍射的方向可得到晶体的点阵结构、晶胞大小和形状等信息。而我们更感兴趣的晶胞内的内容，即蛋白质分子的结构和晶胞中分子的排列方式则决定了衍射线的强度。因此，需要找到衍射强度与晶体结构之间的关系，即衍射数据与晶体结构中的电子密度分布之间的关系，从而确定晶体的组成及其结构。

散射是X射线作为电磁波与电子间相互作用的结果。当一束电磁波入射到电子体系中，电磁波中的电分量和磁分量向电子施加了作用力，使得电子以与入射电磁波相同的频率振荡，振荡中的电子作为辐射源会发出与入射波相同频率的辐射，入射波的能量被电子吸收然后再被辐射出。由于电子与原子核之间的吸引作用，原子中电子还存在一个电回复力的作用。在X射线衍射研究中，一般将原子中的电子作为自由电子来看待。

晶体中一个电子就会产生一个散射波，晶体的散射波是许多子波叠加的结果。蛋白质晶体中的每一个晶胞含有大约10 000或更多的电子，而晶体中含有大量的晶胞，所有这些波必须都得加和起来。因此，需要一种简便的方法来叠加这些波，最终推导出一个公式，以表示出晶体每一散射波（强度）与晶体中或晶胞中电子密度分布的关系。下一步是将表达式逆转从而导出电子密度分布作为散射信息的函数。

经过一系列的推证，从单电子系统、二电子系统、原子的散射、晶胞的散射到晶体散射等过程的分析，得到电子密度分布作为散射信息的函数的公式如下（具体方法见推荐阅读中《X射线晶体学基础》）：

$$\rho(xyz)=\frac{1}{V}\sum_h\sum_k\sum_l |\boldsymbol{F}(hkl)|\exp[-2\pi i(hx+ky+lz)+i\alpha(hkl)]$$

式中：ρ为实空间坐标点（x，y，z）处的电子密度，hkl为该衍射点的坐标，$|\boldsymbol{F}(hkl)|$为结构因子$\boldsymbol{F}(hkl)$的振幅（结构振幅），V为晶胞体积，α代表初始相角。

由X射线衍射的知识已知，衍射图样中衍射点（hkl）的强度I（衍射强度）正比于结构振幅（$|\boldsymbol{F}(hkl)|$）的平方，而结构因子又是晶胞中电子密度分布的函数。因此通过结构振幅将电子密度ρ与可以通过实验得到的衍射强度相关联，使得计算晶胞中每点的$\rho(xyz)$变得容易，为得到整个蛋白质结构的电子密度图打下基础。这是X射线晶体学最重要最基础的概念。

X射线衍射实验可以记录衍射点的强度和方向，从衍射方向可知晶胞中分子的堆积方式，而从衍射强度可知其结构振幅，但是相角$\alpha(hkl)$却不能直接从衍射图样中得到，这就产生了所谓的“相位”问题，X射线晶体学最主要的就是要解决这个相位问题。现在已经发展了一些间接或直接的方法，成功地解决了这个相位问题，使X射线晶体学取得了迅速的发展，使大量的蛋白质结构得到解析。在蛋白质X射线晶体学中，已有4种方法可以解决相位问题：

① 同晶置换法（isomorphous replacement） 此法需将重原子（原子序数大的原子，如一些重金属汞、铂、碘等的单质或化合物）加入晶体中的蛋白质分子内，使重原子试剂附着于蛋白质上。此方法又有单对同晶置换法（SIR）和多对同晶置换法（MIR）等。

② 反常散射法（anomalous diffraction） 当原子中的电子不能被认为是自由电子时，就会发生反常散射。该法适用于蛋白质结构中存在具有足够强的反常散射的原子，如用硒原子替代了硫原子后所得到的晶体。此方法需要利用同步辐射加速器以收集不同波长下的晶体衍射数据。此方法又有多波长反常散射法（MAD）和单波长反常散射法（SAD）等。

③ 分子置换法（molecular replacement，MR） 此法需要未知蛋白质结构与某个或某些已知蛋白质结构相似，可以用已知蛋白质结构的相位作为初始相位。

④ 直接法（direct method） 即直接利用得到电子衍射图并解析出晶体结构，从而避免了相位的丢失。这是未来的方法，对测定蛋白质结构来说仍处在向实际应用的发展阶段。

这些方法中，分子置换法是解析蛋白质结构最快捷、最常用的方法，但它要求有已知的模型结构，即同源蛋白质的结构。如果对蛋白质的三维结构一无所知，则应该使用同晶置换法或反常散射法。

（2）X 射线晶体学方法的主要步骤和注意事项

一般来讲，X 射线晶体学方法，或称 X 射线蛋白质结构分析的主要实验步骤如下所示：

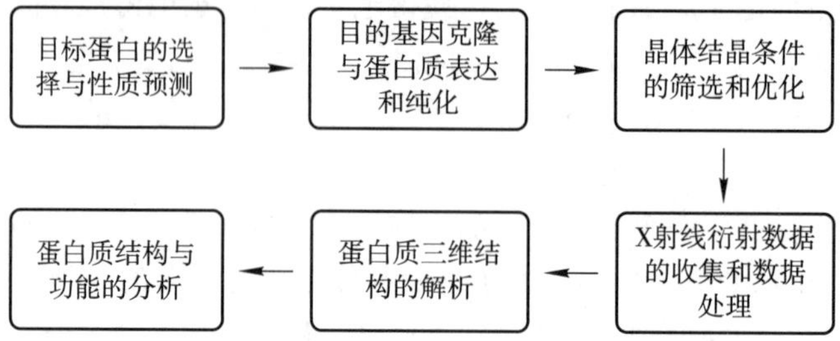

补充范例 3-1
细胞色素 P450 酶的结构、功能与应用研究进展

其中，蛋白质三维结构的解析又包括相位的确定、电子密度图的计算与解释以及结构模型的确定与修正等步骤。最终将得到的蛋白质三维结构的信息提交至国际蛋白质结构数据库（http://www.rcsb.org/pdb/home/home.do）中，以供其他科研人员使用，同时进行进一步的结构与功能的研究工作。

在进行蛋白质晶体的 X 射线衍射实验时，还要注意以下几个问题：

① 波长的选择　波长对晶体所产生的衍射线强度有明显影响，使用较长的波长有利于产生较强的衍射强度，但吸收也高。对蛋白质晶体学的最佳选择是 Cu 的 Kα 射线，即波长为 0.154 18 nm。如果利用同步辐射装置，则更短点的波长（如 0.1 nm 左右）吸收较小。如果在确定蛋白质相角时要使用反常散射方法，则波长选择有特别要求。

② 晶体的选择　一般来讲，高质量的晶体，即晶体的边界明显而且衍射分辨率高的晶体，但晶体质量要靠具体实验来甄别。一般来说，晶体越大，其衍射越强，但吸收也就越大。在蛋白质晶体学中，晶体理想的线性大小一般是 0.3～0.5 mm。由于蛋白质晶体所含的主要为 C、N、O 轻原子，因此蛋白质晶体的散射相对较弱。

③ 强度等测量值的校正　是否对测量值进行各种校正，依赖于晶体的形状、波长和衍射技术。如果要考虑吸收校正，通常是以经验的方式将吸收和消光同时考虑。

④ 晶体的快速冷冻　蛋白质晶体内部含有大量溶剂分子，室温时，蛋白质分子非常容易失去溶剂而使其三维结构被破坏，活性丧失。同时由于热损伤、辐射损伤和晶体内部自由基扩散的影响，使得测量产生较大的误差。原先收集一套完整的数据需要几颗甚至几十颗晶体才能完成（还需要数据套之间良好整合），给结构解析带来了非常不利的影响。快速冷却（flash-cooling）技术成功地解决了这个问题，现在只用 1 颗晶体就能收集一套完整的数据，同时也使捕捉存在时间很短的中间态的结构成为可能。但这种方法有时会造成晶体点阵中或点阵周围冰晶的形成，对衍射图样产生影响并剪短了晶体点阵的有序度（镶嵌度增大），降低了蛋白质点阵的衍射能力，因此需要在母液中加入“防冻液”。防冻液是 1 种或几种化学物质，多是一些醇类、糖类或硫磺酸类物质，用来在晶体冷却时减慢冰的成核作用，提高溶液的黏度（因此提高玻璃过渡态的温度）并且破坏母液中冰的形成，使蛋白质晶体的镶嵌度在冷却后不发生变化或变化很小。

⑤ 防冻液的选择　寻找防冻液，首先要考虑母液的成分。例如有 2- 甲基 -2,4- 戊二醇（MPD），往往不需要其他防冻液，而从盐里长出来的晶体则需要在有防冻液的溶液中蘸洗，或将母液完全替换成为有防冻液的溶液。一般，最好的防冻液是与母液成分最相近的。如果晶体是在聚乙二醇（PEG）中长出，则乙二醇是非常好的首选，然后再试试甘油或低相对分子质量的 PEG。此外，还可以使用二甲基亚砜、糖类、木糖醇、赤藓糖醇、丁二醇等及其他成分的防冻液。一些晶体在一种防冻液中会比在另一种中更敏感，因此需要尝试不同的成分和浓度，以得到

合适的防冻液组成。防冻液加入的体积比从 2% 到 30% 不等。

其他影响冷冻过程的参数是晶体本身的性质，如大小、形状、机械稳定性和密度等。当经历速冷时，晶体悬浮于被液体溶剂包围的支撑环上，这个支撑环的性质及晶体周围溶剂的量是冷冻过程中另一些重要的参数。在设计支撑环时，要考虑晶体的机械强度和残留母液的最少化。

⑥ 上样装置的选择　上样装置有 3 个部分：晶体支撑环、插头和基座。在科学家和一些公司（如美国 Hampton Research 公司、日本 Rigaku 公司和德国 MAR 公司等）的共同开发研制之下，已经有统一标准、不同规格和大小的上样装置，以及与之配套的测角头，以满足不同使用者的需要。

⑦ 支撑环的选择　早先，实验室需要根据本实验室的要求自行制作支撑环，例如用聚酰胺尼龙 66，其直径仅有 0.025 mm，对衍射图样的背景作用很小，而且结实耐用，柔软性较好。还要使用各种胶（多用氰基丙烯酸酯胶黏剂）使尼龙环牢固地与金属插头相黏合。现在也已经有了大量成熟的商业化的产品，其材料也不仅局限于尼龙材料，这样便于实验室的使用，提高了工作效率。

（3）同步辐射 X 射线单晶衍射技术及应用

收集蛋白质晶体的衍射数据时，除了可以使用实验室常规的 X 射线衍射仪外，还可以利用同步辐射（synchrotron radiation）技术，以弥补 X 射线衍射的一些缺陷。同步辐射是由接近光速运动的荷电粒子在磁场中改变运动方向时所产生的一种电磁辐射。同步辐射实验室一般由储存环、光束线和实验站等设备所组成，其中储存环使高能电子在其中持续运转，是产生同步辐射的光源；光束线利用各种光学元件将同步辐射引至实验大厅，并“裁剪”成所需要的状态，如单色和聚焦等；而实验站则是科学家开展各种同步辐射实验的场所。

同步辐射 X 射线单晶衍射技术主要有如下特点：

① 利用同步辐射产生的高强度 X 射线，往往可以提高晶体的衍射分辨率，大大缩短数据收集时间。例如利用实验室 X 射线源收集到一套 0.27 nm 分辨率衍射数据总曝光时间约 1 周，而用同步辐射只需 25 min 就收集到全部衍射数据。在如此短的时间内，晶体几乎不受损伤或损伤极小，这也大大降低了数据的误差。

② 利用同步辐射波长可以调节的特性，可进行 MAD 和劳埃衍射的研究。在劳埃衍射中需要用到较广的波长范围。几种现代的 X 射线辐射探测器用荧光物质作为 X 射线敏感组分，它对于短波辐射更敏感，例如用 0.1 nm 代替通常铜靶的 0.154 18 nm。因此在蛋白质 X 射线衍射实验中，同步辐射光源可被调至 0.1 nm 甚至更短的波长。短波长的一个优点是在其光程和晶体中有着较低的吸收，对蛋白质晶体的辐射损伤减少，往往一个晶体就能收集所有的衍射数据。

③ 利用高强度的同步辐射，可以收集衍射能力较弱的晶体（如非常小的晶体或晶胞极大的晶体）的衍射数据，进而进行结构解析。由于目前还找不到通用的、内在的蛋白质晶体培养的规律，常常难以得到供实验室 X 射线源做高分辨率测量用的大晶体。但是使用同步辐射光源，则可用尺度上比常规晶体小几个数量级的晶体即可，有用大小为 20 μm × 30 μm × 40 μm 的晶粒进行同步辐射实验的报道，其尺寸仅是实验室 X 射线源所用晶体体积的千分之一。

④ 通过对弱衍射与晶体是否有对称中心关系的研究发现，弱衍射在决定晶体有无对称中心中取决定性作用，而实验室的 X 射线源往往不能收集到弱的衍射。高强度的同步辐射使弱衍射也可以被测出并收集，这对于总结出正确的系统消光规律、避免得出错误的空间群有决定性的作用。

⑤ 利用同步辐射光源结合劳埃实验方法，可以在微秒时间尺度内进行时间分辨率的三维晶体结构的分析研究，将传统的静态的结构分析提高到动态结构分析的新高度，这是用其他方法所

远远不能达到的。

同步辐射 X 射线衍射的装置与一般的装置很相近，均由 X 射线源、测角器、探测器与记录系统及数据处理系统所组成。但是在硬件设备的配置上有所不同，如同步辐射 X 射线是加速器储存环所引出的硬 X 射线，其波长范围为 1 ~ 10^{-2} nm。光束线能量范围为 5 ~ 18 KeV，光束线经过狭缝—准直镜—狭缝的通路，使光束聚焦和准直，光斑变小，再经过单色器，实现光束的单色化。同步辐射 X 射线衍射的实验方法主要有回摆法、劳埃法、粉末法和魏森堡照相法等。有关这些方面的技术、原理及应用，已有不少专门从事高能物理研究和同步辐射 X 射线衍射研究的学者进行了大量的研究与综述，在此不再赘述。

同步辐射光源自 1947 年诞生以来，已有近 70 年的历史，经历了 3 次快速发展的阶段，随着其性能的不断提高，应用范围也不断拓展。第一代同步辐射光源是衍生于高能物理实验专用的高能对撞机的兼用机，如北京同步辐射光源（BSR）就是衍生于北京正负电子对撞机（BEPC）；第二代光源是基于同步辐射专用储存环的专用机，如合肥国家同步辐射实验室（HLS）；而第三代在则是基于性能更高的同步辐射专用储存环的专用机，如上海同步辐射光源（SSRF）。目前全球三大第三代同步辐射光源中心分别是在法国的欧洲同步加速器 ESRF，美国芝加哥市附近的 APS 和日本的 Spring-8，并有多个用于大分子结构分析的同步辐射线站正在建立之中，如在上海的国家蛋白质科学中心蛋白质晶体学线站已于 2015 年正式投入使用。现在，每天世界上都有上万名的研究人员利用这些同步辐射光源，进行前沿学科的研究和高新技术的开发工作。

随着蛋白质三维结构解析技术的迅速发展，特别是同步辐射光源的普及应用，许多具有重要生物学意义的蛋白质结构陆续被解析，为深入研究生物大分子结构功能关系奠定了良好基础。众所周知，水分子和其他离子如钾、钠、钙和氯都对细胞具有重要的生理作用，且能通过细胞膜上的不同孔道进入细胞，但是细胞膜上孔道的离子选择性及离子运动调控性的分子机制一直为未解之谜。1998 年 Mackinnon 等首次得到分辨率为 0.32 nm 的 K^+ 通道 KcsA 的原子结构，而 2000 年 Agre 等应用发射电子源的电子衍射方法得到分辨率为 0.38 nm 的水通道 AQPl 的电子密度图。他们 2 人因为对膜蛋白和离子通道开创性的研究，共同分享 2003 年的诺贝尔化学奖。

再如，人们一直梦寐以求阐明植物光合作用的分子机制，但一直进展不大，直到 1985 年 Deisenhofer 等测定了紫色光合细菌光合膜中光合反应中心复合体的晶体结构，他本人获得了 1988 年诺贝尔化学奖。2004 年中国科学院生物物理所的常文瑞院士实验室利用同步辐射光源测定高等植物菠菜的主要捕光复合体（LHC-Ⅱ）0.272 nm 分辨率的晶体结构。

此外，利用同步辐射 X 射线衍射技术对于细胞内能量转换、信号转导、基因转录等方面的研究以及对病毒生物大分子结构的研究都取得了新成果。

虽然在一些常规的药物研发和蛋白质功能研究过程中，研究者只是把同步辐射蛋白质晶体结构测定作为一种重要数据的获取手段来解释或者解决所研究的问题；但是对那些难度高并且意义重大的蛋白质结构和功能研究（一般也是生物学的基础科学问题），则往往需要长期的反复实验，并不断修正、完善实验条件，才能获得理想结果。因此对于生命科学研究领域，同步辐射装置不仅仅是测试中心，更是一个重要的研究中心。

知识拓展 3-2
X 射线衍射技术在蛋白质结构功能研究中的应用

3.1.3 核磁共振结构解析技术

（1）核磁共振技术的发展历史

核磁共振（nuclear magnetic resonance，NMR）是基于原子尺度的量子磁物理性质，即在外加磁场作用下，磁矩不为零的原子核（即具有奇数质子或中子的原子核）自旋能级发生分裂，共振吸收某一固定频率的射频辐射的物理过程。NMR 技术的基本原理是将样品核自旋本身的磁场在外加的强大磁场下重新排列，大多数核自旋会处于低能态。额外施加电磁场干涉低能态的核自旋转向高能态，再回到平衡态便会释放出射频，即产生了 NMR 讯号。利用这样的过程，可以进行分子结构和动态分子科学等方面的研究。

核磁共振现象发现于 20 世纪 30 年代，随后很快得到了实际应用。化学家最先利用分子结构对氢原子周围磁场产生的影响，发展出了化学小分子的核磁共振谱图，用于解析小分子的结构。随着科学技术的不断发展，核磁共振技术从最初的一维氢谱发展到 ^{13}C 谱、二维核磁共振及多维核磁共振谱等高级谱图。核磁共振技术解析分子结构的能力也越来越强，特别是 20 世纪末所发展的，利用 NMR 信息分析蛋白质分子三维结构的技术，实现了精确测定溶液中蛋白质分子结构的目标。

1977 年，瑞士科学家 Kurt Wiithrich 首先将二维核磁共振的方法用于生物大分子的结构研究。他所创建的方法是测定水溶液中蛋白质样品的一系列不同的二维核磁共振图谱，根据已知蛋白质分子的一级结构，通过比较和解析这些图谱，从其中找到各个序列号氨基酸上的各种氢原子所对应的峰。有了这些被指认的峰，就可以根据这些峰在核磁共振谱图上的相互关系得到它们所对应的氢原子之间的距离，进而确定氨基酸的空间位置。这种方法也可用对房屋进行绘测的方法来理解，由于蛋白质分子具有三维立体的空间结构，在序列上相距较远的 2 个氨基酸有可能在空间上相距较近，如果它们所含的氢原子之间距离小于 0.5 nm，则其所对应的 NMR 峰之间就会出现相关信号。一个由几十个氨基酸残基所组成的蛋白质分子可以得到几百个甚至几千个这种与距离有关的信号，按照信号强弱将它们转换成对应氢原子之间的距离，然后运用计算机程序结合所得到的距离条件模拟出该蛋白质分子的空间结构。得到的这个结构既要满足从核磁共振图谱上得到的所有距离条件，还要满足化学上有关原子与原子相互作用的基本限制条件及蛋白质三维结构的限制条件，如原子间的化学键长、键角、肽平面的夹角及蛋白质二维结构的特点等。Wiithrich 一直致力于利用核磁共振技术测定溶液中生物大分子三维结构的方法的研究和应用，使得这种技术在 20 世纪 90 年代得到了飞速发展和普及，他本人也在 2002 年获得诺贝尔化学奖。

这些年来，NMR 技术不论在谱仪性能还是在测量方法上都有了长足的进步。在仪器设备的硬件方面，由于超导技术的发展，磁体的磁场强度增长很快，平均每 5 年提高 1.5 倍，现在 900 MHz 的 NMR 设备已普及使用，由于各种先进而复杂的射频技术的发展，核磁共振的激发和检测技术也有了很大提高。同时异核多维核磁共振方法迅速发展，使得对较大相对分子质量蛋白质的三维结构的测定成为可能。此外，随着计算机技术的发展，不仅能对激发核共振的脉冲序列和数据采集作严格而精细的控制，而且能对所获得的大量数据进行各种复杂的变换和处理工作。

利用 NMR 方法测定蛋白质结构的主要实验步骤为：

① 实验样品的制备，需要得到高纯度、高均一性且性质稳定的蛋白质样品。

② 按照实验要求，进行氘代或同位素标记。

③ 利用 NMR 设备，进行 NMR 波谱数据的收集。

④ NMR 数据的处理与分析，并利用距离几何学和模拟复性得到初始结构。

⑤ 利用数据，对初始结构进行精细化，得到最终结构家族。

得到的最终结构家族也可以提交至国际蛋白质结构数据库中共享，但其中的结构不止一个，是能量最低的多个构象的集合，而晶体结构则测定的是一个唯一的构象。

（2）核磁共振技术的维数

常规的氢谱和碳谱是由脉冲自由衰减信号经傅里叶变换成频率与峰强度的函数，这种只有一个频率变量的 NMR 图，通称为一维 NMR 谱。一维 NMR 实验被局限于描绘信号强度和观测频率的函数关系。而二维核磁共振实验则引入第二个频率域，将化学位移、偶合常数等参数在二维平面上展开，从而将在一般核磁共振谱（一维谱）中重叠在一个频率坐标轴上的信号分别从2个独立的频率坐标上展开，构成二维核磁共振图谱。相应地，其核磁共振谱中的信号强度是2个频率的函数，因而大大增加了二维核磁共振谱的信息量。这样，由于二维核磁谱是将化学位移和偶合常数等核磁参数对核磁信号作二维展开，所以与一维谱相比有很多优越性，能使一些重要共振信号相互分离开，容易检出和确认共振信号之间的自旋相互作用关系。二维NMR谱的是利用多脉冲序列对自旋系统进行激发，在多脉冲序列作用下的核自旋系统演化得到时间域上的信号，再经过2次傅里叶变换得到的二维核磁共振信号。为解决不同的化学结构问题，可采用不同的多脉冲序列，得到不同的二维核磁共振谱。二维NMR以2个独立的时间域函数采集数据，给出一个时间域的数据组。二维NMR实验的脉冲序列一般可分为4个部分，即预备期、演化期、混合期和检测期。

① 预备期　实验起始条件，对每一个傅里叶变换核磁共振实验必不可少。对一个简单的单脉冲实验，预备期统称为“脉冲时间延迟”，主要目的通过脉冲使核自旋体系被激发。

② 演化期　核自旋体系被激发后，一般在旋转坐标系的*XY*平面内进动，该过程称为演化。演化期提供的信息被记忆到第二个时间域，所记忆的信息可以是同核或异核标量偶合常数，其弛豫延迟相当于一维谱实验中的等待时间。

③ 混合期　在这段时间内，自旋体系将在脉冲序列或样品内部相互作用影响下产生或计划转移其他相关干涉。它一方面要求自旋能“记忆”以前的信息，另一方面要求自旋能通过相关干涉以及滤波等方法选择有用的相关信息。若相关干涉已经存在，也可取消混合期和检测期，这段时间的长短取决于被观察核的谱宽和数字化水平。

④ 检测期　尽管在每一个二维NMR实验中检测期是相同的，但每一个检测期所检测到的信息却不同，它是在演化期内所引进的变量的函数，包括同核或异核标量偶合信息、同核或异核化学位移。

二维NMR实验是通过间接观察检测多量子相关信息和有关同核或异核的偶极弛豫来获得分子结构中碳核与氢核的相关信息。二维NMR谱分为2类，即二维分解谱（无混合期）和二维相关谱（有混合期）。二维分解谱的两轴分别为化学位移以及偶合常数，可用于检测核的自旋裂分情况及偶合常数；二维相关谱的2个频率轴均表示化学位移，表示具有一定化学位移的核信号之间的联系。

二维相关谱又按照得到谱图的方法不同分为2种，一种是由偶合传递得到相关谱的二维位移相关谱，其中又可细分为二维同核 $^{1}H-^{1}H$ 相关COSY谱（correlated two-dimensional spectroscopy）、二维异核 $^{13}C-^{1}H$ 相关HETCOR谱、远程异核 $^{13}C-^{1}H$ 相关Coloc（correlated spectroscopy via long range coupling）谱、总相关TOCSY（total correlation spectroscopy）谱和横向弛豫优化光谱TROSY（transverse relaxation optimized spectroscopy）共5种类型。其中TROSY方法主要应用于相对分子质量大于 2×10^{4} 的“大型”蛋白质的结构测定与分析。因为随着蛋白质分子的增大，旋转相关时间上升，使得谱线展宽严重，分辨率急剧下降，一般的异核相关谱已不再适用，而TROSY技术则可大大提高分辨率。

另一种二维相关谱则是由交叉弛豫传递得到的二维谱——二维核极化效应NOE谱。它又可分为二维 $^{1}H-^{1}H$ 相关NOESY谱（nuclear overhauser effect spectroscopy）、HOESY谱（two-dimensional heteronuclear NOE spectoscopy）、ROESY谱（rotating frame NOE enhancement spectroscopy）、HMQC（heteronuclear multiple quantum coherence）和HSQC（heteronuclear single quantum correlation）等几种方法。其中HMQC和HSQC，特别是HSQC方法由于测试要求的样品量相应较少，是目前获得碳氢直接连接信息最主要的手段。

虽然用 NMR 方法确定蛋白质溶液的结构方面已经取得了巨大成就，现在已有可能获得小于 100 个残基的小蛋白质的溶液结构，但在解析大蛋白质的结构时仍面临严峻挑战。首先是化学位移的重叠简并，使得在二维 NMR 方法中所使用的自旋系统识别和序列识别方法不再有效，其次是随着相对分子质量增加，谱线变宽，因而使得较难利用建立在小的同核偶合之上的一些位移相关实验。为提高 NMR 谱的分辨率，可以利用增加谱的维数来实现。这一方法可将大的单键异核偶合用于磁化转移，借助同核三维和异核三维、四维实验等多维核磁共振技术，可将 NMR 确定蛋白质结构溶液构象的方法扩展到相对分子质量（3 ~ 4）$\times 10^4$ 的蛋白质。目前的多维核磁共振技术包括同核三维谱、异核三维谱和异核四维谱等。其具体的原理和实验方法在此不多做介绍。

深入学习 3-1
常用于测定大分子量蛋白质结构的三共振实验

（3）蛋白质的同位素标记技术

利用 NMR 测定蛋白质的三维结构不需要得到蛋白质的晶体，可以在溶液中进行，使其所获取的结构信息更接近于蛋白质在生物体内的状态。但是 NMR 技术对蛋白质样品的要求也是非常严格的，开展 NMR 实验的首要工作是制备可以满足多维核磁共振长时间实验要求的高稳定性样品。而蛋白质的同位素标记可以提高 NMR 谱的灵敏度和分辨率，减小谱线线宽，从而减少谱峰重叠，简单谱图，还能提高所测定蛋白质的相对分子质量上限。经验来讲，相对分子质量小于 8×10^3 的蛋白质不需进行同位素标记，可以使用 ^{1}H–^{1}H 同核 2D NMR 技术测定；相对分子质量在（8 ~ 25）$\times 10^3$ 需进 ^{15}N/^{13}C 同位素标记，使用异核多维 NMR 技术测定；相对分子质量在 2.5×10^4 以上的蛋白质需进行 ^{15}N/^{13}C/^{2}H 同位素标记。均匀标记、选择性标记、片段标记、化学标记等为主要的同位素标记方法。

① 均匀标记法　即使用同位素来标记所有待标记的元素，可用于异核多维 NMR 实验，并可简化 NMR 谱峰的指认工作。进行蛋白质结构测定时，一般先制备单标记（^{15}N）的样品，并优化 NMR 缓冲液和实验温度，使蛋白质的稳定性最佳、谱峰的离散性最好；然后再制备双标记（^{15}N/^{13}C）或三标记（^{15}N/^{13}C/^{2}H）的样品。制备单标记或双标记样品时可以直接在 H_2O 培养基中进行扩增表达，而制备三标记样品时则必须分步在不同含量的 D_2O 培养基中进行表达，一般为 50% ~ 70% 的氘代度（即溶液中氢原子被氘原子所代替的百分比）。

② 选择性标记法　又分氘代标记、选择性地甲基质子化和其他选择性同位素标记方法等。

a. 氘代标记：在 ^{15}N、^{13}C 均匀标记的蛋白质的异核三共振实验中，对于完全质子化的蛋白质，^{1}H–^{1}H 偶极弛豫及由同位素标记引起的异核 ^{1}H–X（$X = {}^{15}$N，^{13}C）弛豫会影响异核多维实验中磁化矢量转移的效率，使实验的灵敏度和分辨率大大降低，对于大相对分子质量的蛋白质则更为严重。由于 ^{2}H 具有较低的旋磁比，通过氘代与碳原子相连的质子可以减小上述弛豫的影响，有效地提高 ^{15}N、^{13}C、^{2}H 三标记样品的实验灵敏度。部分氘代蛋白质样品对 NOESY 实验也是十分有利的，可以使实验的线宽变窄，大大改善实验的灵敏度和分辨率，同时由于自旋 - 扩散途径的减少也可采用较长的混合时间。另外，随机氘代技术也应用于一些蛋白质的结构研究中，谱图质量、所研究体系的大小及所进行的实验类型决定了氘代的程度。在得到初级结构框架后，可用完全质子化的样品来确定大量的空间约束参数。由于完全氘代分子中 ^{1}H–^{1}H 自旋反转速率的降低可以减少缓慢弛豫的 TROSY 组分与快速衰减的抗 TROSY 组分之间的互变，因而高水平的氘代也有利于 TROSY 实验的进行。虽然完全氘代非常有利于蛋白质主链的指认，但是蛋白质（尤其有疏水核心的蛋白质）空间结构的最终确定还需要获得严格的侧链空间约束信息。当然，氘代技术也存在着缺点，例如对碳原子直接相连的质子进行氘代标记的条件优化较难；随机氘代所产生的多种不同标记程度的混合产物给出的不同化学位移会减弱信号强度；而完全氘代会使碳原子上的质子减少而损失大量的 NOE 信号等。

b. 选择性地甲基质子化：完全氘代有助于主链骨架中 ^{1}H、^{15}N、^{13}C 和侧链 ^{13}C 化学位移的指认归属，但样品中存在的 H–D 交换现象使得传统的 NOE 方法在结构计算中面临严峻挑战。由此而发展了在氘代样品中选择性地进行甲基质子化的方法，即在 ^{15}N、^{13}C、^{2}H 标记的样品中，使丙氨酸、缬氨酸、亮氨酸的甲基和异亮氨酸 γ2 位上的甲基仍保持质子化，而这些甲基的 NMR 特性有助于归属 ^{13}C–^{1}N 相关信息。特别是这些可特异性质子化的甲基基团多存在于蛋白质的疏水核心区域，使得这种标记方法具有更好的应用价值。

c. 其他选择性同位素标记：酪氨酸和苯丙氨酸等芳香族氨基酸常位于蛋白质的疏水核心或配基结合的界面上，因此确定这些残基侧链上空间约束情况对于研究蛋白质的空间结构意义重大。还有一种同位素的反向标记方法，可将非标记的苯丙氨酸和酪氨酸加入到 ^{13}C 均匀标记的蛋白质样品中。只要在一维 ^{1}H-NMR 谱图上找到这些氨基酸芳香基团上的质子谱峰，就可以利用 ^{13}C 双滤波实验和 ^{13}C- 滤波 / 编辑实验来归属蛋白质中残基间的 NOE 信号和苯丙氨酸 / 酪氨酸与空间相邻质子间的 NOE 信号。这种方法可以用来测定相对分子质量小于 3×10^4 且含有相对较少酪氨酸和苯丙氨酸残基的蛋白质结构，因为如果蛋白质中所含的芳香族残基数目较多，会大大增加芳香族氨基酸侧链氢的指认归属的难度。

③ 片段同位素标记法　应用 NMR 方法研究蛋白质相对分子质量的上限随着蛋白质样品氘代、^{15}N 和 ^{13}C 标记技术的应用和 TROSY 技术的发展而不断提高，但同时谱图中交叉峰的数目也有所增加，加剧了谱峰的重叠情况。目前，对于高相对分子质量系统的结构研究多集中于有对称性系统的寡聚体蛋白质的研究。对于含有 2 个或 2 个以上不同分子的复合物，则需要通过对其中 1 个蛋白质组分进行标记来进行间接的研究。片段同位素标记法就是将一段标记的蛋白质片段和另一段非标记的蛋白质片段进行连接后来进行分段研究，2 个蛋白质片段的连接是在温和的反应条件下通过内蛋白子（inteins）结构域的自催化剪切反应来实现的。此方法可用于高相对分子质量单链的蛋白质结构研究中。内蛋白子蛋白质对氨基酸种类没有特殊要求，但是 C 端外蛋白子片段的 N 端残基需要是半胱氨酸、苏氨酸或丝氨酸，以作为内蛋白子的剪切识别位点，进而连接外蛋白子蛋白质。也有实验将一种内蛋白子蛋白质人为地分成 2 段，再分别与待测蛋白的 N 片段和 C 片段进行融合表达。在变性条件下将 2 种融合蛋白混合，再在复性条件下使内蛋白子蛋白质重新折叠而恢复生物活性，从而催化剪切反应把待测蛋白片段连接起来。此外，利用不同内蛋白子，还可得到两端为非同位素标记而中间是选择性标记的 MBP 蛋白。如仔细优化蛋白质系统的复性条件和连接反应条件，可使由内蛋白子介导的连接反应的产率大大提高。

而改进后的分段同位素标记技术则不需要进行变性或外源残基的插入。其方法是进行蛋白质 N 片段的表达时，在该片段的 C 端融合表达一个内蛋白子，并在整个融合蛋白的 C 端有一个缺少半胱氨酸的几丁质结合结构域（chitin binding domain，CBD），来完成剪切反应。在由 CBD 介导连接的亲和介质上，在外源亲核试剂的攻击下，蛋白质发生硫酯反应，然后用含有少量硫醇试剂（如 DTT、巯基乙醇或半胱氨酸）的溶液将目的蛋白从内蛋白子上释放，获得 C 端带有一个稳定的硫酯基团的蛋白质。再将其与具有 N 端半胱氨酸残基的片段进行混合，则得到约 70%最终产率的部分标记蛋白质样品。这一方法可用来连接 2 段独立的折叠结构域，反应还可在有机溶剂或变性剂（如盐酸胍）的存在下进行。或者用固相合成技术直接合成具有 C 端硫酯基团的多肽链，这虽使多肽合成的成本提高，但实现了蛋白质特定残基的同位素标记。

知识拓展 3–3
同位素标记技术在蛋白质结构测定中的应用

④ 化学标记法　化学合成法也可应用于蛋白质的同位素标记，其中固相合成方法是目前应用最为广泛的化学合成法，目前已经可以合成含 100 个氨基酸残基的蛋白质，如再结合化学连接方法还可得到相对分子质量更大的同位素标记的蛋白质。当然也可以对特定氨基酸，例半胱氨酸、甲硫氨酸、赖氨酸和色氨酸等的侧链通过化学修饰方法进行同位素标记。

3.1.4 冷冻电镜成像技术

冷冻电镜成像技术（cryo-electron microscopy，Cryo-EM）是电子显微镜技术的延伸，可简单理解为用电子显微镜去观察冷冻固定样本，得到样品清晰的三维结构。冷冻电镜可实现对液体、半液体以及对电子束敏感的样品（如生物、高分子材料等）的成像观察，研究对象非常广泛，如病毒、膜蛋白、肌丝、蛋白质－核苷酸复合体、亚细胞器等。由前面的知识可知，X射线晶体学只能研究单晶样品，而核磁共振波谱学只能研究相对分子质量较小的溶液样品，而冷冻电镜成像技术在生命科学方向的开发使用，使得结构生物学有了新的突破，因此被认为是结构生物学三大支柱技术之一。随着蛋白质及其复合物研究的不断深入，冷冻电镜成像技术发挥着越来越重要的作用。

冷冻电镜成像技术的理论基础之一是很薄的生物体（近似看成弱相位物体）的密度函数与电子衍射图谱和电子显微像之间存在着傅里叶变换（fourier transform）的关系，因此通过对该物体像的傅里叶变换，便可得到该物体三维重构所必需的振幅和相位信息。另一个是中心截面定理，即"一个物体二维投影的二维傅里叶变换与该物体三维傅里叶变换中过原点的截面相等"。若对该物体各种取向的电子显微像（即投影）均匀取样，经二维傅里叶变换即可获得填充傅里叶空间的均匀分布的中心截面，再通过傅里叶逆变换即可获得该物体的三维重构构象。因此该技术也被称为冷冻电镜三维重构技术。

Derosier和Klug于1968年利用傅里叶变换的数学方法（电子晶体学）对电子显微图像进行了三维重构，得到了分辨率为3.5 nm的T4噬菌体尾部显微像和重构后的立体模型，开创了三维结构重构研究的先河。Henderson和Unwim又于1975年发表了紫膜中的细菌视紫红质（bacteriorhodopsin）的天然二维晶体的投影密度图和三维结构模型，他们运用电子显微像来测定结构因子的相位，不仅将结构测定的精确度提高到0.7 nm分辨率，而且提供了更多的结构信息。经过几十年的发展，冷冻电镜技术已经成为研究生物大分子结构与功能的强力手段。它可对均一样品（如膜蛋白二维晶体、病毒粒子等对称结构）或不均一样品（如核糖体、线粒体等）采用不同方法进行三维结构的重构，可以对生物大分子及其复合物或亚细胞结构进行测定，分子量足足跨越了12个数量级，使小到蛋白质，大到真核细胞的三维结构得到确定。另外，快速冷冻不仅可以将样品保存在天然状态，使其结构更接近功能活性状态，而且还可以捕捉到快速反应的瞬时状态，使在时间分辨层面上对反应过程和反应中间体的研究得以顺利进行，有益于对蛋白质的动力学特性和功能的深入研究。

冷冻电镜三维重构实验主要包括样品的制备、冷冻电镜成像和数据采集、数据处理、三维结构显示和解释等步骤。主要步骤可分为：

① 制备化学组成和结构上均一的生物大分子的冰冻含水样品；

② 选择最有可能产生最佳图像的最佳颗粒密度和玻璃态冰厚度的样品；

③ 设定最佳参数（比如：欠焦值、放大倍数和电子剂量等）记录这些样品区域的大量图像；

④ 用手工或半自动程序选择那些离散的分子形成的投影图；

⑤ 通过计算不同图像之间的相对方位来重组复合物的三维结构模型。

有些情况下，还可以利用从晶体学或核磁共振波谱学获得的结构，将原子坐标定位到密度图中，以对在分离的和复合的大分子环境细微的结构差异进行比较和校正。

因此，为了获得高分辨率的结构，需要将更完善的样品制备方法、先进的仪器设备、更好的成像方法、强有力的数据处理和运算方法结合起来。其中，样品制备主要采用快速冷冻的方法，以保持其天然活性；仪器设备则可采用场发射电镜和电耦合探测器（charge-coupled detector，

CCD）摄像系；确定结构的方法主要有电子晶体学、单粒子法和电子断层成像技术等；对于数据处理则主要借助各种软件和傅里叶变换的算法进行二维图像的三维重构以获得实物空间的三维结构。

样品的制备是电子显微镜实验成功与否的关键。常规的样品制备方法和电镜的高真空环境会使蛋白质结构由于脱水而被破坏，而化学固定法更是使蛋白质变性。人们对样品的处理方法和包埋剂的使用进行了多次尝试，如用葡萄糖、海藻糖、亚金硫代葡萄糖及单宁酸等进行包埋。在 20 世纪 80 年代中期，出现了冷冻含水低温电镜技术，亦称冷包埋技术，即现在说的冷冻电镜技术。用于冷冻电镜研究的生物样品是在高真空的条件下成像的，所以生物大分子样品的纯度必须非常高，其制备既要能够保持本身的结构，又要能抗脱水和电子辐射。一种方法是通过快速冷冻，在亲水的支持膜上将含水样品包埋在一层较样品略高的薄冰内。这首先要将样品在载网上形成一水膜薄层，然后将第一步获得的含水薄膜样品快速冷冻。在多数情况下，手工将载网迅速浸入液氮内可使水冷冻成为玻璃态。其优点在于将样品保持在接近“生活”状态，不会因脱水而变形，减少辐射损伤；而且通过快速冷冻捕捉不同状态下的分子结构信息，了解分子行使其功能时的构象变化。另一种方法是通过喷雾冷冻装置（spray-freezing equipment），利用结合底物混合冰冻技术，可以把 2 种溶液（如酶和底物）在微秒量级的时间内混合起来，然后快速冷冻，将其固定在某种反应的中间状态，这样就能测定生物大分子在结合底物时或其他生化反应中的快速结构变化，进而深入了解生物大分子的生物学功能。

冷冻电镜成像技术按照其发展年代和确定结构的不同技术方法主要可分为：

① 电子晶体学技术（electronic crystallography technology） 是 X 射线晶体学与生物电镜技术的结合，它综合了三维密度图和傅里叶变换数学理论，通过获得已制好的结构规则的二维晶体的高分辨率电子密度图，解析出原子水平的结构。T4 噬菌体尾部螺旋结构的研究就是采用的这种方法。此后，还获得了多种螺旋对称样品（如肌质网钙 ATP 酶及乙酰胆碱受体等膜蛋白）以及二十面体对称的病毒颗粒（如烟草花叶病毒）的高分辨率结构。植物的光系统Ⅱ捕光叶绿素 a/b 蛋白复合体结构的解析是电子晶体学成功应用的又一例证。

② 冷冻电镜单颗粒技术（single particle technique for cryo-electron microscopy） 即平时所说的冷冻电镜技术，它是利用大量二维投影图像的数据，结合蛋白复合物在不同方向上的相同副本，对结构进行三维重建。制备好的可溶复合物样品扩散到碳膜的孔上后快速冷冻，形成一层薄薄的玻璃态冰，理想情况下，这层冰中含有不同方向复合物的相同副本。受粒子的尺寸和缓冲区组成的影响，冰层的厚度可能从几百埃到几千埃不等。在含有许多分子复合物的场的图像中，通过人工或自动算法选择单个的粒子。然后选择统计方法，如主成分分析、多变量分析或协方差分析，根据图像结构特征的变化对其进行排序分析。从分子复合体的二维电子显微镜投影视图生成三维重建依赖于所有粒子的相对方向。通过获得数量足够大包含相对于电子束不同方向的分子图像，就可以建立样品的三维图像。

③ 冷冻电子断层成像技术（cryo-electron tomography，Cryo-ET） 通过对样品多个角度拍照获得倾转系列（TS），将其重构为三维断层图像，再使用子断层平均法（STA）进行高分辨率三维结构解析。相比于传统冷冻电镜方法，Cryo-ET 技术有着优秀的层析能力，对样品纯度要求较低，无需使其脱离原生环境，能最大程度保留生物样品的自然状态。Cryo-ET 适合于在纳米级尺度上研究不具有结构均一性的蛋白、病毒、细胞器及其复合体的三维立体结构，在研究非定形、不对称和不具全同性的生物样品的三维结构和功能中有着不可替代的重要作用，应用范围非常广泛，从分子水平的蛋白质，到亚细胞水平的细胞器，乃至细胞水平的组织结构等。现在，Cryo-ET 已经成为在原位环境下发现并解析新结构，实现跨尺度生物成像的重要结构生物学手段。近年来，冷冻电镜技术迅猛发展，其技术方法不断取得新的突破。第一是样品制备方法的优化，通

过利用薄膜碳层甚至石墨烯可以用更薄的冰层包裹分子样品来提高信噪比。第二是电子探测器的发明。在电子探测器出现之前，由于在高能电子轰击下，传统器件会被打坏，因此冷冻电镜中使用的 CCD 相机需要先将电子打在探测器上变成光信号，再通过 CCD 把光信号转成电信号后得到图像，这种转换过程大大降低了信噪比。而电子探测器则能够直接探测电子数量，同时，互补型金属氧化物半导体（CMOS）感光元件的应用使得探测器支持电影模式（movie mode），可以在一秒钟之内获得几十张投影图片。通过后期对样品进行漂移修正，再把这几十张图片叠加起来，从而大幅提高成像的信噪比，提升冷冻电镜的分辨率。第三是计算能力的提高和软件算法的进步。冷冻电镜的模型重构通常需要对几万甚至几十万张投影图片进行分析、组装和优化，这需要先进的计算资源配合有效的算法才能实现。

2017 年的诺贝尔化学奖授予了 Jacques Dubochet、Joachim Frank 和 Richard Henderson，以表彰他们三人在“开发用于溶液中生物分子高分辨率结构测定的冷冻电镜技术”方面的贡献。正是他们在冷冻电镜的基本理论、重构算法和实验方面做出的重要贡献，成功使冷冻电镜技术达到了符合生物分子原子分辨率的指标，也使冷冻电镜技术成为结构生物学的明星技术。

冷冻电镜成像技术不仅提高了空间分辨率，而且可以应用于很多以前不能解决的生物大分子的结构研究中。特别是 2020 年对于脱铁铁蛋白（apoferritin）和人源 GABAA β3s 受体原子分辨率结构的介绍，预示着使用冷冻电镜技术分析复杂生物分子的三维结构和功能已成为常规技术方法。冷冻电镜技术的未来发展是让人兴奋和无比期待的。

作为结构生物学的三大技术，X 射线晶体学、核磁共振波谱学和冷冻电镜成像技术可谓是“尺有所短，寸有所长”，因此将它们进行有效结合以获得所研究体系（往往是复杂的，不稳定的）的精确结构与功能信息，是任何单一方法所无法获得的，也是今后结构生物学发展的方向。一方面，将 X 射线晶体学的原子分辨率模型与经电镜获得的密度图进行重合比较，可以对冷冻电镜三维重构的中等分辨率结构作出更详尽的解释。另一方面，将 X 射线晶体的精细结构与冷冻电镜的重构模型结合构建生物大分子复合物在发挥功生物学功能过程中出现的构像变化模型，大大增加了对于复杂分子的活动机制的理解。

除了以上所介绍的 X 射线衍射、核磁共振及冷冻电镜三大方法之外，对于蛋白质结构的测定，还有一些其他方法可以使用，如测定蛋白质二级结构变化的圆二色谱、利用蛋白质二维晶体的电子衍射技术、可用于超分子多聚蛋白结构分析的电子层析技术，以及用于解析复杂蛋白质体系的自由电子激光技术（X-ray free-electron laser，XFEL）等。

总而言之，无论是对蛋白质一级氨基酸序列的测定，还是蛋白质及其复合物的三维立体结构的测定，都有了长足发展。例如对于蛋白质三位结构的测定方法中，虽然 X 射线晶体学一直占有主导地位，但利用冷冻电镜测定的大分子的结构与日俱增，且发展空间越来越大，它已经成为大分子结构功能研究的生力军。同时，电子显微技术、成像技术、计算机技术、生物信息技术等不同学科的结合交叉，为理解蛋白质结构与功能关系，进而对蛋白质分子改造和创造新的蛋白质提供了理论基础和有利的工具，也为研究生命现象与本质提供了强有力的手段。

3.2 蛋白质结构预测

3.2.1 蛋白质数据库

20 世纪以来生物学的发展，尤其是测序技术的发展，使得实验数据大量积累，促进了生物信息数据库的建立和发展。以下介绍与蛋白质结构预测相关的常用数据库。

（1）蛋白质序列数据库

蛋白质序列主要可以从美国国家生物技术信息中心（NCBI）的数据库系统中查询。NCBI 是一个综合的生物医学及基因组信息资源中心，包括核酸序列、蛋白质序列、蛋白质结构、生物医学文献等几十个数据库，可以通过下拉菜单选定相关数据库进行检索。图 3-1 示例了人清蛋白在 NCBI 蛋白质数据库中的检索结果，点击相应的链接，可以看到关于该序列详细的信息。

补充范例 3-2
NCBI 中蛋白质序列检索及记录格式

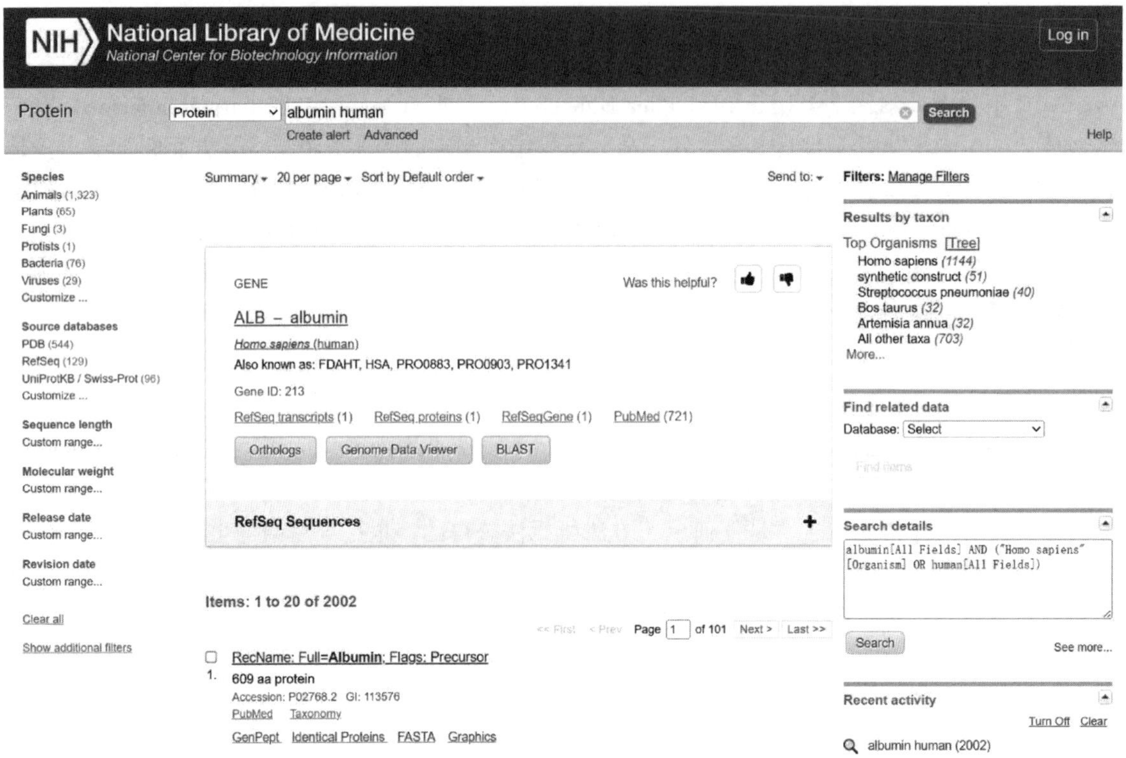

图 3-1 在 NCBI 蛋白质数据库中检索人清蛋白的结果示例

除了美国的 NCBI 外，欧洲分子生物学实验室（EMBL）也是常用的生物信息资源中心，在其网站上有核酸数据库及蛋白质数据库等。EMBL、瑞士生物信息学研究所（SIB）共同建立了 Swiss-Prot 和 TrEMBL，后与蛋白质信息资源（PIR）维护的 PIR-PSD 等数据库合作组成了 UniProt 数据库，是目前序列数据较完整、注释信息丰富的蛋白质序列数据库。

（2）蛋白质结构数据库

由结构生物信息学研究联合实验室（research collaboratory for structural bioinformatics，RCSB）维护管理的 PDB 数据库是最常用的生物大分子三维结构数据库。图 3-2 示例了人清蛋白在 PDB 数据库中的检索结果。图中 2KDL 是该结构的编号，点击其下方的箭头可以将该结构文件下载下来，默认为“2KDL.PDB”。PDB 数据以文本格式记录，可用文本编辑软件（如写字板）打开浏览。

补充范例 3-3
PDB 文件记录格式

PDB 文件中记录了各个原子的空间坐标，但是使用文本编辑软件无法直观地显示为空间结构模型，需要使用三维结构浏览软件，常用的有 Rasmol、Swiss-Pdb Viewer、PyMol 及 Discovery Studio 等。

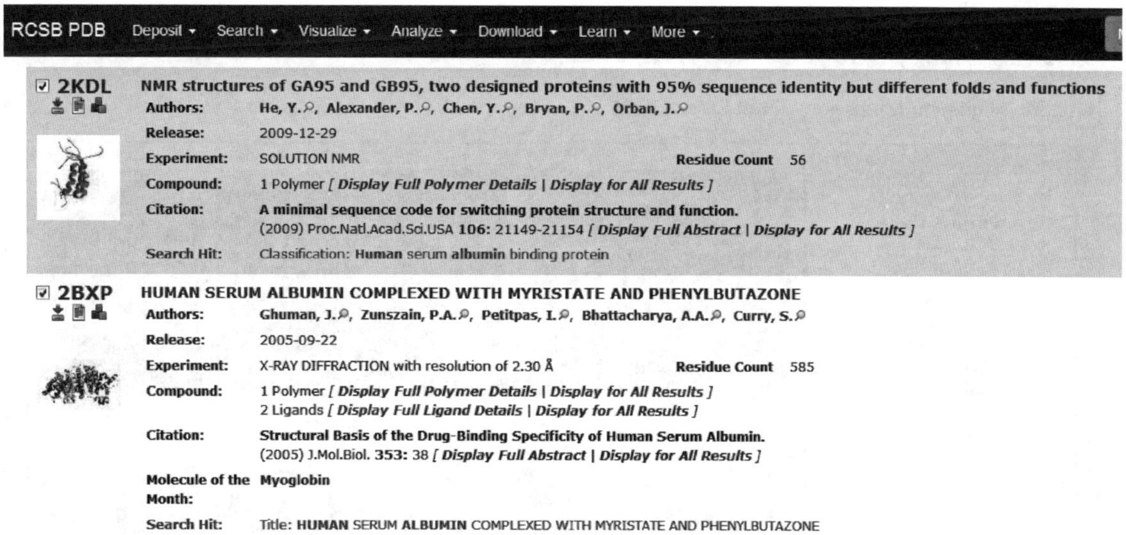

图 3–2 在 PDB 数据库中检索人清蛋白三维结构的结果示例

知识拓展 3–4
分子模型数据库 MMDB

3.2.2 蛋白质序列分析

蛋白质分析可以使用瑞士生物信息院（SIB）提供的蛋白质分析专家系统（expert protein analysis system, ExPASy），该系统提供的在线分析工具可进行蛋白质序列、结构、功能以及 2D–PAGE 图谱分析等。如 ExPASy 中提供的 ProtParam 可计算蛋白质相对分子质量、理论等电点、氨基酸组成、各原子组成、在 280 nm 附近的吸光系数、估计半衰期、稳定指数等；ProtScale 可用于分析蛋白质的亲 / 疏水性质。

关联实例 3–1
ProtScale 分析蛋白质亲疏水性质

（1）序列比对

序列比对（alignment）是为确定 2 个或多个序列之间的相似性以至于同源性，而将它们按照一定的规律排列。进化学说是序列比对的理论基础，简言之就是，如果 2 个序列之间具有足够的相似性，就可推测两者可能有共同的进化祖先，并经过了序列内残基的替换、缺失或序列重组等遗传变异过程演化而来。同时通过比对的结果，从蛋白质序列上的相同点及不同点，可以推测其结构、功能以及进化上的关联。

多序列比对常用 ClustalW 软件（PC 版本为 CluatalX），图 3–3 显示了一个比对的例子。在此例中，每一行代表一个序列，每一列代表不同序列中该列的残基，上面的 * 号表示该列残基完全一致。

比对也是数据库搜索算法的基础，将所需查询序列与整个数据库的全部序列进行对比，可以获得与之相似的序列，为进一步分析查询序列的结构及功能提供参考。数据库搜索常用 BLAST 程序（http://blast.ncbi.nlm.nih.gov/）。

深入学习 3–2
BLAST 程序的使用

（2）跨膜区分析

膜蛋白在生物体中担负着将营养物质和一些无机物输入细胞内，将有毒的或无用的代谢产物排出细胞，以及细胞膜内外信号的传递等多种多样的生物功能，因此它们必然也是重要的药物靶标。在线预测跨膜区的软件有 TMHMM、TMPRED、PHDhtm 等，图 3–4 显示了使用 TMHMM 分析人 NPD1 蛋白质的跨膜区域结果，推测在第 182 ~ 204 位之间含有一个跨膜区。

（3）信号肽和蛋白质定位

绝大多数分泌性蛋白质的 N 端都具有 20 ~ 40 个以疏水氨基酸为主的信号肽（signal peptide），

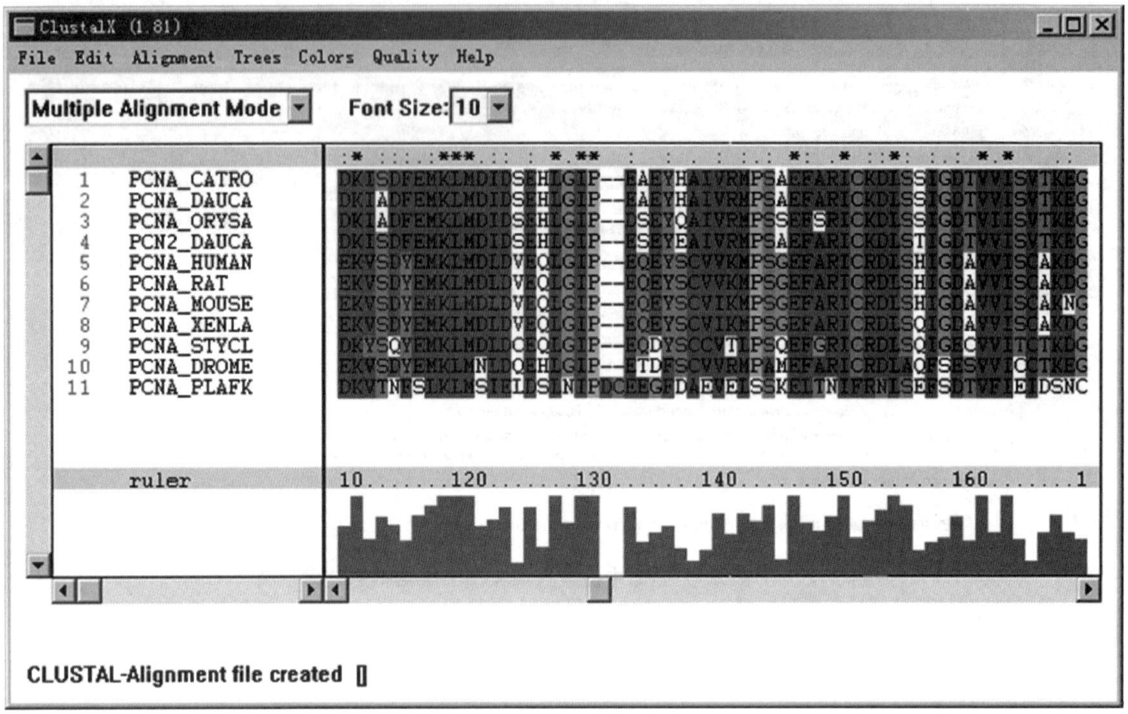

图 3–3 ClustalX 进行多序列比对的例子

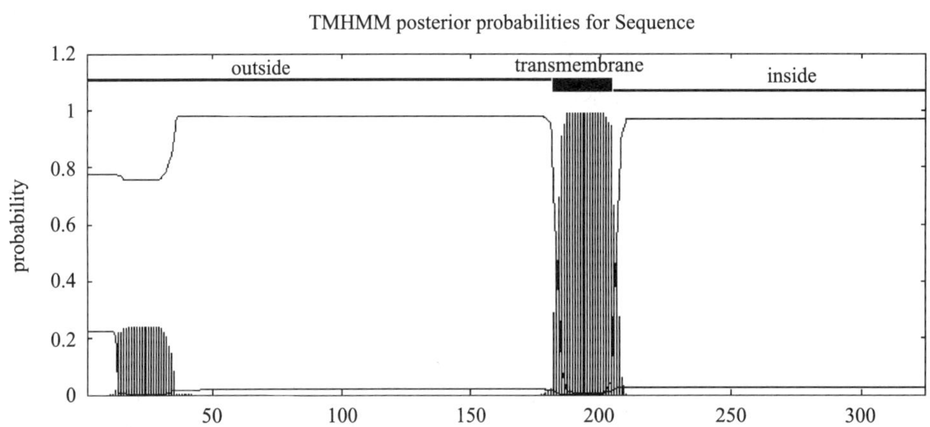

图 3–4 使用 TMHMM 服务器对人 NPD1 蛋白质的跨膜区分析结果

在一级结构上有以下特点：①信号肽 N 端有 1 ~ 3 个带正电荷的氨基酸残基；②接着是 14 ~ 20 个中性氨基酸残基组成的疏水区（疏水核）。这个疏水区极重要，其中某一个氨基酸被非极性氨基酸置换时，信号肽即失去功能；③在信号肽 C 端有一个可被信号肽酶识别的位点，此位点上游常有一段疏水较强的 5 肽。

可使用 SignalP 进行信号肽分析，它综合应用几种神经网络算法对信号肽及断裂位点进行分析预测（图 3–5）。

蛋白质在细胞器中定位往往与其功能密切相关。TargetP 是一个蛋白质在细胞内的定位分析软件，它根据蛋白质 N 端序列对蛋白质转运到线粒体、叶绿体还是分泌到细胞外进行预测。

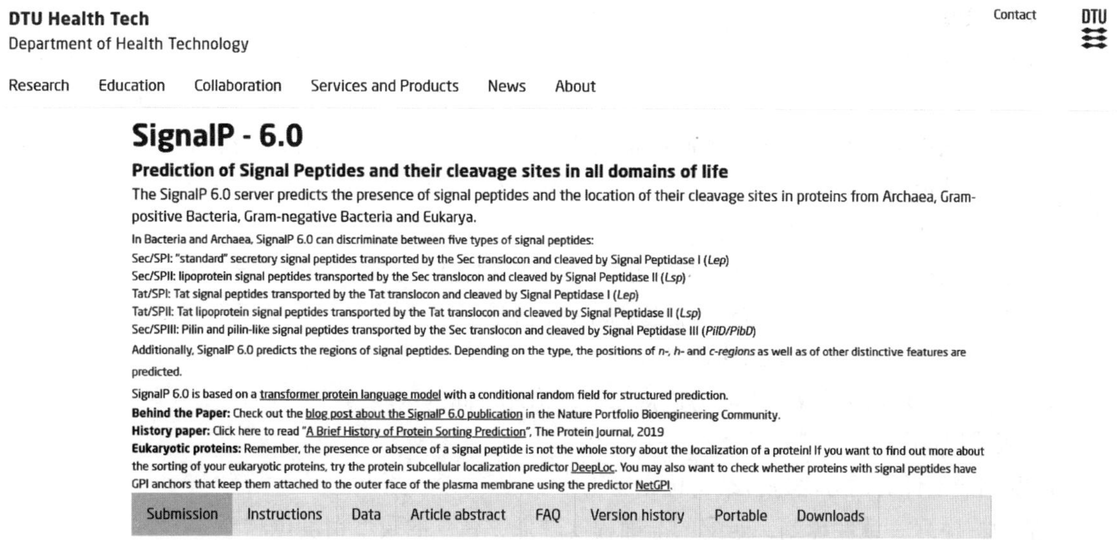

图 3–5 SignalP 的网络查询界面

3.2.3 蛋白质二级结构预测

蛋白质的结构预测包括对蛋白质单体二级结构、三级结构的预测以及对蛋白质复合物结构的预测。对于新测定的未知结构的蛋白质序列进行二级结构预测，不仅可以快速得到有用的信息，而且还有助于晶体结构的解析及多维核磁共振中二级结构的指认确定。常用的在线预测工具有 Jpred、PSIPRED、NPS@ 等。

深入学习 3–3
二级结构预测算法的精确度

Jpred 使用神经网络算法进行二级结构预测，对 α– 螺旋、β– 折叠和无规则卷曲三种二级结构总体的预测准确度达到 82%（图 3–6）。

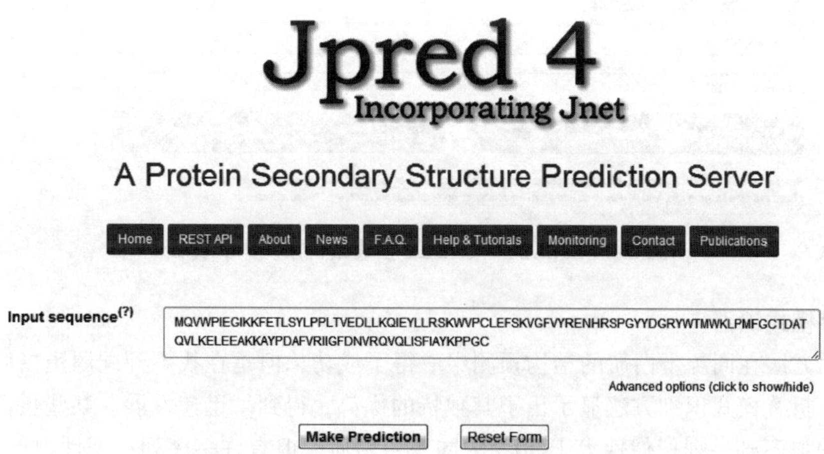

图 3–6 Jpred 二级结构预测服务器的界面

3.2.4 蛋白质三级结构预测

在生物进化过程中，蛋白质的空间结构比其氨基酸序列更保守，掌握蛋白质的结构信息对于研究蛋白质的功能及作用机制具有重要意义。然而蛋白质结构的测定远远赶不上基因组测序速度。为了缩小结构与已知序列之间的差距，发展蛋白质三级结构预测方法势在必行。目前蛋白质三级结构预测方法可分为三大类，即同源模建、折叠模式识别和从头计算法。

知识拓展 3-5
蛋白质结构预测的评估（CASP）

（1）同源模建

同源模建也称比较模建（comparative modeling），是目前应用最成功的一种方法。蛋白质根据序列一致性（sequence identity）可以分成不同的家族，一般认为序列一致性大于 30% 的蛋白质可能由同一祖先进化而来，即可能为同源蛋白质。同源蛋白质具有相似的结构和功能，所以利用结构已知的同源蛋白质可以建立目标蛋白质的结构模型，然后用理论计算方法进行优化。

同源模建的基本过程包括 6 部分：

① 找一个或一组与待测蛋白质同源的由实验测定的蛋白质结构，进行结构叠合。

② 建立未知蛋白质与已知结构蛋白质的序列比对。

③ 找出结构保守性的主链结构片段。

④ 模建结构变化的区域，一般为连接二级结构片段间的区域。

⑤ 侧链建模。

⑥ 利用能量计算的方法进行结构优化。

一般地，序列一致性越差，匹配的准确程度越低，建立的模型精度也越差，序列一致性低于 30% 的蛋白质难以得到理想的结构模型。

SWISS-MODEL 是常用的同源蛋白质结构预测服务器，其网页界面如图 3-7 所示，输入序列后可以自动进行结构预测。

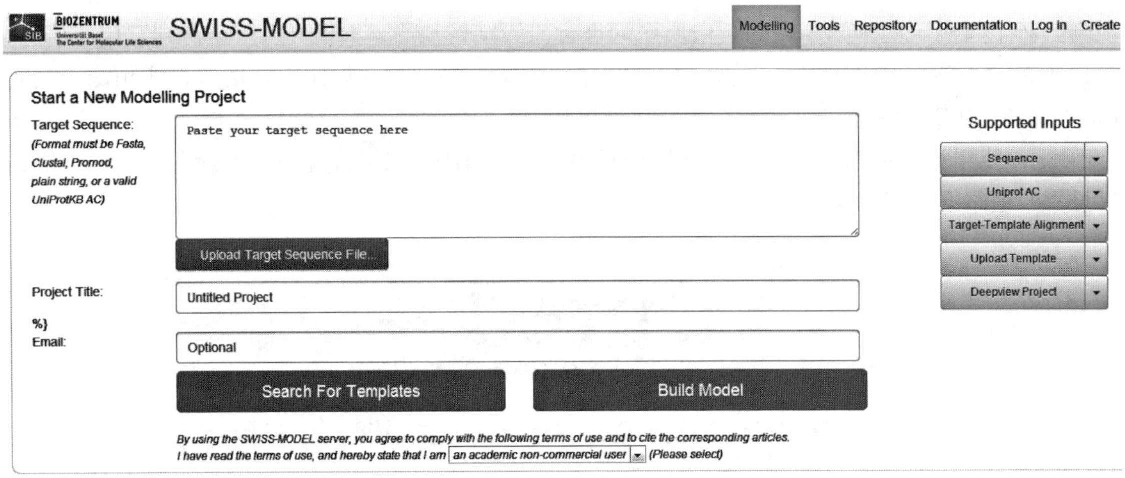

图 3-7　SWISS-MODEL 在线结构预测网页界面

（2）折叠模式识别

同源模建方法在同源蛋白质的结构预测中取得了成功，但是在找不到同源蛋白质结构作为模板的情况下，折叠模式识别方法显示出了其独特的优势，得到了迅速发展。某些蛋白质在结构已知的数据库中找不到序列相似性大于 30% 的同源蛋白质，但有许多序列相似性很差（小于 25%）的蛋白质却存在相同的框架结构——折叠子（folds）。Jones 等首先从蛋白质结构数据库中挑选蛋白质结构建立折叠子数据库，以折叠子数据库中的折叠结构作为模板，将目标序列放在已知结构的蛋白骨架上进行滑动，得到目标序列的一系列构象，然后根据平均势函数对这些构象的匹配程度进行评价，其中得分最高的被认为是目标序列最可能采取的折叠结构。这一算法被形象地称为线串（threading）算法。

蛋白质折叠模式识别受已知蛋白质折叠种类的限制，不能发现新的折叠类型。它的另一个缺点是即使能够判别出一个序列与某个结构相匹配，也难以像同源模建那样给出可靠的模型，因为当序列同源性很低时，在序列与结构的联配中难以给出准确的解。另外，远缘的蛋白质序列虽然可能折叠成类似的空间结构，但并不意味着它们具有相似的生物学功能。

（3）从头计算法

无论是同源模建还是折叠识别都需要已知的蛋白质结构作为模板，因此这 2 种方法都不能得到全新的结构，而且在找不到模板结构的情况下难以得到成功应用。与之相比，从头计算方法不需要已知结构信息，直接从蛋白质序列预测其空间结构，因而在理论上是一种理想的方法。从头计算包括分子力学模拟、二级片段堆积等方法。

用分子力学的方法计算蛋白质三级结构的基本假设是：蛋白质天然构象是能量最小的构象。提出这一假说的实验根据是，许多蛋白质可以在体外从完全去折叠状态自发地折叠成天然构象。根据这一假设，只要计算出蛋白质肽链所有可能构象的能量，从中取出能量最小的构象就是蛋白质的天然结构。然而理论预测优势构象存在两大困难：一是分子折叠态与非折叠态之间的能量差值很小，只有 20.9 ~ 60.7 kJ/mol 因而通过计算推出天然折叠结构十分困难；使用二级片段堆积的难点是符合立体化学原理的装配种类太多，计算量大，对于易偏离标准二级结构的情形较为困难。

知识拓展 3-6
Rosetta@home

（4）综合法

一些蛋白质结构预测软件并不局限于上述介绍的某一方法，而是把同源模建、折叠识别和从头计算等方法结合起来。典型的如 I-TASSER（图 3-8），它的基本方法是首先用序列比对和折叠识方法在 PDB 数据库中搜索相似的模板，将待预测结构的序列根据折叠比对结果分为可比对区域和无法比对的区域，然后可比对区域使用模板中结构，无法比对区域则采用基于立体网格模型的从头计算方法来预测结构，再通过基于迭代模板的碎片组装、能量优化等过程获得最终的蛋白质全序列结构模型。在全球蛋白质结构预测 CASP 竞赛中，I-TASSER 在 CASP7 至 CASP15 的多届竞赛中排名第一。

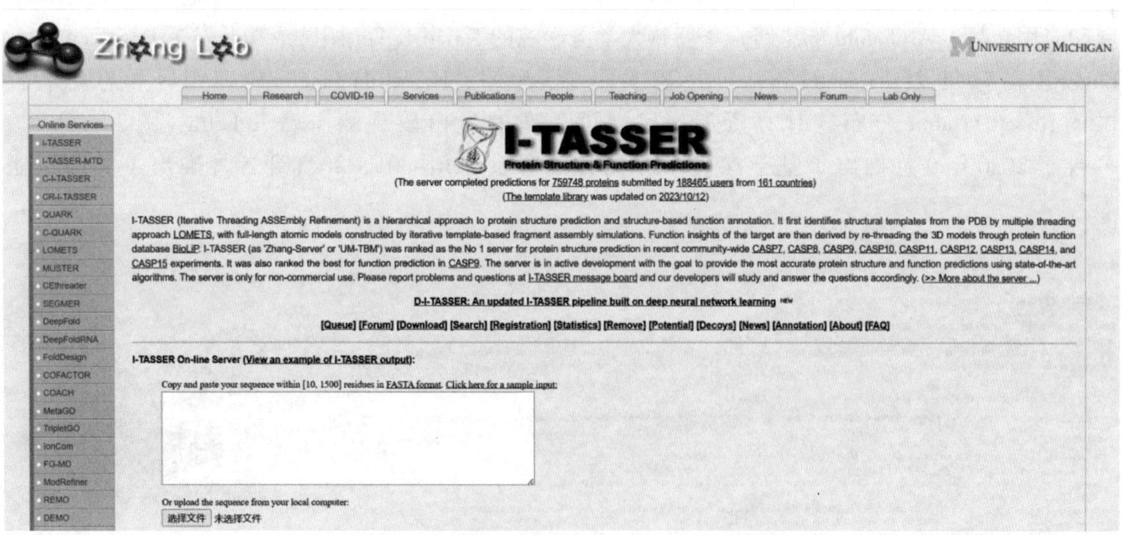

图 3-8 I-TASSER 蛋白质结构预测服务器页面

（5）人工智能的应用

机器学习（machine learning）和人工智能（artificial intelligence，AI）技术近年来发展迅速，并在蛋白质结构预测等应用领域取得突破性进展。从算法的本质上看，机器学习和 AI 也属于综合法，结合了多种方法的特点。该类方法一方面得益于蛋白质序列数据和实验确定的结构数据的增加，且这些数据均可以在公共数据库中免费获得；另一方面，得益于计算机硬件及软件的快速发展，深度学习中的前沿方法被成功引入蛋白质结构建模领域。深度神经网络的优势在于可以从蛋白质中氨基酸种类、二级结构、三级结构的原子坐标等输入数据中学习高阶特征，从而避免传统方法中能量函数计算精度不足的缺陷。在 2018 年第 13 届 CASP 竞赛中，DeepMind 公司开发的人工智能程序 AlphaFold 在 43 种预测蛋白中取得了 25 种蛋白结构的最优成绩；在 2020 年的 CASP14 中，AlphaFold 2 再次获得冠军，该方法对大部分蛋白质结构的预测与真实结构只差一个原子的宽度，达到了人类利用冷冻电子显微镜等复杂仪器观察预测的水平，这是人类在 21 世纪取得的最重要的科学突破之一。2022 年，AlphaFold 与 EMBL 的欧洲生物信息学研究所合作，为 UniProt 中几乎所有已知蛋白质提供了 AlphaFold 预测的结构。目前 AlphaFold 结构数据库可提供超过 2 亿个蛋白质的预测结构（图 3-9）。

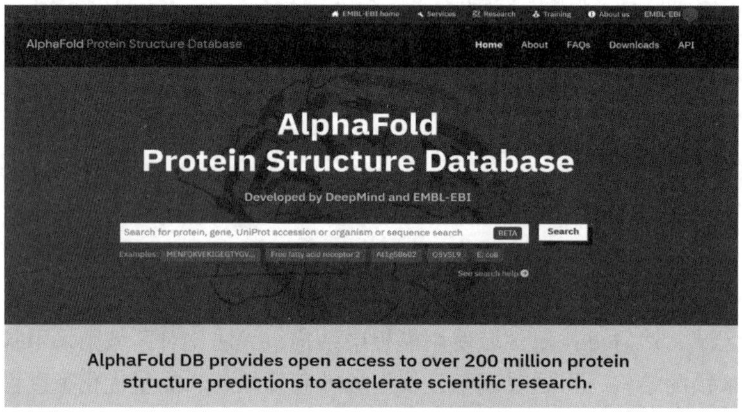

图 3-9 AlphaFold 结构数据库页面

AlphaFold 更重要的贡献是展现了 AI 在生物医药领域的广阔应用前景，促进了 AI 技术的发展和应用。基于 Alphafold 的思路，华盛顿大学医学院的 David Baker 团队成功开发了 RoseTTAFold。Baker 团队曾开发了 Rosetta 算法，并基于贝克实验室、HHMI 的 Janelia 研究园区和志愿者提供的 Rosetta@home 分布式计算资源，建立了免费的蛋白质预测平台 Robetta（图 3-10）。该平台于 2020 年 9 月推出了基于深度学习的预测平台 TrRosetta，2021 年 5 月推出了其改进版

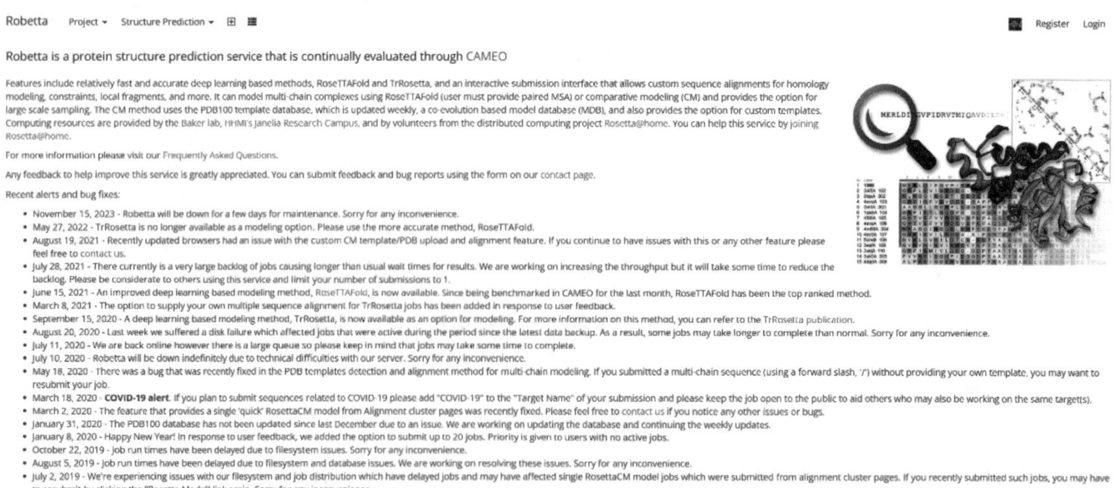

图 3-10 Robetta 蛋白质在线结构预测服务器页面

本 RoseTTAFold，该方法能够达到与 AlphaFold2 相当的准确度，但用于训练的数据集小于 AlphaFold2，可以在占用较少计算资源的情况下快速准确地预测出目标蛋白质的结构。

3.2.5 蛋白质复合物结构预测

尽管 AI 和深度学习的方法在蛋白质单体结构预测领域取得了突破性进展，但在生物体内，多数蛋白质是以复合体的形式来发挥功能的，因此，准确预测复合物的结构对于理解蛋白质的结构和功能具有重要作用。但相比于单体蛋白质结构的预测，蛋白质复合物结构预测的准确度仍然较低。在 2022 年举办的 CASP15 比赛中，有 87 个组参加了蛋白质复合物结构预测比赛（critical assessment of prediction of interactions，CAPRI），有一些蛋白质低聚物能够预测出较高质量的模型，但是仍有一部分复合物结构预测的结果不理想。

经典的蛋白质复合物结构预测方法通常采用蛋白质－蛋白质分子对接方法，如 Z-DOCK，pyDock，CoDockPP 等。与蛋白质与小分子化合物对接方法不同的是，在蛋白质－蛋白质分子对接过程中，通常把蛋白质整体看作刚性的，根据两个蛋白质表面形状的互补和相互间能量作用来预测形成的复合物结构。例如 Z-DOCK 是一个基于快速傅里叶变换（fast fourier transform）的刚性对接程序，通过搜索两种蛋白质的所有平移和旋转空间，对每个可能的构象进行打分，根据打分排序对接结果。该方法已被整合在 DiscoveryStadio，MOE 等计算机辅助药物设计软件中。CoDockPP（图 3-11）为江苏理工大学常珊团队开发的蛋白质－蛋白质对接程序，其打分程序使用了基于知识的方法（knowledge-based score），在 CASP14-CAPRI 中获得蛋白质复合物结构打分组排名第一，预测组排名第三的成绩。

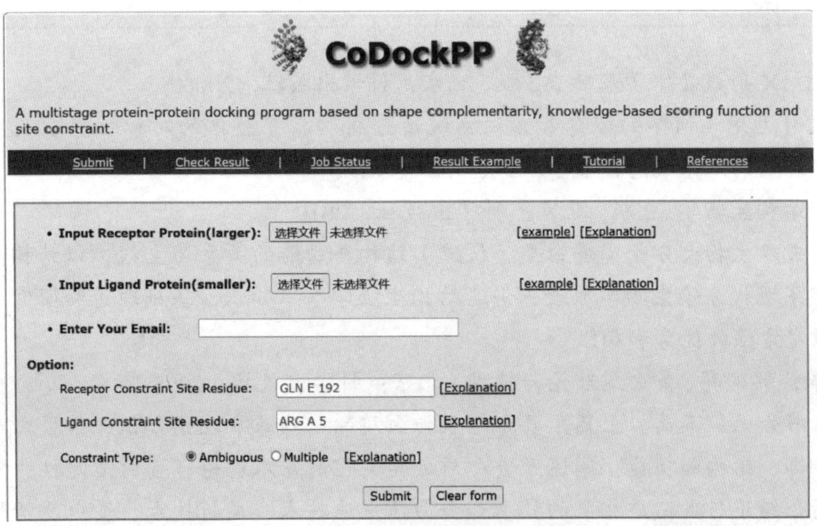

图 3-11 CoDockPP 在线服务器页面

另一类方法则与单个结构预测类似，根据多重序列比对和模板搜索来构建特征，然后设计一个监督学习框架来搭建从序列到结构的算法。例如有研究将拟构建复合物的两个蛋白质序列用多个 Gly 组成的 linker 连接成一条单链，然后直接使用 AlphaFold 预测新蛋白质的结构，再去掉 linker 形成复合物结构；DeepMind 在 AlphaFold2 基础上发布了用于预测蛋白质复合体结构的 AlphaFold-Multimer；Baker 团队利用共进化分析，结合 AlphaFold2 和 RosettaFold 模建蛋白质复合物结构。

总体来说，从序列直接到复合物的结构预测算法在预测同源多聚体时，模型精度较高，但是对于异源多聚体的结构预测仍不太理想，这是因为同源多聚体结构预测时，通常不需要拼接多序列比对（MSA），而异源多聚体需要拼接 MSA，难度较大。在药物设计领域，如抗原－抗体复合物的对接，目前分子对接的方法相对较好，而从序列直接到复合物结构的预测方法表现结果欠佳，仍有进一步发展和提升的空间。

开放讨论题

蛋白质结构预测研究进展是怎样的？蛋白质结构预测方面存在哪些困难？

思考题

1. 什么是结构生物学？
2. 结构生物学的主要实验方法及各自的优缺点是什么？
3. 蛋白质序列比对有哪些用途？
4. 蛋白质三级结构预测有哪些方法？
5. 蛋白质跨膜区预测有哪些方法？

推荐阅读

1. 梁栋材 . X 射线晶体学基础 . 2 版 . 北京：科学出版社，2006.

点评：该书运用几何学的概念和方法系统地分析和推导晶体的对称性原理及晶体的衍射原理，给读者以鲜明的立体概念，便于理解、掌握和应用。

2. 梁毅 . 结构生物学 . 2 版 . 北京：科学出版社，2010.

点评：该书以生物大分子（蛋白质、核酸）结构与功能的关系为主线，以结构生物学研究技术为基础，贯穿现代分子生物学原理，讲述结构生物学基本知识、基础理论和研究方法，并比较结构生物学研究方法的优势和局限。

3. 王廷华，邹晓莉 . 蛋白质理论与技术 . 北京：科学出版社，2005.

点评：该书分上、下篇。上篇主要介绍了蛋白质的一些基本理论知识，如蛋白质的合成、转运、加工与修饰、结构和功能，阐述了蛋白质分离纯化的基本理论，蛋白质定性、定量检测的基本理论。下篇介绍了与蛋白质相关的技术如蛋白质电泳技术、层析技术、蛋白质活性及定性和定量检测的方法与应用等。

4. 陈铭 . 生物信息学 . 4 版 . 北京：科学出版社，2022.

点评：该书介绍生物信息学的基本概念和内容，包括生物学数据库与序列比对、基因组注释、蛋白质结构预测、进化分析，并引申介绍了系统生物学与合成生物学等前沿学科。

数字课程学习

◆本章小结　　◆教学课件　　◆参考文献

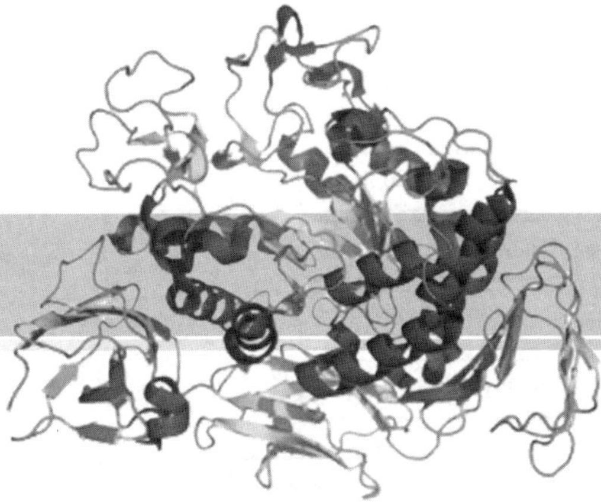

4 蛋白质的重组表达

- 4.1 蛋白质重组表达的一般流程
  目的基因的获得；目的基因与载体的连接；重组载体导入细胞；克隆子的筛选与鉴定
- 4.2 微生物表达系统
  原核生物表达系统；酵母表达系统；丝状真菌表达系统
- 4.3 其他表达系统
  昆虫细胞表达系统；哺乳动物细胞表达系统；植物表达系统

提高蛋白质的产量是蛋白质工程研究的重要前提，而将蛋白质基因进行重组表达是实现高产的重要手段。重组表达有一套成熟完整的流程，从目的基因的获取到最后成功获得正确的克隆子，其中包含了很多分子生物学的技术方法，各种方法之间可以根据需要进行选择。

蛋白质在细胞中的表达受多种因素的影响，如宿主、载体、启动子等。蛋白质表达常用的系统包括微生物系统、昆虫细胞、哺乳动物细胞、植物细胞等，可根据蛋白质和宿主的特点、安全性以及产出蛋白质的使用方向进行选择。

通过本章学习，可以掌握以下知识：

1. 目的基因获取的方法
2. 目的基因与载体连接的几种方式
3. 将重组质粒导入宿主细胞中的方法
4. 筛选重组克隆子的方法
5. 几种微生物表达系统及各自特点

知识导图

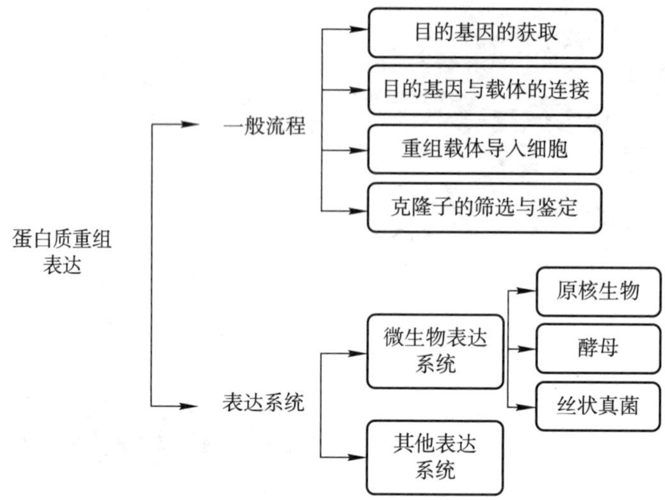

关键词

蛋白质　重组表达　微生物表达系统　昆虫细胞表达系统　哺乳动物细胞表达系统　植物表达系统

4.1 蛋白质重组表达的一般流程

重组蛋白的表达即通过重组 DNA 生产蛋白质的过程（图 4–1），在分子生物学和药物制造行业被广泛应用。重组 DNA 是某一基因的特定部分，用以在宿主细胞内表达单一产物，通常被一些特定的化学因素诱导，从而确保目的蛋白正确大量表达。许多来源于动物的激素和酶类现在都是通过重组蛋白表达合成，然后从宿主细胞内收获并纯化。

深入学习 4–1 蛋白质重组表达的一般流程

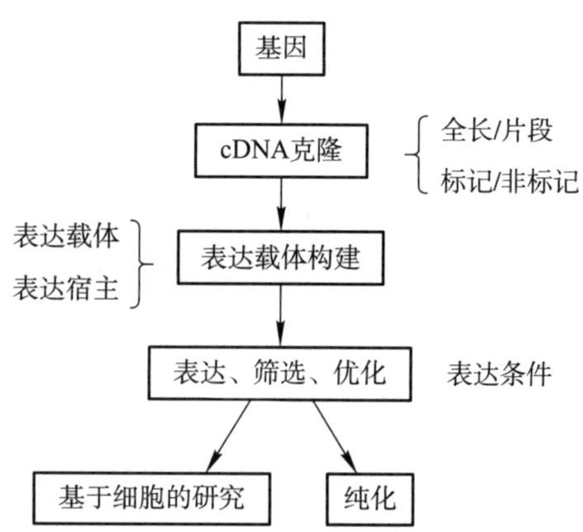

图 4–1 蛋白质重组表达的一般流程

4.1.1 目的基因的获得

要分离、改造、扩增或表达的基因称为目的基因或靶基因。获得了目的基因，生物学家就能利用各种技术从这个基因中获取有价值的生物信息进行研究或应用。比如，研究该基因的全貌与内涵，从而发现基因结构、功能和调控的关系；寻找基因的异常点，探索疾病的机制与治疗；研究生物种系进化与同源性；基因工程重组表达；基因改造；基因治疗等。

目前目的基因的获取主要有 2 类，即已知基因的获得或未知基因的获得。

（1）已知基因的获得

已知基因的获得主要采用PCR法和化学合成法。PCR法只需合成与目的基因两端序列相对应的引物，即可短时间内大量扩增出所需的目的基因。化学合成法是通过基因表达产物蛋白质的氨基酸序列推测mRNA的核苷酸序列，进一步确定结构基因的核苷酸序列，然后据此先采用化学合成方法，分别合成含少量核苷酸的单链DNA片段，片段间有互补区，可进一步形成DNA双链，再由连接酶把这些双链DNA片段连接成完整的双链。对于已经有完善的参考基因组序列的物种，还可以根据数据库中提供的DNA序列，采用化学合成法进行基因全合成。这种方法专一性很强，基因合成效率大大提高，且可以人工合成自然界不存在的新基因；但这种方法目前仅限于合成核苷酸对较少的一些简单基因。

（2）未知基因的获得

未知基因获得的方法很多，但都是由直接分离法和基因文库分离法2种基本方法演变而来的。

① 直接分离法　从生物体的全基因组中直接获取所需的目的基因，常用的有限制性内切核酸酶酶切分离法、随机片段法和物理化学法。

a. 限制性内切核酸酶酶切分离法：用限制性内切酶把生物体的全基因组DNA切成大小不同的片段，经过进一步的纯化回收获得目的基因。该方法适用于从简单的基因组中分离目的基因，如质粒或病毒的全基因组。对于已知定位的目的基因，只要根据目的基因两侧已知的酶切位点，用限制性内切酶进行1次或多次酶切，分离纯化所需的目的DNA片段。对于DNA分子未确定或未定位的目的基因，则需结合基因组文库分离，即通过酶切分析构建一个简单的基因文库，从该文库中钓出目的基因。

b. 随机片段法：常采用限制性内切酶局部消化法和机械切割法。前者通过控制限制性内切酶的用量和时间，随机切开基因组的部分酶切位点，形成不同大小的片段；后者通过超声波或高速搅拌或移液器抽吸，DNA在其强烈作用下，产生一定长度的随机片段。

c. 物理化学法：由于碱基AT和GC之间氢键的不同，存在碱基组成差异的不同基因片段，其理化性质也会不同，如富含GC的片段浮力密度较大，解链温度高，采用相应的物理化学方法，如密度梯度超速离心技术，即可到达分离的目的。

② 基因文库分离法　高等生物的基因组DNA十分复杂，单个基因在基因组或某个特定发育阶段或特定组织中所占比例很小。因此，要想从庞大的基因组中分离某个特定的未知基因非常困难，必须构建基因文库，利用文库筛选技术获得该基因的阳性克隆，然后对其进行分析。

深入学习 4–2
基因文库的构建

基因文库（gene library）是指某一生物类型全部基因的集合，这种集合是以重组体形式出现。按照外源基因的来源，主要采用2种文库：基因组文库和cDNA文库。基因组文库包含组织的全部DNA序列，而cDNA文库则是以来自于组织或组织特异性细胞的mRNA为模板，经反转录酶催化，反转录而得。将限制性内切酶切割的DNA片段，与合适的载体连接，并转化相应的宿主细胞中扩增，每个在选择性培养基上生长出的重组宿主细胞单个菌落（噬菌斑或成活细胞）即为一个DNA片段的克隆，所得到的克隆集合即为基因组文库和cDNA文库（图4–2）。

知识拓展 4–1
构建基因文库的载体

cDNA文库与基因组文库相比，具有的优越性体现在：a. cDNA文库以mRNA为材料，因其不需通过DNA中间体，尤其适用于某些RNA病毒。b. cDNA基因文库的筛选简单易行。由于每个cDNA克隆都只含有一种mRNA序列，这样在选择中出现假阳性的概率较低，由此选择出来的阳性克隆一般都含有目的基因。而基因组文库克隆的选择则较复杂，假阳性的概率较高。c. 因为高等真核生物与原核生物在结构组成上的最大区别是前者含有内含子间隔序列，而后者没有。cDNA是经过转录后得来的，其内含子部分已被删除，cDNA克隆在细菌中进行表达，可直接应用于基因工程操作。而通过基因文库筛选得到的目的基因则难以在原核生物中表达。

与基因组文库相比，cDNA文库的不足之处在于其受材料来源的影响较大，而且遗传信息量有限。文库构建时是以某一时空条件下的细胞总mRNA为模板，它反映的该生物在某一特定发育时期，某一特定组织或器官在某种特定环境条件下的基因表达情况。mRNA只包含表达基因的编码区域，不含内含子和调控序列，因此cDNA文库缺少非编码DNA序列，而后者在真核细胞基因组中占有很大的比重。确切说cDNA并不是真正意义上的基因，cDNA文库只是在某种意义上可以表现基因组的功能信息，但并不能包括该生物体的全部基因。另外，在cDNA文库中，不同克隆的分布状态与mRNA的分布状态正相关，即高丰度mRNA的cDNA克隆所占比例较高，分离基因较容易。

知识拓展 4-2
cDNA文库的获得方法

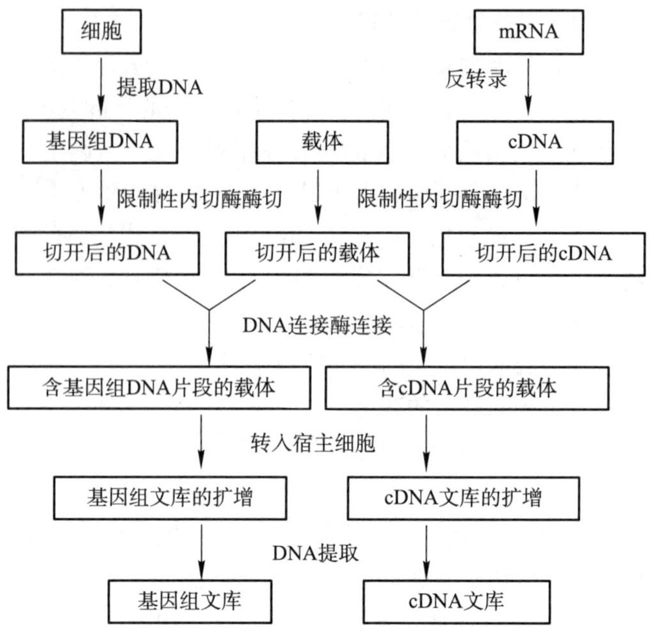

图 4-2 基因组 DNA 文库与 cDNA 文库构建的一般步骤

（3）目的基因的筛选策略

一般来说，筛选目的基因的难易主要取决于所采用的基因克隆方案和目的基因的性质与来源。目前已发展的一系列快捷、可靠的筛选方法，主要包括表型筛选法、核酸杂交法和免疫学检测法等，后两者适用于从基因文库中筛选目的基因。

① 表型筛选法　表型筛选法是在宿主细胞中表达目的基因，使宿主细胞表现出目的基因特殊功能所决定的表型性状，即通过导入的基因带来新的功能或恢复缺失的功能来筛选目的基因。这种筛选方法对具有明显的形态学特征或比较容易检测的生化性状的基因筛选非常有效，如营养缺陷型相关的基因或抗性基因等，因此该方法对所使用的宿主则相应要求为不携带该目的基因或是该基因的缺失突变体。

② 核酸杂交法　当目的基因的功能未知，或是不能在原核生物中表达的真核生物基因，已知的信息可能只是该基因的部分序列、同源基因片段或不完整的蛋白质产物，此时可以利用核酸探针来筛选。核酸分子探针是根据目的基因的核苷酸制成的一段与之互补的核苷酸短链，并采用了同位素加以标记。要获得核苷酸探针，可采用同源基因筛选，或设计寡核苷酸简并引物探针，即了解目的基因的表达产物的氨基酸序列，从这些氨基酸序列倒过来推导出核酸的可能序列，合成寡核苷酸作为探针。

核酸杂交筛选法是目前应用非常广泛的筛选目的基因克隆的方法。根据单链的核苷酸可以彼此互补配对的原理，在筛选过程中，首先通过变性，使基因文库中的双链DNA分子解开。再利用核酸探针，探查变性的DNA片段。能和探针片段互补，杂交结合成双链的DNA片段就含有所需要的基因。

③ 免疫学检测法　免疫筛选法和核酸杂交方法适用的范围类似，只是其使用特异性的抗体作为探针。因此，该法筛选的外源基因要求要在宿主细胞中有抗原蛋白的表达，用于筛选的DNA文库也必须是表达文库，常见的是原核生物的基因组DNA文库和真核生物的cDNA表达文库。

另外，该目的基因必须是宿主中不编码的基因或宿主中缺失表达的基因。采用能与目的基因表达产物特异结合的抗体，与文库中能表达目的基因的克隆结合，再用标记的二抗与一抗结合进一步筛选。

4.1.2 目的基因与载体的连接

外源 DNA 片段同载体分子连接的方法，即基因重组技术。为了将目的基因重组于载体分子之中，需要将载体 DNA 和目的基因分别进行适当处理，使其可以互相连接，形成新的重组分子。

（1）对载体的要求

DNA 载体是将外源目的基因导入宿主细胞的必要工具，外源基因必须与载体形成重组 DNA 后导入宿主细胞，才能在宿主细胞内稳定地复制和表达。常用的载体有质粒、病毒（噬菌体）和考斯质粒。用细菌做宿主细胞表达目的基因时常用质粒，用细胞做宿主细胞时则用病毒或考斯质粒。

克隆载体须拥有 4 个共性：具有促进自主复制的能力；包含用于筛选的基因标签（通常是显性的）；拥有独特的限制性酶切位点有利于 DNA 插入片段的克隆；非必需 DNA 的数目越少越好。

一般采用限制性内切酶法将载体 DNA 分子切割成可与外源基因连接的线性分子。载体 DNA 通常有许多酶切位点，但并不是所有的酶切位点都可用于重组切割，理想的酶切位点应该符合下列几个条件：①位于载体上特定的酶切位点要尽可能少，最好是单一酶切位点，这样才能保证目的基因和载体 DNA 以最高的概率正确组合；②在酶切位点之前要有一个较强的启动子，使插入的目的基因可在该启动子的指导下高效表达；③连接的载体必须在连接重组过程中，对基因转录和翻译过程中的编码区读框不改变。

知识拓展 4-3
载体的分类

（2）连接前的处理：末端的转换

为了提高连接效率，需要在连接前将载体 DNA 和目的基因分别进行切割和修饰，才能进行有效连接。通常采用相同的限制性内切酶，或能够产生相同的黏性末端的同裂酶等将载体和外源 DNA 进行切割，所形成的 DNA 末端若能够彼此相匹配，可以通过 T4 连接酶进行共价连接，形成重组体分子。另外，也要考虑目的基因插入载体后与载体启动子之间的距离，务必要使目的基因在转录时处于正确的阅读框架之中，以便表达出原有的多肽序列。

知识拓展 4-4
末端连接的分子基础

（3）基因与载体的连接

载体 DNA 和目的基因 DNA 的连接，按 DNA 片段末端性质不同，有黏性末端连接法、平端连接法、同聚物加尾连接法、人工接头连接法和加衔接物连接法等不同的连接方法。

① 黏性末端 DNA 片段的连接　黏性末端（黏端）连接有 3 种方式：单酶切位点的黏端连接、双酶切片段的定向克隆和不同限制性酶切位点的黏端连接。

当同一限制性内切酶切割不同 DNA 片段，只要产生相同的单链突出的黏性末端，并且酶切位点附近的 DNA 序列不影响连接，在连接酶的作用下即可形成重组 DNA 分子。该连接方法是最简单也是最方便的克隆途径。但需要注意的是，酶切产生的具有黏性末端的外源或载体 DNA 分子，很容易在连接反应过程中发生自我环化作用，并在连接酶的作用下形成稳定的共价闭合环状结构，不利于重组连接，大大降低了阳性克隆率。为解决这个问题，常用细菌的碱性磷酸酶预先处理线性的载体 DNA 分子，去除其 5′ 端的磷酸基。同时，通过调整反应时外源 DNA 和载体 DNA 的浓度来限制载体 DNA 自身环化，或者通过遗传学技术来鉴别重组体与非重组体。

定向克隆是指使外源 DNA 片段定向插入到载体分子的克隆方案。以 2 种不同的限制性内切酶切割目的基因，使之产生 2 个不同黏端，对载体也同样处理，形成载体 DNA 和外源 DNA 两端为非同源的黏端，来防止 DNA 自身环化，且只能在 DNA 连接酶的作用下，载体 DNA 和外源

DNA 片段以两端互补来实现 DNA 定向插入。由于不会发生环化，转化率较高，转化后的细菌克隆大多数携带有插入目的基因的重组质粒。同时，质粒载体与外源 DNA 结合处的限制酶切位点仍然保留，有利于目的基因的分离和提取。

当 2 种不同的限制性内切核酸酶切割 DNA 片段，形成具有相同类型的黏性末端，称为匹配末端、配伍末端，它们也可以通过黏性末端连接。如同尾限制酶，虽然其来源不同，识别的靶序列也不同，但该类酶切割可以产生完全配伍的黏性末端，便于 2 个 DNA 片段的连接。常用同属于 GATC 族的 *Mbo* Ⅰ（vGATC）和 *Bam*H Ⅰ（GvGATCC）；TCGA 族的 *Xho* Ⅰ（CvTCGAG）和 *Sal* Ⅰ（GvTCGAC）等，共 7 族、30 多个限制性内切酶，切割 DNA 后，均可与相应的配伍末端相互连接。

② 平端连接　一些内切酶切割产生 DNA 的片段是平末端，没有黏性末端，如 *Hae* Ⅲ和 *Hpa* Ⅰ。T4 DNA 连接酶可催化相同或不同的限制性内切酶切割的酶切载体和目的基因平端间的连接，但平端连接比黏性末端连接要困难得多，其连接效率很低，约为黏性末端连接效率的 1%。故在平端 DNA 片段连接过程中，常增加 DNA 的浓度，同时用数倍于黏性末端连接的连接酶处理，以期获得比较满意的连接结果。但在该条件下，也常出现多联体连接。

有时载体 DNA 片段是平末端，而目的基因却是黏性末端，就需要经过进一步处理使载体 DNA 和目的基因的末端一致，通常是将目的基因的黏性末端修饰成平末端，常采用添补法和削除法。添补法是利用 DNA 聚合酶Ⅰ的大片段（Klenow 片段）将 5′ 突出黏性末端补齐，补齐后去磷酸化处理后，用 T4 DNA 连接酶连接。削除法是利用 DNA 聚合酶的 3′ → 5′ 外切酶活性，对含 3′ 突出的黏性末端补平，或利用 S1 和 Bal31 等核酸酶将目的基因黏端的单链突出部分削平后连接。

③ 同聚物加尾法　同聚物加尾法需要用到的是末端脱氧核苷酸转移酶，该酶在不需要模板链的情况下，就能将脱氧核苷酸加到单链的 3′-OH 基团上，并按 5′ → 3′ 方向聚合。其作用底物除了可以是具 3′-OH 末端的单链片段外，也可以是具 3′-OH 突出末端的双链片段。当反应物中只有一种脱氧核苷酸时，便能形成由该同一类型核苷酸组成的尾巴，如 poly（dA）等。同聚物加尾法就是利用末端脱氧核苷酸转移酶催化 dNTP 加到单链或双链 DNA 的 3′-OH 的能力，在目的 DNA 和质粒载体上加入互补同聚物，两者再通过互补同聚物间的氢键，形成重组子。如把目的 DNA 片段加上低聚腺嘌呤核苷酸（dA），把载体分子接上低聚胸腺嘧啶核苷酸（dT），两者之间能形成氢键互补，则可以通过 DNA 连接酶作用形成重组体分子（图 4-3）。

补充范例 4-1
同聚物加尾连接法

对末端转移酶来说，平末端的 DNA 分子并不是最佳底物，但只要将缓冲液中的镁离子换成钴离子，则也能由双链末端延伸出同聚物末端。末端转移酶不具有特异性，4 种 dNTP 中的任何一种均可作为前体物，因此可以产生由单一核苷酸所构成的 3′ 同聚物末端。

通过 DNA 加尾，能将任何片段连接起来，既可以使 2 个具有平末端的 DNA 片段进行连接，也可以使具有平末端的 DNA 片段与黏性末端的 DNA 片段进行连接，但该法不能把插入片段再切下来。

④ 衔接物连接法　衔接物是指采用化学法合成的核苷酸寡聚体，一般由 8 ~ 12 个核苷酸组成，为带有 1 个或几个限制性内切酶识别位点的平末端双链寡核苷酸短片段。利用人工合成的衔接物可以很方便地将具有平端的 DNA 片段结合到可连载体上：首先将人工合成的衔接物与待连接的目的 DNA 和克隆载体 DNA 片段连接起来，接着用相应的限制性内切酶切割，使两者皆产生彼此互补的黏性末端，再按照常规的黏性末端连接法，将目的 DNA 片段同载体连接成为重组分子。

此法是进行 DNA 重组的一种既有效又实用的手段，适用于没有所需限制酶切位点的外源片段。兼具有同聚物加尾法和黏性末端连接法的优点，而且还可以根据实验的不同要求，设计出具

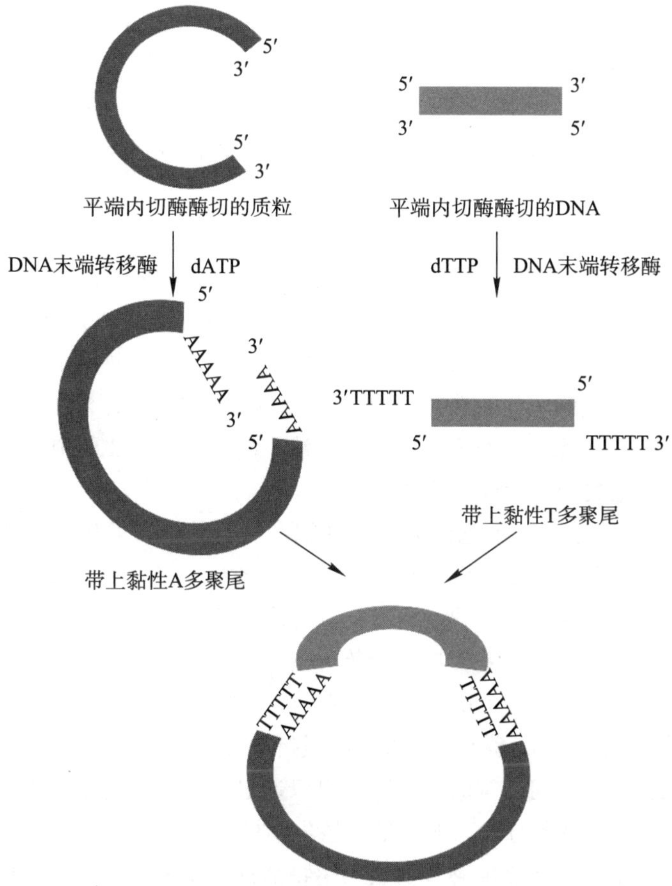

图 4-3 同聚物加尾连接法

有不同限制酶位点的衔接物。若在体外连接反应中增加衔接物的浓度，还会大大提高平末端 DNA 片段间的连接效率。但是需避免目的 DNA 的内部也含有与所加衔接物相同的限制酶识别位点，否则在酶切衔接物产生黏性末端的同时，待克隆的外源基因也会被切成不同的片段，从而给后续的操作带来麻烦。

⑤ 加 DNA 接头连接法 DNA 接头也是人工合成的一小段双链寡核苷酸，与人工衔接物不同的是一头为平末端（与双链目的 DNA 平端连接），另一头带有某种限制酶的黏性末端（与载体的相应黏端连接）（图 4-4）。它在与双链目的 DNA 连接后无需限制酶消化，便可与去磷酸化载体 DNA 进行连接反应。

补充范例 4-2 DNA 衔接物和人工接头

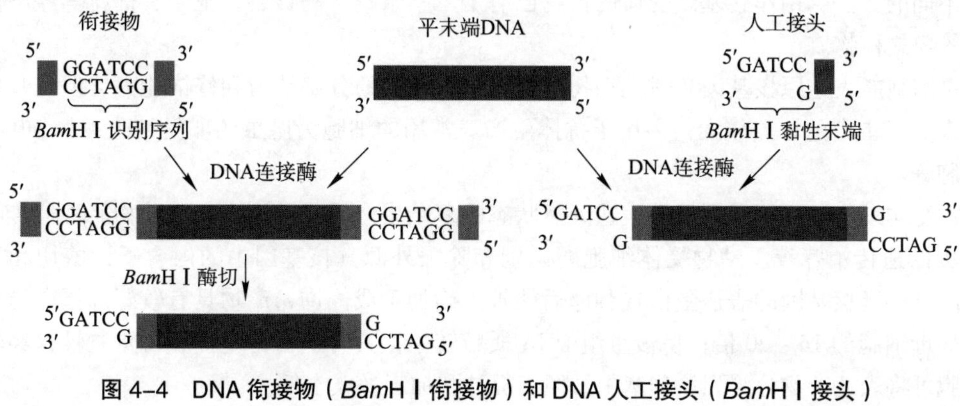

图 4-4 DNA 衔接物（*Bam*H Ⅰ衔接物）和 DNA 人工接头（*Bam*H Ⅰ接头）

4.1.3 重组载体导入细胞

目的基因与载体连接成重组 DNA 分子后，需进入合适的受体细胞以进行大量扩增和有效表达。为了使目的基因有效地进入受体细胞，除了取决于合适的克隆载体外，选用恰当的受体细胞和转移方法也非常重要。

（1）受体细胞

受体细胞又称为宿主细胞或寄主细胞，指能够摄取外源 DNA 并使其稳定遗传的细胞。虽然原核和真核生物细胞都可作为受体细胞，但不是所有细胞都合适作为蛋白质重组表达的受体细胞。对受体细胞进行选择需考查的因素包括：所用载体体系及受体细胞的基因型；重组体的转化或转染率；遗传稳定性；载体所含的选择标记；筛选重组体的难易；外源基因高效表达能力；遗传密码的应用上的偏好性。此外，安全性、导入方法、翻译及后加工机制和生产应用价值等也需要考虑。常用的受体细胞类型包括如下几种。

① 原核生物细胞　原核生物细胞作为受体细胞，具有其独特的优势：大部分原核细胞没有纤维素等组成的坚硬细胞壁，接受外源 DNA 的能力强；原核生物无核膜，染色体 DNA 是裸露的环形 DNA，没有固定结合的蛋白质，外源 DNA 与其重组简单；基因组小且简单，不含线粒体和叶绿体基因组，方便对引入的外源基因进行遗传分析；原核生物多为单细胞生物，易于获得一致性受体细胞，且其生长周期短，便于快速筛选克隆子以及扩大培养。

但是，原核生物细胞不具备真核生物的蛋白质折叠复性系统，即使真核生物基因能得到表达，得到的也多是无特异性空间结构的多肽链，可以通过对真核生物基因进行适当的修饰或采用 cDNA 克隆而加以改进；原核生物细胞不具备真核生物的蛋白质加工系统，如侧链的糖基化或磷酸化等修饰作用等。由于许多真核生物蛋白质的生物活性正是依赖于这些蛋白质加工，这样即使某些真核细胞中编码蛋白质的基因能够在原核细胞中表达，也可能不具有正常的生物学活性；原核细胞内源性蛋白酶易降解异源蛋白，造成表达产物不稳定。

至今被广泛用作受体菌的原核生物有大肠杆菌、枯草杆菌、蓝细菌等。

② 真核生物细胞　包括真菌细胞、植物细胞、昆虫细胞和动物细胞。

真菌是低等的真核生物，其基因结构、表达调控机制以及蛋白质的加工与分泌都具有真核生物的特征，因此利用真菌细胞表达高等动植物基因具有原核生物细胞无法比拟的优点。

植物受体细胞最突出的特点是具有体细胞全能性，一个分离的活细胞在合适的培养条件下能再分化成一株完整的植株。即一个获得外源目的基因的植物体细胞有可能培养出能稳定遗传的植株或品系。但是，植物细胞存在坚硬的细胞壁，不利于外源 DNA 分子的摄取。目前，使外源 DNA 进入植物细胞常借助纤维素酶处理获得原生质体，或采用农杆菌介导法，或基因枪、电激仪处理等不同的方法。用作转基因受体的植物已有烟草、水稻、马铃薯、玉米、棉花等经济作物及拟南芥等模式植物。

📎 **关联实例 4–1**
转基因植物

昆虫细胞能表达原核基因和哺乳动物基因，具有较强的分泌能力和修饰能力，但糖基化的寡糖链与人类糖蛋白的相差较大，多用于抗体生产。常用的细胞为昆虫的卵巢细胞，如 Sf9 细胞或 Sf21 细胞等。

动物受体细胞主要用于大规模表达天然状态的复杂蛋白质或动物疫苗、动物品种遗传改良及人类基因的遗传治疗等。动物受体细胞能识别和除去外源真核基因中的内含子，剪切和加工成熟的 mRNA；真核基因的表达蛋白在翻译后能被正确加工或修饰，产物具有较好的蛋白质免疫原性，为酵母细胞的 16 ~ 20 倍；易被重组 DNA 质粒转染，具有遗传稳定性和可重复性；经转化的动物细胞可将表达产物分泌到培养基中，便于提纯和加工，成本低。

哺乳动物细胞虽然具有很强的蛋白质修饰能力，蛋白分泌能力强，有很强的遗传稳定性和可重复性，但其组培条件要求苛刻，易污染、成本高。目前转基因猪、羊、牛、鱼等经济动物和鼠、兔等实验动物已多有报道，常用的动物受体细胞有小鼠 L 细胞、Hela 细胞、猴肾细胞和中国仓鼠卵巢细胞（CHO）等。

关联实例 4-2
转基因动物

（2）基因序列导入细胞

通过生物学或理化方法使质粒 DNA 或以质粒 DNA 为载体构建的重组 DNA 导入受体细胞内，并在受体内稳定维持和表达的过程，称为转化（transformation）。

知识拓展 4-5
转染

具体来说，根据重组 DNA 和受体细胞的特性，可以采用不同的转化方法（图 4-5）。

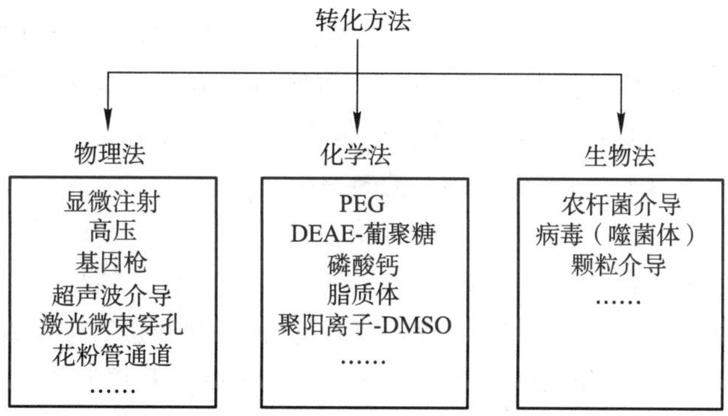

图 4-5 重组 DNA 导入受体细胞的方法

① 直接转化法　所谓直接转化，即受体细胞在不经任何处理的情况下，只要外源 DNA 与其混合，在适宜的条件下培养，就能直接摄取外源 DNA，完成外源 DNA 的转化。最常见的是重组质粒 DNA 分子转化大肠杆菌的感受态细胞。所谓感受态是指受体细胞能吸收外源 DNA 分子而有效地作为转化受体的某些生理状态，感受态细胞即为具有易于接受外源 DNA 能力的细胞。

② 化合物诱导转化法　该方法是借助化学物质诱导 DNA 导入受体细胞的方法。将一些多聚物（聚乙二醇 PEG、多聚赖氨酸、多聚鸟氨酸等）和二价阳离子（Mg^{2+}、Ca^{2+}、Mn^{2+} 等）与外源 DNA 混合，再与受体细胞或原生质体混合，可使外源 DNA 进入细胞。目前应用非常成熟的多聚物是 PEG，可广泛用于原核细胞、动物细胞和植物原生质体的基因转化。PEG 可改变细胞膜表面的电荷分布，引起细胞膜通透性的改变，加强细胞的内吸作用使外源 DNA 进入。PEG 法操作简单，成本低，浓度较低时一般不会造成对细胞的伤害，转化稳定性和重复性好；但其存在转化率低的缺点。

深入学习 4-3
PEG 诱导转化

③ 高压电穿孔转化法　将宿主细胞置于外加电场中，通过高压电脉冲作用，在细胞膜上形成瞬时可逆性的开放微孔，提供通道使外源 DNA 和高分子物质进入，实现基因转化。该法不伤及细胞，切断电场后，被击穿的膜孔可以自行恢复。转化效率受电场强度、脉冲时间和外源 DNA 浓度的影响。适用范围包括原核生物细胞、酵母、霉菌等真核生物，也适用于农杆菌感染不敏感的植物。

④ 微弹轰击转化法　该法亦称基因枪法、粒子轰击法、生物弹法，是以细胞、细胞团、小愈伤组织转化受体最常见的方法。其原理是将外源 DNA 与钨、金等金属微粒混合，使 DNA 吸附在微粒表面。用基因枪轰击，金属微粒在外力作用下，达到一定速度后，穿透受体细胞，如植物细胞的细胞壁和细胞膜，到达细胞内，将吸附在金属颗粒表面的外源 DNA 分子随金属颗粒一起进入细胞，但又不引起细胞致命伤害而维持正常的生命活动。

该方法基本不受材料、靶细胞来源限制，对单子叶和双子叶植物、动物和微生物都适用。原

关联实例 4-3
植物的基因枪转化

生质体、叶圆片、愈伤组织、悬浮液细胞、茎段、胚、花粉等都可作为靶受体。其可控度高，操作简便快速；但该方法也存在整合位点不定、效率不高的缺点。由于基因插入往往是多拷贝的，常造成转基因的失活或沉默，不易获得再生植株。

⑤ 显微注射法 利用显微注射仪，通过机械方法将外源 DNA 直接注入细胞质或细胞核的基因转移方法。如将外源 DNA 直接注入实验动物受精卵原核，外源基因整合到动物基因组，通过胚胎移植将含有外源基因的受精卵移植到受体子宫并发育。其适用于真核生物，早期用于动物，现已应用于植物。该方法转化率高，需专门的显微注射仪。因为是一种纯粹的物理方法，整个操作过程对受体细胞无药物等毒害，有利于转化细胞的生长发育；其缺点是需要有精细操作的技术及低密度培养的基础，注射速度慢、效率低。

⑥ 脂质体介导法 脂质体介导法是根据生物膜的结构功能特性合成生物膜，然后将 DNA 包裹在人工膜内。受体细胞的细胞膜表面带负电荷，脂质体颗粒带正电荷，利用引力的作用把遗传物质导入细胞内。其适用于真核细胞。包在脂质体内的 DNA 可免受细胞内核酸酶的降解，所以可直接转化外源 DNA，尤其对植物病毒 RNA 的转化率高。

⑦ 花粉管通道法 花粉管通道法是利用植物授粉后的特殊时期进行遗传转化，可分为 2 个不同阶段；一是在花粉未受精阶段，外源 DNA 转化花粉并整合到精核基因组中，再通过受精得到转化植株；二是在植物完成受精一段时间内，利用植物在开花过程中萌发的花粉管通道，将外源 DNA 导入受精卵，由于此时受精卵细胞不具备完整的细胞壁和核膜系统，外源基因较易进入转化受精卵，进一步整合到受体细胞的基因组中，随着受精卵的发育并形成成为转基因的新个体。

该方法可直接得到转化种子，无需组培再生过程，减少了基因型的影响；其操作技术简单、经济快捷；避免了对受体植物种类选择上的困难。该方法的局限性主要体现在工作时间有花期上的限制，易受外界影响；操作需要经验，转化效率低；遗传转化具有随机性，可重复性差。

⑧ 超声波介导转化法 该方法通过低音强脉冲超声波的物理作用，细胞膜形态发生可逆性变化，形成过膜通道，使得外源 DNA 进入受体细胞。避免了脉冲电压对细胞的损伤，有利于细胞存活整个操作转化率较高，适用于微生物和植物。

⑨ 激光微束穿孔转化法 该方法利用激光微束直径很小能量又很高的特点，通过激光微束脉冲作用于受体细胞，在细胞膜上造成可逆性穿孔，使得处于细胞周围的外源 DNA 分子进入受体细胞。该方法操作简便快捷，转化效率高。适用于动植物细胞、组织、器官及线粒体、叶绿体等。缺点是需要贵重仪器，且稳定性和安全性不如电穿孔法和基因枪法。

⑩ 病毒（噬菌体）颗粒转导法 该方法利用的是病毒（噬菌体）DNA 构建的克隆载体或携带目的基因的克隆体，将其在体外包装成病毒（噬菌体）颗粒后，感染受体细胞，从而将其携带的重组 DNA 导入受体细胞，使病毒核酸在寄主细胞中进行复制和表达。该方法主要用于构建基因文库和转基因动植物。

⑪ 磷酸钙转染法 该方法广泛用于转染哺乳动物细胞，其原理是借助形成 DNA- 磷酸钙沉淀物，黏附在哺乳动物细胞表面，通过细胞的内吞作用使 DNA 转入细胞。一般该法多使用高浓度的 DNA。

⑫ 二乙胺乙基 - 葡聚糖转染法 二乙胺乙基（DEAE）- 葡聚糖是一种高分子的多聚阳离子试剂，能促进哺乳动物细胞捕获外源 DNA。其机制可能是 DEAE 葡聚糖能与外源 DNA 形成复合物，保护 DNA 免受核酸降解。另一方面，DEAE 葡聚糖可作用于受体细胞，增加其通透性，便于捕获 DNA。该法方法简单，重复性高，转染率高于磷酸钙法，但转染哺乳动物细胞不能获得稳定的细胞系，故仅适用于基因瞬时表达研究。

⑬ 聚阳离子-DMSO 转染法　该方法适用于哺乳动物细胞。主要包括 2 个步骤，采用聚阳离子（如 poly-brene）处理受体细胞，增加细胞表面对 DNA 的吸附能力；然后用一定浓度生物 DMSO 短暂处理细胞，以增加膜的通透性，提高对外源 DNA 的捕获量。

⑭ 农杆菌介导 Ti 质粒载体转化法　农杆菌是一种革兰氏阴性土壤杆菌，它能感染大多数双子叶植物的受伤部位形成肿瘤，其中能够诱发冠瘿瘤的称为根癌农杆菌。植物受伤后，在伤口处分泌大量的酚类物质如乙酰丁香酮 AS、羟基乙酰丁香酮等，它们是农杆菌识别敏感植物的信号分子，趋化农杆菌移向这些细胞，并将其 Ti 质粒上的一段特定的 DNA 片段（T-DNA）转移至细胞内部。农杆菌介导法就是先将外源基因与 Ti 质粒重组构建载体，通过农杆菌侵染植物，将外源基因导入植物细胞中，与染色体 DNA 整合而得以稳定维持或表达。农杆菌介导法目前研究非常深入，应用也最广泛，已被作为有效的创建转基因植物的方法（图 4-6）。

补充范例 4-3
农杆菌介导转基因水稻

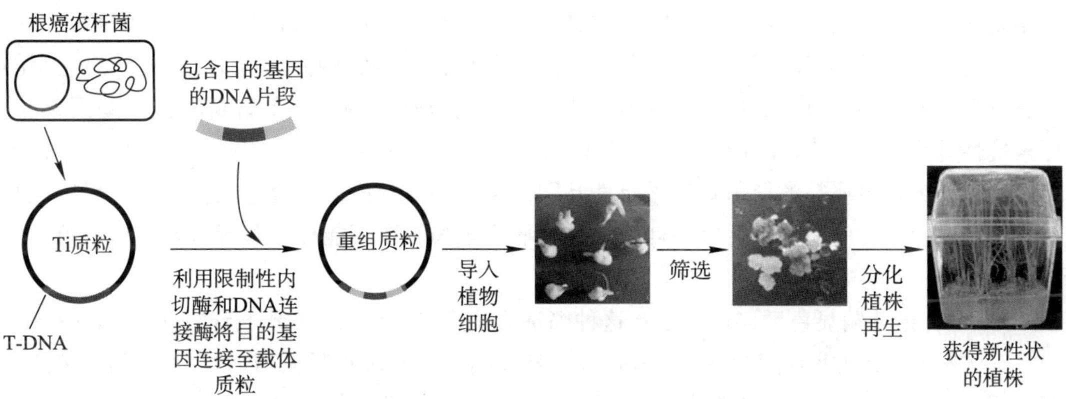

图 4-6　农杆菌介导 Ti 质粒载体转化创建转基因水稻

4.1.4 克隆子的筛选与鉴定

重组 DNA 分子转化宿主细胞后，一般仅有少数能成功进入受体细胞，而且吸纳重组 DNA 分子之后的受体细胞也只有极少数能有效增殖。将导入外源 DNA 分子后能稳定存在的受体细胞称为转化子，含有重组 DNA 分子的转化子称为重组子。如果重组子中含有外源目的基因则又称为阳性克隆子或期望克隆子。

一方面，转化子和其他大量未被转化的受体细胞是混杂在一起的；另一方面，即使被转化的受体细胞中，除部分含有目的重组 DNA 分子外，还有一些可能含有空载体或含有一个载体与多个外源 DNA 片段所形成的非正常重组 DNA 分子。因此，必须利用载体、宿主细胞的特性，使用各种高度敏感和高度特异的方法从众多的受体细胞中筛选出含有外源重组 DNA 的克隆子，并从 DNA、RNA 和蛋白质 3 个不同水平进行鉴定。

（1）核酸分子的遗传学筛选法

① 根据载体表型特征的筛选　该筛选方法是利用重组 DNA 分子转化宿主细胞后，载体上的筛选标志基因的表达，可导致宿主的某些表型改变。因此，只要在转化宿主的培养基中添加相应筛选物质，可以直接筛选含重组子的宿主细胞。

a. 抗药性标记及其插入失活选择法：抗药性筛选法实施的前提条件是载体 DNA 上携带有受体细胞敏感的抗生素的抗性基因，如 pBR322 质粒上的四环素抗性 Tet^r 和氨苄青霉素抗性 Amp^r。常用的抗药性选择标记见表 4-1。

📖 深入学习 4-4
抗生素抗性基因及作用机制

表 4-1 抗生素抗性基因及其机制

抗生素	基因产物	机制
氨苄青霉素	β- 内酰胺酶	降解氨苄青霉素
卡那霉素	新霉素磷酸转移酶Ⅱ	共价修饰卡那霉素，阻断其对核糖体的干扰
四环素	核糖体保护蛋白	保护核糖体免受四环素作用
氯霉素	氯霉素乙酰转移酶	使氯霉素乙酰化而失效

因为质粒 DNA 携带有特定的抗药性选择标记基因，与目的基因重组后，如果外源基因片段插入载体的位点在抗药性基因之外，则不会引起抗药性基因的失活，抗药性基因产物仍能表达。含有这种重组子的转化细胞仍可以在含有相应抗生素的培养基上生长，未能接受载体 DNA 的细胞因不能生长而被排除。如果外源基因片段插入载体的位点在抗药性基因中间，则导致抗药基因失活，这个抗药性标志就会失去作用，据此也可以进行抗药性筛选。如目前最广泛应用的一种大肠杆菌质粒载体 pBR322 质粒，含有 2 个抗生素的抗性基因：氨苄青霉素抗性基因 *Amp*^{r} 和四环素抗性基因 *Tet*^{r}。带有这种质粒的受体菌可以在加有氨苄青霉素和四环素的双抗性平板上生长；但是，如果在该质粒的氨苄青霉素抗性基因内插入外源片段，就会造成氨苄青霉素抗性基因失活，携带这种质粒的宿主菌可以在四环素的平板上生长，而不能在氨苄青霉素抗性平板上生长（图 4-7）。

b. β- 半乳糖苷酶显色反应选择法：这种筛选方法适用于含 β- 半乳糖苷酶基因（*lacZ*）的载体，且载体在 β- 半乳糖苷酶的 α- 肽编码区（氨基端）具有多克隆区域，可插入外源 DNA。受体菌基因组中有突变的 β- 半乳糖苷酶基因（α- 肽失活）。载体和受体菌基因组通过互补可以形成完整有功能的 β- 半乳糖苷酶。在筛选过程中，借助 β- 半乳糖苷酶的活性诱导物质异丙基硫代 -β-D- 半乳糖苷（IPTG），在 IPTG 的诱导下，接受了载体的受体菌将底物半乳糖苷 X-Gal 转化为有颜色的产物，得到蓝色菌落。若克隆上插入片段破坏了 α- 肽编码区，则 β- 半乳糖苷酶

📚 补充范例 4-4
氨苄青霉素抗性插入失活选择

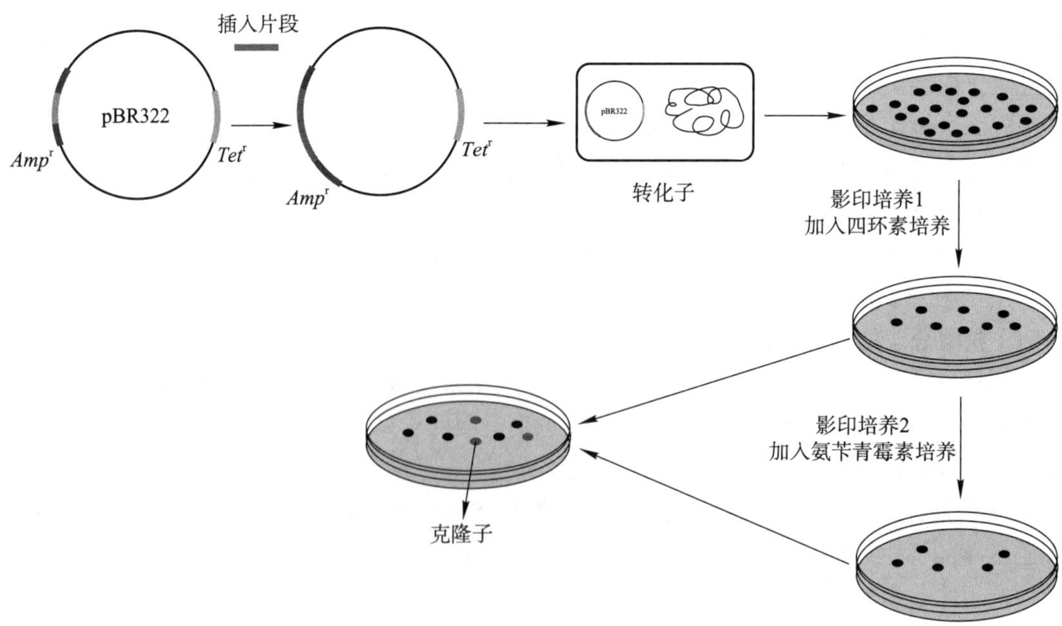

图 4-7 氨苄青霉素抗性插入失活选择过程

失活，得到白色菌落。α- 肽编码区读码框内插入小的片段则产生浅蓝色菌落，因 β- 半乳糖苷酶只是部分失活（图 4-8）。

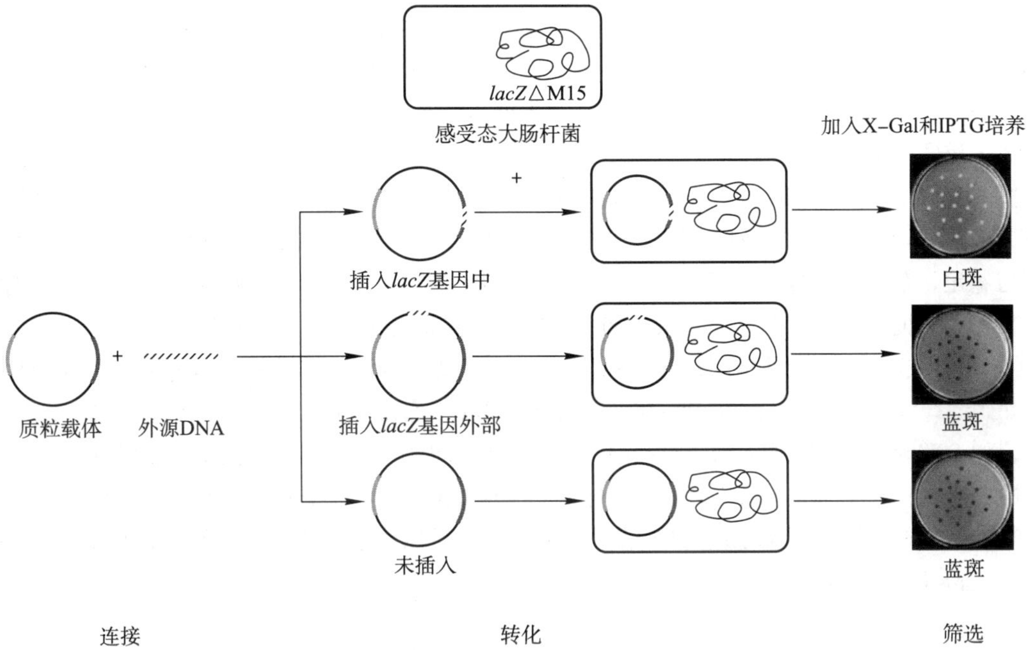

图 4-8　β- 半乳糖苷酶显色反应蓝白斑筛选流程图

深入学习 4-5
蓝白斑筛选

通常蓝白斑筛选是与抗性筛选一同使用的。这样一次筛选可以判断出：未转化的宿主菌不具有抗性，不生长；转化了空载体，即未重组质粒的菌，长成蓝色菌落；转化了重组质粒的菌，即目的重组菌，长成白色菌落。

② 根据插入基因遗传性状的筛选　利用插入的外源基因的表达产物特性，在特定条件下进行直接选择。其原理可以是弥补缺陷，即转化进来的外源基因能够实现其功能性表达，而且表达产物能够弥补受体菌株的突变型缺陷。以营养缺陷型菌株为例，该类突变型菌株在某种成长因子的合成途径中发生缺陷，失去了合成该物质的能力，必须在培养基中补充该营养生长因子才能生长。当重组体 DNA 分子转化到某营养缺陷型菌株（如缺少亮氨酸合成酶基因）之后，如果插入在载体分子上的外源基因（表达亮氨酸合成酶）能够实现其功能性的表达，表达的产物能与受体菌的营养缺陷突变形成互补，那么就可以在相应的培养基上（缺少亮氨酸的基本培养基）进行筛选。

补充范例 4-5
插入基因遗传性状的筛选

另外一种形式是增加新性状，即使被转化的受体细胞表现出外源基因的表型。如筛选抗除草剂基因植物转化细胞，除草剂是一种谷氨酸类似物，强烈抑制谷氨酰胺合成酶，从而导致植物体内氨的积累，并使植物死亡。抗除草剂草丁膦基因 *Bar* 基因编码的酶可以将草丁膦乙酰化，能够解除其毒性，从而使植物具有除草剂的抗性。

（2）依赖于重组子结构特征分析的筛选法

① 直接电泳检测法　利用有插入片段的重组载体的相对分子质量比野生型载体相对分子质量大，提取转化子的 DNA，利用琼脂糖凝胶电泳将重组体分离出来，电泳迁移慢的带是重组 DNA 的带。此法是对重组子进行分析鉴定的最基本、最简单的方法，但只适用于重组子的初步鉴定。

② 酶切电泳筛选法　载体中插入目的基因序列会使其 DNA 限制性酶图谱发生变化，据此，

选择 1 或 2 种内切酶切割载体质粒，电泳分析比较其酶切图谱（DNA 带数和长度），就能推断重组体是不是所要的目的克隆。实际操作中，往往把表观筛选与酶切电泳筛选结合进行。

③ PCR 扩增检测法　在载体 DNA 分子中，外源 DNA 插入位点两侧的序列多为已知，通过与插入位点两侧已知序列互补的引物，从单克隆中提取少量质粒 DNA 作为模板进行 PCR 扩增，琼脂糖凝胶电泳分析确定是否为重组子。PCR 扩增结果只能初步确定转基因材料的真实性，容易出现假阳性，通常需要结合其他检测方法进一步证实。

（3）核酸杂交检测法

核酸分子杂交为具有互补序列的 2 条单链核酸分子在一定条件下按碱基互补配对原则退火形成双链的过程。已知核酸序列且已标记的 DNA 或 RNA，称探针。核酸杂交检测法用于克隆子的筛选与鉴定，杂交的双方为重组克隆与探针，检测用的探针为与外源 DNA 插入片段互补的序列，其所带识别标记一般为放射性同位素（如 ^{32}P 或 ^{3}H）或非放射性标记（如荧光素）。

① 菌落或噬菌斑印迹原位杂交　所谓原位杂交，就是将菌落或噬菌斑印迹转移到固相支持物上（如硝酸纤维素滤膜），经溶菌和变性处理，使 DNA 暴露出来并与固相支持物原位结合，再将目的基因的 DNA 或相应的 RNA 探针直接与其杂交，筛选出含重组 DNA 的克隆。根据体外标记的探针特性，通过放射性同位素或荧光基团进行定位检测。由于该法不必进行核酸分离纯化、内切酶酶解及电泳分离等操作，对应的菌落或噬菌斑位置不变，可以快速地从数百个菌落中挑选出含有重组 DNA 的克隆（图 4-9）。

深入学习 4-6
菌落印迹原位杂交

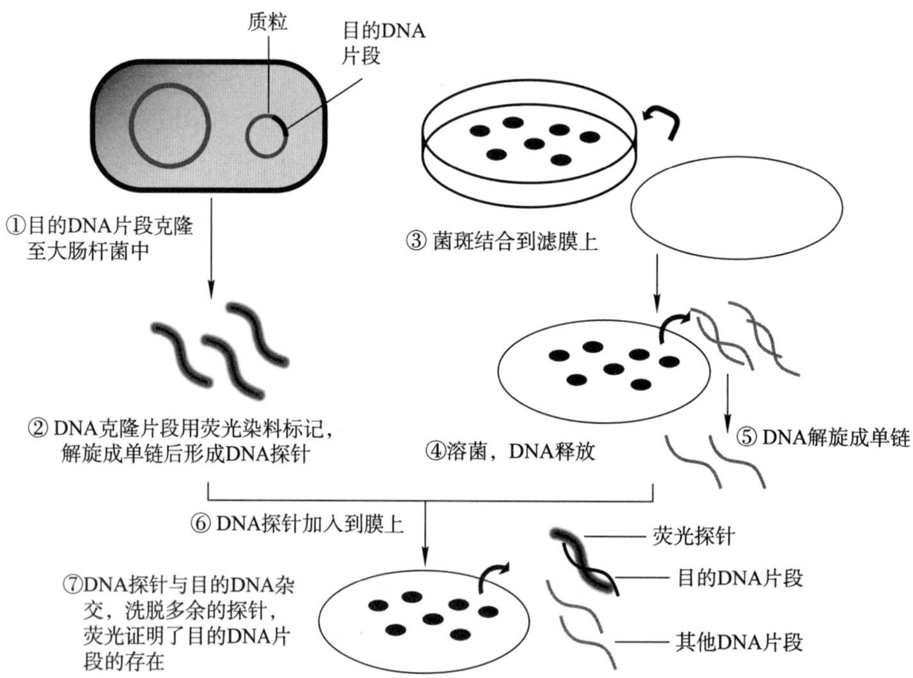

图 4-9　菌落印迹原位杂交

② Southern 印迹杂交　Southern 印迹杂交也是采用核酸探针来检测，将经限制性内切酶消化的待测 DNA 片段，经电泳分离，转移并结合到一定的固相支持物上，再与标记的 DNA 探针进行杂交并检测。Southern 杂交由于滤膜是从凝胶上原位印迹而来，因而能够显示出与探针杂交的 DNA 片段的大小。

③ 斑点印迹杂交　斑点印迹杂交与菌落原位杂交的原理相同，但方法更简单、迅速，将从

转化子中提取的总 DNA 或 RNA 样品，不做电泳分离，变性后直接点样于固相支持物上，与探针杂交，通过放射自显影，从底片中找到阳性点。

④ Northern 印迹杂交　该法是在 Southern 印迹杂交基础上发展起来的，主要针对 RNA 分子的检测，基本步骤与 Southern 印迹杂交相似。只是，针对 RNA 分子与 DNA 分子有不同特性，处理方式有所不同。

深入学习 4-7
Southern 印迹杂交

（4）免疫化学检测法

免疫化学检测法是对表达产物的检测，是一种间接的筛选方法，利用特异性抗体与外源 DNA 编码的抗原的相互作用进行筛选，特别适用于检测不为宿主提供任何检测标志的基因。其基本过程与核酸分子杂交检测法相似，不同的是该法使用抗体探针，而不是 DNA 探针来鉴定目的基因表达产物。因而使用该方法的前提是插入的外源基因必须在受体细胞中表达，必须具有目的蛋白质的抗体。常见的方法如下。

① 放射性抗体检测法　利用抗体探针来检测转入受体细胞并且表达出相应蛋白质产物的外源基因。即应用放射性同位素标记的抗体，与相应抗原结合，通过原位杂交确定表达抗原的克隆，也可通过测定抗原－抗体结合物的放射性强度确定待测物的浓度。

② 免疫沉淀检测法　常用以检测可产分泌型目的蛋白质产物的菌落。利用抗原－抗体凝集反应，在平板培养基中加入非放射性特异性抗体，如果被检测菌落能表达分泌插入基因蛋白质，那么菌落周围就会出现抗原－抗体反应所形成的“沉淀圈”；如果待检测的基因表达产物不能被分泌到菌体外，则可先进行原位溶菌处理，使菌落表面的细菌发生溶菌反应，逐步释放出细胞内部的蛋白质。

③ 酶联免疫吸附测定法（ELISA）　该法通过一抗与目标分子的特异结合，二抗与一抗的特异性结合，再结合酶联反应，即采用非放射性标记物（辣根过氧化物酶、碱性磷酸酶等）偶合第二抗体，这样将目标分子与酶连接起来。然后通过酶的催化反应，无色的底物转变为有色的物质（或发光），只要通过比色测定有色物质的含量（或光强度），即可对目标分子进行定量测定。该方法有效，准确性主要取决于一抗的特异性，所以常结合其他检测方法一起综合考虑。

④ Western 印迹分析法　在蛋白质凝胶电泳以后，胶上的蛋白质条带可以通过电转的方法，转到固相载体上（如硝酸纤维素膜、PVDF 膜、中性尼龙膜等），再用免疫的方法检测其上的蛋白质泳带。免疫方法原理与 ELISA 相同（图 4-10）。

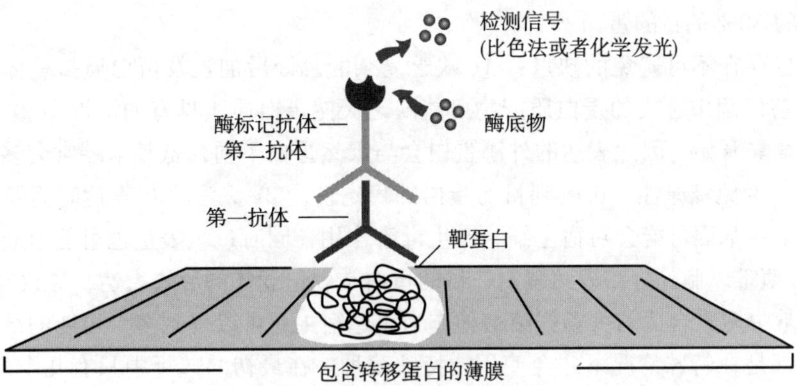

图 4-10　蛋白质印迹检测法原理

深入学习 4-8
蛋白质印迹检测法

4.2 微生物表达系统

高效和范围广的表达系统的建立显著促进了蛋白质重组表达研究与应用的发展。目前已有很多不同的宿主 / 载体表达系统，包括大肠杆菌、酿酒酵母、毕赤酵母、杆状病毒 / 昆虫细胞、哺乳动物细胞系以及无细胞 / 体外蛋白生产系统等。商业上可以购买到一些常用的宿主 / 载体组合，同时仍有不少工作者在致力于针对特定要求开发相应的载体。

微生物表达系统能利用工业微生物来生产来自于工业上未应用的微生物和其他生物中的酶，这些工业微生物包括大肠杆菌、枯草芽孢杆菌、罗尔斯通氏菌、荧光假单胞菌、酿酒酵母、毕赤酵母、汉逊酵母、曲霉和木霉属物种等，目前大约 90% 的工业酶都是这样重组表达出来的。

在微生物表达系统中，大肠杆菌是最早被采用、应用最广，也是目前掌握最为成熟的蛋白质异源表达系统。酵母在生物技术产业中的应用价值也相当可观，目前有 20% 的生物药物蛋白质的合成是依靠酵母完成的。丝状真菌能很好地分泌蛋白质，这也使其成为工业应用上一个理想的宿主。近年来微藻作为蛋白质表达体系，因为经济、安全、方便的优势在生产重组疫苗领域发挥重要的作用而受到关注。

4.2.1 原核生物表达系统

原核生物表达系统是最常用的表达系统，也是最经济实惠、目前研究最清楚的表达系统。以大肠杆菌（*Escherichia coli*）为代表的原核生物表达系统是外源蛋白表达的首选。

（1）大肠杆菌表达系统的宿主特点

相比于其他宿主表达系统，大肠杆菌表达蛋白质具有明显的优势：① 遗传背景清楚稳定，可全基因组测序，其中大部分基因的生物功能已被鉴定，代谢途径和基因表达调控机制比较清楚，已被美国 FDA 批准为安全的基因工程表达系统（generally recognized as safe，GRAS）。② 生长繁殖快、培养周期短。在合适的生长条件下，其倍增时间只需 20 min。当然，由于异源表达重组蛋白，可能会引起细菌的代谢压力，导致菌体扩增大幅减慢。③ 外源 DNA 的转化简单快捷，转化效率高，其质粒转化甚至可以在 5 min 内完成。④ 成本低廉，可以快速大规模地生产目的蛋白。⑤ 已有大量可供选择利用的表达载体。⑥ 外源基因产物的表达水平很高，甚至能表达超过其总蛋白量的 30% 的目的蛋白。

但该系统也存在不可避免的缺点：① 缺乏复杂的翻译后加工及蛋白质折叠体系，许多真核生物基因在大肠杆菌中合成的蛋白质产物可能缺乏天然蛋白质所具有的活性。② 大肠杆菌的翻译一般从甲硫氨酸开始，因此表达的外源蛋白会与天然蛋白不同，氨基末端常会多出一个甲硫氨酸残基，容易产生免疫原性，影响到目的蛋白的稳定性。③ 无法进行表达时间及表达水平的调控，持续表达某些基因可能会对宿主细胞产生毒害作用，同时过量表达也可能引起非生理性的反应。④ 大肠杆菌难以胞外分泌表达蛋白，目的蛋白常以包涵体的形式表达，导致产物纯化困难。

关联实例 4-4 大肠杆菌常见菌种

一般从文献中搜索合适的大肠杆菌菌种作为表达宿主，可以得到多个可能的结果，各有优缺点，而且许多都是在特殊情况下才会使用的特殊菌种。在最初的选择中只有几个菌种是必要的：BL21（DE3）和他的衍生菌株，一些 K-12 直系的几个衍生菌种。

（2）大肠杆菌表达系统的载体

基因在原核细胞中的表达具有以下特点：① 仅靠一种 RNA 聚合酶识别原核细胞的启动子。② 基因表达普遍是以操纵子模型实现的，操纵子是由数个功能相关的结构基因及其调控区结合形成的基因表达协同单位。③ 原核细胞由于没有核膜的阻断，转录与翻译高度偶联、连续进行，并相互影响。④ 原核基因一般不具有内含子，缺乏真核细胞的转录后加工系统。⑤ mRNA 翻译起始部位具有特殊的碱基序列 SD 序列，这段序列与 16S rRNA 3′ 端碱基互补，真核基因则无此序列。⑥ 原核生物基因表达的调控主要在转录水平，而真核生物基因表达为多级水平的调控。

因此，要使外源基因在大肠杆菌中表达，选择的表达载体除了含克隆载体必要的复制子、多克隆位点、筛选标记基因等元件外，还必须考虑构建合适的转录启动子、终止子和核糖体结合位点 SD 序列等调控区。为避免外源基因表达产物对大肠杆菌的可能的毒害作用，同时尽可能降低内源蛋白酶对产物的降解，表达载体应带有诱导性表达所需要的元件，即有操纵子序列以及与之相应的调控基因等，保证外源基因的高效表达及产物在宿主细胞中良好的稳定性。因此，目前已经成功构建的与大肠杆菌宿主菌相应的许多表达载体中，最广泛采用的载体皆包括复制子、启动子、筛选标记、多克隆位点组合和融合蛋白以及融合蛋白切除策略等多个元件的组合（图 4-11）。

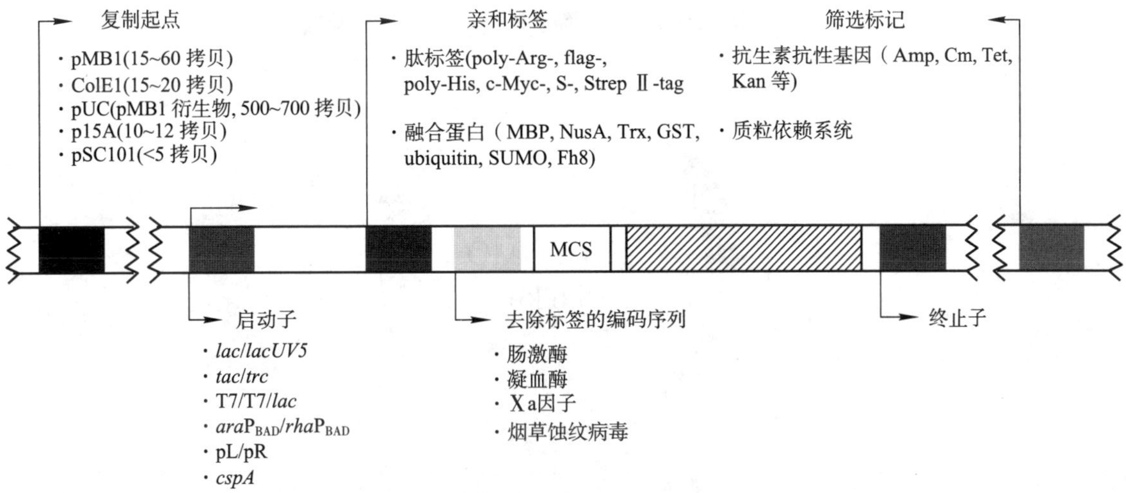

图 4-11 大肠杆菌表达载体的主要组成元件

深入学习 4-9
表达载体的重要组成

① 复制子 质粒能够自动复制，都包含有复制子。复制子是由复制起点以及相关的反式作用元件组成。选择一个合适载体的一个重要的参考因素是它的拷贝数，而拷贝数是由复制子控制的。通常使用的载体，如 pQE 载体中包含野生型 ColE1 复制起点（15 ~ 20 个拷贝 / 细胞）；pET 系列载体，具有 pMB1 复制起点（ColE1 衍生，每个细胞有 15 ~ 60 个拷贝）；而在 pUC 系列中存在 pMB1 复制起点的一个突变型（每个细胞 500 ~ 700 个拷贝）。一般认为，高含量的质粒会得到更多的重组蛋白，然而大量的质粒会造成代谢压力，减缓细菌生长，可能会使质粒变得不稳定，反而减少蛋白质的有效合成。所以，高拷贝质粒并不就意味着蛋白质产量的提高。

② 启动子 理想的启动子应该具有起始转录作用强、可严格调控、诱导方式简便经济等特点。在原核启动子研究中最常用的是 *lac* 启动子。*lac* 启动子是 *lac* 操纵子最主要的元件。乳糖可以作为诱导剂用来产生蛋白质，然而，在直接代谢碳源如葡萄糖存在时，诱导可被抑制。因此，在乳糖和葡萄糖同时存在时，由 *lac* 启动子引发的表达只能在所有的葡萄糖消耗之后才会完全执行。为了使表达能在葡萄糖存在的情况下进行，突变型启动子 *lacUV5* 启动子可以降低（但不完全消除）对代谢产物调控的敏感性。*lac* 启动子及其衍生启动子 *lacUV5* 表达相当地弱，因此对于表达重组蛋白并不是十分有用。采用合成的杂交体，可结合其他启动子和 *lac* 启动子的优点。比

如，*tac* 启动子包含了色氨酸 *trp* 启动子的 –35 区序列和 *lac* 启动子的 –10 区序列。这个启动子比 *lacUV5* 启动能力强了大约 10 倍。应用较多的采用 *lac* 或 *tac* 启动子启动表达的商业化质粒包括 pUC 系列（*lacUV5* 启动子）和 pMAL 系列载体（*tac* 启动子）。

采用 T7 启动子系统的 pET 载体是相当受欢迎的表达载体，因为目标蛋白可以占到总细胞蛋白的 50% 以上。在该表达系统中，目标基因克隆到一个由噬菌体 T7 RNA 聚合酶识别的启动子后面，这种高度活性的聚合酶最常见的是直接整合到特定的宿主细菌基因组中诱导表达。大肠杆菌 BL21（DE3）就是添加 T7 聚合酶基因，为 T7 表达系统而设计。它是 λ DE3 噬菌体的溶原菌，受控于 *lacUV5* 启动子，可在乳糖或 IPTG 存在的情况下表达，从而快速启动 T7 启动子下游基因的表达。T7 启动子系统表达目的基因的水平是目前所有表达系统中最高的，但是如果过量表达目的蛋白很容易形成包涵体。在 pET 表达载体基础上开发了 pET SUMO 表达系统，可以改善这种状况（图 4–12）。SUMO 是一种小分子泛素样修饰蛋白，重组蛋白表达系统在目的蛋白前加入 SUMO 元件以提高目的蛋白的溶解性。

补充范例 4–6
pET SUMO 表达系统

知识拓展 4–6
质粒依赖

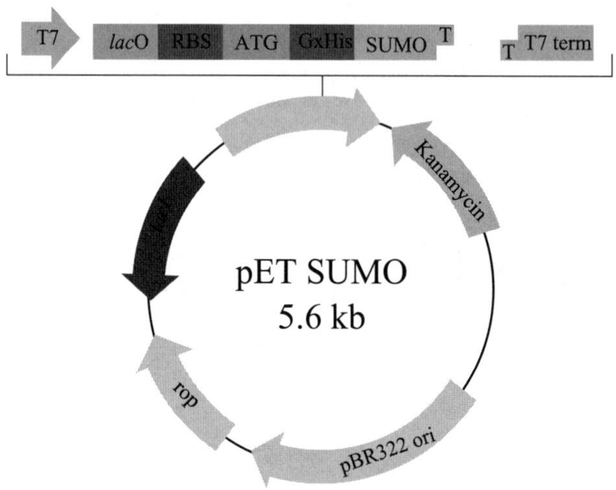

图 4–12　pET SUMO 质粒图谱

T7，T7 RNA 聚合酶启动子；*lac*O，乳糖操纵子抑制子结合位点；RBS，核糖体结合位点；ATG，翻译起始位点；GxHis，组氨酸标签；SUMO，SUMO 促溶区段；T7 term，T7 RNA 聚合酶终止子；Kanamycin，卡那霉素抗性基因；pBR322 ori，pBR322 质粒的复制起始位点；rop，决定质粒在菌体内以低拷贝形式存在；*lacI*，乳糖操纵子抑制子表达基因

③ 选择性标记　为了阻止不含有重组质粒细胞的生长，在载体的骨架上加入了一个选择性标记。在大肠杆菌系统中，抗性基因通常是为此目的而使用。

④ 亲和标签　我们希望在表达和纯化重组蛋白过程中，能够检测这个蛋白质，保持蛋白质最大的可溶性，并很容易地从细胞中纯化到这个蛋白质。表达一段氨基酸（多肽标签）或者一个大的多肽（融合标签）与目的蛋白串联形成嵌合体蛋白可以很好地达到这些目标。因为多肽标签很小，其与蛋白质融合的时候对蛋白质作用的可能性很小。然而，在一些情况下，多肽可能对融合蛋白的三级结构或者生物活性产生负面的影响。标签可以构建在目的蛋白的 N 端或者 C 端（当信号肽在 N 端时后者更加适合用于重组蛋白的分泌表达）。如果知道了目的蛋白的三维结构，最好检查一下哪一端包埋在蛋白质内部，将标签放置在接近溶剂一端。常用的小的多肽标签如 poly–Arg、flag–、poly–His、c–Myc–、S– 和 Strep Ⅱ。因为这些标签都有对应的商业化抗体提供，在表达过程中，目的蛋白的表达水平不足以用 SDS–PAGE 检测时，带标签的重组蛋白可以有效地利用 Western 印迹检测。另一方面，非多肽融合分子伴侣作为促溶分子更加有优势。最受欢迎

的融合标签包括麦芽糖结合蛋白（MBP）、硫氧还蛋白（Trx）、谷胱甘肽 S 转移酶（GST）、SUMO 等。pGEX（GE）系列载体含有 GST 标签，pMAL（NEB）系列载体含有 MBP 标签。目前这些伴侣分子的助溶机制仍不清楚。比较而言，GST 的助溶能力最差；MBP 和 Trx 表现出很好的助溶特征，但是它们较大的相对分子质量可能导致对其助溶效果的错误判断。因此，我们需要一些更小的而且助溶能力强的标签。

因为有能紧密而特异地结合标签的树脂，标签也可以用来进行一步纯化。例如，His 标签蛋白可以用固定化金属离子（Ni^{2+} 或者 Co^{2+}）亲和层析纯化。MBP 和 GST 也可以通过亲和层析来纯化融合蛋白，MBP 与淀粉 - 琼脂糖结合，GST 与谷胱甘肽 - 琼脂糖结合。

⑤ 标签去除　如果需要对重组蛋白进行结构或者生化研究，那么融合蛋白必须从重组蛋白上移除。多肽标签也需要去除，因为它们可能会影响蛋白质的结构和活性。标签可以用酶法或者化学法去除。如果要用酶切去除表达标签，在表达载体目的基因编码序列下游需包括蛋白酶酶切位点的编码序列。选择蛋白酶是以专一性、成本、酶切之后残留在目的蛋白的氨基酸数量以及酶切后是否容易移除为标准。成功地用于移除多肽标签和融合分子伴侣的酶包括肠激酶、凝血酶、Xa 因子和烟草花叶病毒蛋白酶（TEV）。TEV 具有很高的专一性，容易生产，消化后只留下一个丝氨酸或者甘氨酸（甚至不会留下多余的氨基酸）。化学法切割标签即用化学试剂去除融合蛋白。化学法的优势是可以容易地从反应液中去除而且与蛋白裂解酶相比更廉价，对于大规模生产重组蛋白是一个吸引人的选择。然而，化学法反应条件苛刻，而且它们也会导致不必要的蛋白质修饰，因此其使用受到很大程度的限制。使用最多的化学切割试剂是溴化氰（CNBr），它切割甲硫氨酸 C 端的肽键。

（3）外源基因在大肠杆菌中表达的形式

外源目的蛋白在大肠杆菌系统中表达的形式有 2 种，即可溶性形式或不溶性包涵体形式。包涵体和可溶性蛋白都可以存在于细胞质中，可溶性蛋白还可以借助于功能序列和大肠杆菌的运输加工系统，分泌到细胞周质或细胞外培养基中。

关联实例 4-5
人源胰岛素的首次工业生产

同时，根据表达的外源蛋白有无外加序列，又分为融合型表达与非融合型表达 2 种。

① 包涵体形式的表达　由高效表达质粒构建的大肠杆菌能大量合成并积累某些外源蛋白质，一般情况下，这些蛋白质致密地聚集在细胞内，形成无膜的裸露结构，这种水不溶性的结构称为包涵体。除蛋白质外，包涵体中也含有宿主细胞本身的一些其他表达产物，如 RNA 聚合酶、核糖核蛋白体、外膜蛋白及脂多糖等非蛋白分子。以包涵体形式表达的重组蛋白，虽然具有正确的氨基酸序列，但因其空间构象改变，故一般丧失了原有的生物活性，必须通过有效的变性复性操作，才能回收到具有正确空间构想的目标蛋白。包涵体水溶液中很难溶解，只有在高浓度的变性剂溶液中才能形成均相，溶解变性并重新进入复性途径。

② 胞内可溶性表达　目标蛋白以可溶性蛋白质形式表达，可以避免某些难折叠的蛋白质进行复性带来的问题。有多种方法可以减少包涵体的生成，包括培养条件的优化，通过降低培养温度，使蛋白质合成速率减慢，降低其自身聚集趋势，从而促进蛋白质产物的正确折叠，表达可溶性蛋白。另外，表达载体采用中等强度或弱的启动子，或者即使是强启动子，通过控制诱导条件，部分或有限地诱导，也有利于蛋白质可溶性表达。

③ 外源蛋白的融合型表达　将目的蛋白与另一个蛋白质或多肽片段的 DNA 序列拼接在一起，并作为一个开放阅读框架进行表达，所表达的蛋白质称为融合蛋白。一般是将外源基因引入某表达载体编码的高表达蛋白（融合头）序列的 3′ 端，融合头序列编码的可能是整个功能蛋白或蛋白质的一部分，如 β- 半乳糖苷酶、GST 和 Trx 等。当实验了很多条件都不能使外源基因在大肠杆菌中高效表达时，融合表达可能是最佳的选择，因为载体中启动子下游的融合头是能高效表

达的，当外源基因与其融合后，它将带动下游的外源基因获得高效表达，而且表达产物较稳定，不易被宿主降解，选择合适的融合头，如 MBP 可以提高融合蛋白的溶解性。若要获得目的蛋白天然产物，可通过合适的蛋白酶或化学切割融合蛋白，进一步分离得到。

④ 外源蛋白的分泌型表达　分泌型蛋白一般在 N 端含有一个引导信号肽，在细胞质中合成后，该信号肽在蛋白质穿膜运送过程中被蛋白酶切除。分泌型表达可以通过将外源基因融合到编码原核蛋白的信号肽序列的下游而实现。外源蛋白通过分泌型表达后，因为信号肽被切除，不再含氨基端甲硫氨酸，避免了其对蛋白质活性可能产生的影响；周质空间中的蛋白酶活力比细胞质中低，因此一些可被细胞内蛋白酶所降解的外源蛋白在外周质中稳定性提高；周质中的细菌蛋白质含量少，约占其总蛋白质 4%，使目的蛋白纯化相对简单，如果能分泌到培养基中则更易分离纯化；不同于细胞质，氧化性的周质间隙可以模拟真核细胞的内质网环境，更有利于二硫键的正确形成，便于新生肽链折叠成天然结构，从而获得具有生物活性的重组蛋白。

（4）外源基因在大肠杆菌中高效表达的策略

① 组装强的、可调控启动子　有效的转录起始是外源基因能否在大肠杆菌细胞中高效表达的关键性之一。因此在构建大肠杆菌表达载体时一般选用强启动子及可调控的诱导型启动子，当然如果有包涵体的生成，也可考虑选用中等强度或较弱的启动子。另外，为了提高转录效率，在组装时要考虑启动子与外源基因转录起始位点之间的距离，一般为 6 ~ 9 对碱基。

② 减少稀有密码子对外源基因表达的影响　原核和真核生物的基因，对编码同一个氨基酸的简并密码子的使用都表现出非随机性，存在对特定密码子使用的偏爱性，尤其是高度表达的基因比低表达的基因表现更大程度的密码子偏好。宿主偏爱使用的密码子对应的 tRNA 丰度较高，如果克隆的基因含有稀有密码子，那么外源基因在表达过程中，由于没有足够的与之相适应的 tRNA，其蛋白质合成的质和量都受到影响。原核生物和真核生物对简并密码子具有不同的偏爱性，真核生物基因在大肠杆菌中表达时就有可能出现大肠杆菌稀少使用的密码子，从而严重影响其表达效率。对此，经常采取的策略是，通过基因全合成或基因定点突变的方法，将目的基因中的稀有密码子更换为大肠杆菌中的偏爱密码子，以提高翻译效率。还可以在大肠杆菌中共表达稀有密码子的 tRNA 基因，从而提高稀有密码子 tRNA 在大肠杆菌中的丰度，以提高外源基因在大肠杆菌中的表达水平。

③ 提高外源蛋白质的稳定性　细胞存在复杂的蛋白酶系统和蛋白质修饰系统，蛋白质酶解是一个选择性的、高度调节的过程。外源蛋白表达后能否在宿主细胞中稳定积累，不被内源蛋白水解酶所降解，是其高效表达的一个重要参数。如何避免外源蛋白被选择性地降解，可以采取不同的策略：通过对宿主菌的改造，如筛选稳定的蛋白水解酶基因缺陷型菌株，来提高外源基因表达产物的稳定性；通过组建融合基因的方法，产生融合蛋白，通过构象的改变，使其不被选择性降解；产生可分泌的外源基因表达产物，蛋白质分泌到大肠杆菌的周质或者直接分泌到培养基中，也可大大降低被蛋白酶降解的概率；包涵体蛋白的表达形式也可以抵抗宿主细胞中蛋白水解酶的降解。另外，促进蛋白质的正确折叠也是保证外源蛋白质稳定性的重要方法，可以将某些分子伴侣蛋白与目的蛋白共表达，借助它们的帮助，目的蛋白正确折叠形成稳定的活性蛋白。

关联实例 4-6
宿主菌的改造与外源基因表达

④ 强化蛋白胞外分泌　大肠杆菌的蛋白合成能力强，但分泌能力相对薄弱。因此，强化大肠杆菌蛋白胞外分泌以减少包涵体的形成，成为实现其蛋白高效表达的重要途径。相关策略主要包括：优化信号肽带电区域正电荷和疏水区域疏水性、提升信号肽切割效率、共表达或改造参与跨膜转运的关键转运蛋白以改善转运通路、构建敲除外膜脂蛋白突变株、目的蛋白自身的分子改造以优化折叠速率、共表达具有磷脂水解活性的磷脂酶 / 角质酶在一定程度上降解细胞膜磷脂组分从而增强细胞膜通透性，均有利于提升蛋白分泌水平。特别是共表达磷脂酶 / 角质酶还能实现天

然胞内蛋白的胞外制备。此外，通过添加表面活性剂、金属离子以及甘氨酸等添加剂也能够提高细胞膜的通透性，亦有助于增强蛋白胞外分泌水平。

4.2.2 酵母表达系统

目前工业生产中一种重要的真核生物表达体系就是酵母表达体系，其中酿酒酵母表达系统、甲基营养型酵母表达系统和裂殖酵母表达系统是几种主要的表达系统。酿酒酵母是最先作为外源基因表达的酵母宿主，第二代酵母表达系统是以甲基营养型酵母为代表，其中被迅速推广的是毕赤酵母。

（1）酵母表达系统的特点

酵母是单细胞真核生物，利用酵母作为真核生物蛋白外源基因表达的受体菌具备以下优势：生长迅速，培养工艺简单，能耐受较高的流体静压，并能将外源基因产物分泌到培养基中，可以大规模生产；酵母的全基因组已经测序，其基因表达调控机制比较清楚，遗传操作简便；酵母作为真核模式生物，具有真核生物蛋白翻译后加工系统，外源基因表达产物有一定程度的折叠和糖基化修饰；酵母不含有特异性的病毒，其表达系统在表达过程中不产生内毒素，被美国 FDA 认定为安全的基因工程受体系统 GRAS。而其他的真核细胞表达系统，如昆虫细胞和哺乳动物细胞表达系统，虽然具有蛋白质转录后加工系统，很适合于真核基因的表达，但它们遗传背景复杂，操作困难，易污染，生产成本高，所以并不利于实际应用。因此，酵母表达系统是目前较理想的重组真核蛋白质生产制备工具。

（2）酵母宿主系统

对于真核生物蛋白的表达，宿主菌的选择是至关重要的。宿主菌的生化环境兼容性关系到转录 RNA 的翻译、翻译后蛋白质的修饰等。目前，通过代谢工程、进化工程等手段，超级宿主系统不断被研发出来。

① 酿酒酵母（*Saccharomyces cerevisiae*） 酿酒酵母全基因组已被测序。在最近的 30 年里，酿酒酵母已经被广泛应用于重组蛋白的表达。第一个对抗人类乙型肝炎的疫苗是在酿酒酵母的宿主体内重组表达的，此后，如乙肝表面抗原、人血清蛋白和淀粉蛋白酶等都通过其成功表达。尽管各种各样的有利于真菌重组蛋白的宿主菌在出现，但酿酒酵母作为宿主菌的应用仍然占据主导地位。除了酵母共有的优势外，酿酒酵母能在工业上被普遍采用主要是因为其是被公认的安全宿主菌株，而且对其生理学、遗传学和发酵技术有了充足的积累与掌握。通过功能基因组工具如转录组分析、蛋白质组分析、代谢组分析等手段收集得到一系列的有用信息，使酿酒酵母具有了最全面的实验数据库。另外，酵母菌株生产和消耗乙醇能力强，对环境压力，如低氧水平具有耐受性。

关联实例 4–7
工业化应用酿酒酵母表达重组蛋白

但酿酒酵母不易进行高密度培养，因此表达产物产量受到影响；分泌效率低，一般只能分泌相对分子质量小于 3×10^4 的外源蛋白质；与其他酵母相比，酿酒酵母还具有很强的糖基化能力，导致重组蛋白的高糖基化，分泌产率降低。

② 毕赤酵母（*Pichia pastoris*） 毕赤酵母是甲醇营养型酵母中研究最热的，该类酵母能在以甲醇作为唯一碳源和能源的培养基上生长。毕赤酵母的基因组中，存在 2 个甲醇利用途径的醇氧化酶（AOX）基因 *AOX1* 和 *AOX2*。*AOX1* 启动子是目前最常用、最强的受严格调控启动子之一，能够严格调控外源基因只在含有甲醇的培养基中有效表达。与 *AOX1* 启动子受甲醇的诱导强烈不同，*AOX2* 启动子受甲醇诱导较弱。由于毕赤酵母的生长方式是呼吸模式而不是发酵模式，所以在生长的过程中不会迅速产生乙醇和乙酸类物质，因此它在氧气充足时能快速生长，适合高密度培养，可应用于大规模工业化生产。不同于酿酒酵母重组表达的蛋白质一般存在于细胞周质中，

毕赤酵母倾向于重组表达分泌型蛋白，即使是相对分子质量较大的蛋白质也是如此，这给重组蛋白的纯化带来了极大方便，因为胞外表达的内源性蛋白较少。毕赤酵母的另一个优点是，不同于酿酒酵母发生超糖基化，该表达系统中没有 1,3- 甘露糖基转移酶，因此其翻译后加工修饰与哺乳动物等高等真核生物细胞更接近。

目前利用的各种毕赤酵母菌株均来自于原始的 NRRL-Y 11430，各菌株根据基因型的差异，有野生型、营养缺陷型和蛋白酶缺陷型之分。常用的有组氨酸缺陷型、腺嘌呤缺陷型和蛋白酶缺陷型，便于转化后进行筛选。如组氨酸缺陷型菌株不能合成组氨酸，只有转化了含组氨酸合成基因作为筛选标记的质粒，才能在无组氨酸的培养基上生长。蛋白酶缺陷型菌株缺失编码蛋白酶 A 或蛋白酶 B 的基因，可有效降低对外源目的蛋白的酶解作用，有利于大规模发酵稳定生产外源目的蛋白。

根据利用甲醇的能力不同，毕赤酵母菌株分为 3 种表现型：第一种为甲醇快速利用型 Mut^{+}，此型菌株具有完整的 *AOX1* 和 *AOX2* 基因，能够在甲醇中生长迅速，强烈诱导启动子使外源基因大量表达；第二种为甲醇慢速利用型 Mut^{s}，此型菌株无 *AOX1* 基因，只可依赖 *AOX2* 基因编码的少量醇氧化酶完成甲醇代谢，甲醇利用效率较低，因此在甲醇培养基中生长缓慢；第三种为甲醇不能利用型 Mut^{-}，此型菌株中的 *AOX1* 和 *AOX2* 基因均被敲除，不能利用甲醇进行代谢，无法在甲醇中生长。

③ 粟酒裂殖酵母（*Schizosaccharomyces pombe*） 粟酒裂殖酵母是一个裂殖酵母，主要以单倍体形式生长。该菌是第六个全基因组被完全测序的真核生物，也具有完整的蛋白质组数据。粟酒裂殖酵母是所有酵母细胞中生理特性最接近高等生物的一种，其染色体结构和功能、细胞循环的控制、RNA 剪接蛋白表达、分泌机制及翻译后修饰等都与哺乳动物细胞很相似。因此，在粟酒裂殖酵母中表达的重组蛋白有可能更接近其本来的结构和生物活性，可用于哺乳动物蛋白质的表达。

（3）酵母表达载体

一个典型的酵母表达载体是由包括启动子序列、单或多克隆位点、转录终止序列的真核转录单元，真核选择标记基因等一起构建而成。如果是非整合型质粒载体，还含有一个真核细胞的起始复制子（2μ 质粒起始区，自主复制序列 ARS，酵母中心粒序列 CEN）。另外，酵母基因表达系统的载体一般是穿梭质粒，能在酵母和大肠杆菌中进行复制。因此，在上述基础上，又增加了大肠杆菌的复制起始区和选择标记。

① 酵母表达载体的种类

a. 自主复制型质粒载体（yeast replicating plasmid，YRp）：该载体含有酵母基因组的 DNA 自主复制序列 ARS（长度为 0.8 ~ 1.5 kb，染色体上每 30 ~ 40 kb 就有一个 ARS 元件）、选择标记和基因克隆位点等元件，能够在酵母细胞中独立于酵母染色体外进行自我复制。在酵母细胞中的转化效率较高，每个细胞中的拷贝数可达 200 个，但如果没有选择压力，这些质粒往往不稳定。经过多代培养后，子细胞中的拷贝数会迅速减少。

b. 整合型质粒载体（yeast integration plasmid，YIp）：与自主复制型质粒不同，整合型质粒载体不含 ARS，但含有与酵母染色体同源的序列，即整合介导区，因而比较容易通过 DNA 的同源重组机制将外源基因整合到酵母染色体上，随染色体一起进行复制以保证其在细胞中的稳定性。质粒与染色体 DNA 的同源重组主要有单交换整合和双交换整合 2 种方式，整合过程是高特异性的，但是拷贝数很低，也不能从酵母细胞中提取载体。其优势在于在重组蛋白的生产过程中不需要选择压力，多个串联重复拷贝可以整合到酵母基因组中。

c. 着丝粒型质粒载体（yeast centromeric plasmid，YCp）：该型质粒载体为稳定质粒，是在复制型质粒中再插入了酵母着丝粒的一个 DNA 片段，此序列为酵母染色体有丝分裂稳定元件，能帮助质粒载体平均分配到子细胞中，稳定性较高，但拷贝数很低，通常只有 1 ~ 2 个拷贝，且不易从细胞中提取其质粒。

d. 附加体型质粒载体（yeast episomal plasmid，YEp）：该型质粒载体在大肠杆菌质粒中插入酵母染色体选择标记和 2μ 质粒 DNA 片段构成的。2μ 质粒是大多数酿酒酵母中含有的一个周长为 2 μm（长度约为 6 kb）的内源质粒，含有自主复制区 Ori 和能够使质粒在供体细胞中维持稳定的 STB 序列。附加体型质粒载体在细胞内以附加体的形式，独立于酵母染色体之外高拷贝复制，常以 30 或更多拷贝存在，也具有较高的转化活性。

e. 酵母人工染色体（yeast artificial chromosome，YAC）：该载体在酵母细胞中以线性双链 DNA 的形式存在，每个细胞内只有单拷贝，包含酵母染色体自主复制序列、着丝粒序列、端粒序列、酵母选择标记基因、大肠杆菌复制子和选择标记基因等。在细胞分裂和遗传过程中，能将染色体载体均匀分配到子细胞中，并保持相对独立和稳定。YAC 载体可插入 200 ~ 800 kb 的外源基因片段，因而特别适合高等真核生物基因组的克隆与表达研究。为了方便制备 YAC 载体，YAC 载体以环状的方式存在，以便保存和增殖。

酿酒酵母常用的表达质粒 pYC2-CT（图 4-13A），属于着丝粒型质粒，为营养缺陷型筛选载体。为了在酿酒酵母中诱导表达重组蛋白，表达载体中含有半乳糖激酶启动子，可受半乳糖诱导，启动半乳糖激酶启动子下游基因的转录，高效表达外源蛋白。

毕赤酵母表达载体采用较多的是整合型穿梭质粒。这类携带外源基因的表达载体导入酵母细胞后，与染色体基因组整合，获得遗传性稳定重组子，而且能通过前导信号肽引导外源蛋白的分泌表达。常用的表达载体 pGAPZ（图 4-13B），以毕赤酵母中 3- 磷酸甘油醛脱氢酶启动子为外源蛋白表达启动子，该启动子是组成型表达的，所以不需要诱导，在以葡萄糖为碳源的培养基上就可以高水平表达重组蛋白。诱导型表达载体 pPICZα（图 4-13C），则采用的是醇氧化酶基因 *AOX1* 启动子，需要加入甲醇诱导外源基因的表达。

② 酵母表达载体的启动 启动子的选择极大地影响外源基因表达的产量，目前已有大量组成型的和诱导型的酵母启动子可供选择。酿酒酵母常用的启动子有乙醇脱氢酶基因启动子

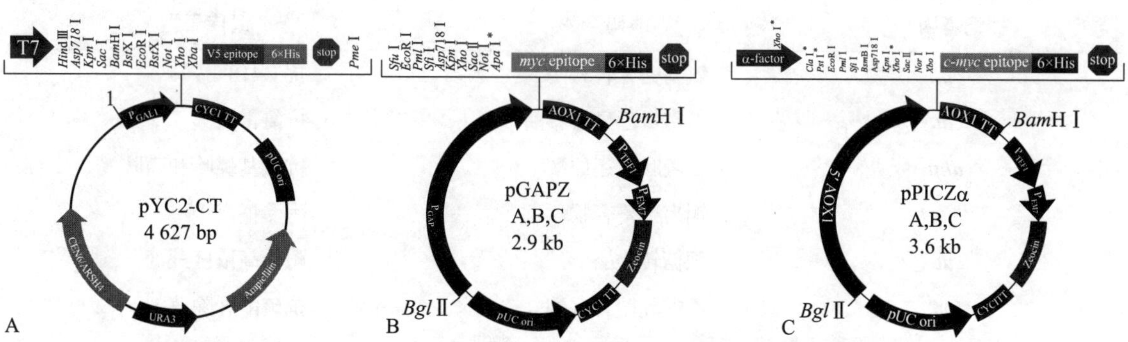

图 4-13 酿酒酵母表达质粒 pYC2-CT（A），毕赤酵母组成型表达载体 pGAPZ（B）和诱导型表达载体 pPICZα（C）质粒图谱

A. pYC2-CT 载体：P_{GAL1}，半乳糖激酶启动子；CYC1 TT，酿酒酵母 *CYC1* 基因转录终止子；pUC ori，质粒复制起始位点；Ampicillin，大肠杆菌筛选标记氨苄青霉素；URA3，酵母筛选标记尿嘧啶营养缺陷；CEN6/ARSH4，质粒拷贝数与分配决定区段。B. pGAPZ 载体：pGAP，毕赤酵母 3- 磷酸甘油醛脱氢酶启动子；AOX1 TT，醇氧化酶基因 *AOX1* 转录终止子；P_{TEF1}，酵母翻译延伸因子 1 启动子；P_{EM7}，一种合成的细菌启动子；Zeocin，毕赤酵母和大肠杆菌筛选标记博莱霉素；myc epitope，C 端 myc 抗原表位，用于与 myc 抗体结合；6 × His，用于 Ni 柱亲和层析的 C 端组氨酸标签。C. pPICZα 载体：5′AOX1，醇氧化酶基因 *AOX1* 启动子；α-factor，酿酒酵母 α 因子分泌信号肽

补充范例 4-7 酿酒酵母常用的表达质粒

ADH1、3- 磷酸甘油醛脱氢酶基因启动子 *GAPDH*、磷酸甘油激酶基因启动子 *PGK1*。诱导型启动子包括半乳糖苷酶基因启动子 *GAL1 ~ 10*（半乳糖诱导）、乙醇脱氢酶基因启动子 *ADH2*（乙醇诱导）、Cu^{2+} 螯合蛋白启动子 *CUP1*（铜诱导）、酸性磷酸酯酶基因 *PHO5*（磷酸盐诱导）等。毕赤酵母中最常用的外源蛋白表达的启动子是醇氧化酶基因启动子 *AOX1*（甲醇诱导）、3- 磷酸甘油醛脱氢酶基因启动子 *GAP*（甲醇和甲胺诱导）、甲醛脱氢酶基因启动子 *FLD1*。

当选择一个启动子时应考虑其产物的毒性。目前，除源自于宿主中的启动子外，来自酿酒酵母的启动子也被广泛应用于其他酵母表达系统，如 *PHO5*、*CUP1*、*GAL1*、*GAL7*、*GAL10* 和 *PGK*。诱导物的选择及其感应机制在启动子的选择中也发挥了相当重要的作用。在毕赤酵母的发酵过程中，若以甲醇作为诱导物，并不合适用于食品业生产，因此 *GAP* 启动子替代了 *AOX1* 启动子被广泛使用。

③ 酵母表达载体的筛选标记　筛选标记不仅是为了筛选重组子，也是为了保证质粒在多代酵母中的存活。用于酵母重组子筛选的标记基因主要有营养缺陷型的互补基因和显性标记基因两大类。

a. 营养缺陷型互补基因：利用质粒上的营养成分生物合成标记基因互补相应的缺陷型受体菌，可以在不添加任何筛选试剂的条件下维持转化子中质粒的存在。营养缺陷型互补基因主要有氨基酸和核苷酸生物合成基因如 *LEU*、*TRP*、*HIS*、*LYS*、*URA*、*ADE* 等，但是这种筛选互补模式并不稳定，而且对选择培养基的要求很高，尤其是筛选多倍体酵母的营养缺陷型受体非常困难。

b. 显性标记基因：显性标记基因的编码产物主要是一些毒性物质的抗性蛋白。常用的显性基因如表 4-2 所示。其中，采用抗生素筛选比较昂贵，抗生素也存在降解或失活的可能性，不适合食品与医药工业产物的生产，但该法不需对宿主菌进行基因工程改造，适合在丰富培养基中进行酵母转化子的选择。

对于酿酒酵母来说，最常用的筛选标记是 *LEU2* 基因和 G418 抗性基因，对毕赤酵母来说，*HIS4* 和博来霉素抗性基因普遍被采用，对粟酒裂殖酵母来说，则主要使用 *LEU2* 和 *URA3* 筛选标记。

表 4-2　常用显性标记基因及其编码产物和遗传表型

标记基因	编码产物	遗传表型
aph	氨基糖苷转移酶	抗 G418
cat	氯霉素乙酰转移酶	抗氯霉素
dhfr	二氢叶酸还原酶	抗氨基蝶呤和磺胺
cup1	铜离子螯合物	耐受铜离子
suc2	蔗糖转化酶	耐受高浓度蔗糖
ilv2	乙酰乳糖合成酶	抗硫酰脲除草剂
ble	博来霉素抗性产物	抗博来霉素

补充范例 4-8
酵母载体常用显性标记基因

（3）酵母的转化

表达质粒转入酵母细胞，可以依靠电穿孔转化、Li^+ 介导完整细胞的转化、原生质体转化法等。酵母电穿孔转化操作简单，Li^+ 介导转化经济有效，都是目前常用的方法。

外源的质粒 DNA，无论是双链还是单链，都可以转化酵母，但是单链的转化效率要高于双链，是双链的 10 ~ 30 倍；含有复制子的单链质粒 DNA 能够转入酵母细胞中，能准确转化成为双链进行复制；不含复制子的单链质粒 DNA 进入细胞中，能高效地同源整合到染色体上；同源重组的频率取决于整合型质粒与受体菌基因组之间同源程度以及同源长度。

（4）提高酵母外源蛋白表达的改造措施

① 对目的蛋白基因的启动子进行改造或替换　如在毕赤酵母中，*GAP* 启动子的转录活性通过随机突变的方法得到了提高；酿酒酵母中的半乳糖激酶启动子 *GAL1* 和 *GAL10* 是被半乳糖诱导、葡萄糖抑制的诱导型表达启动子，半乳糖作为酵母的碳源，可以诱导转录起始，但对基因表达的控制也随着半乳糖的消耗变得复杂，另外半乳糖的价格较贵，也不适合于工业生产应用。然而通过与其他调控因子的结合，可使得该启动子的表达更可控。在毕赤酵母中，最常用的是受甲醇诱导的启动子 *AOX1*，但是甲醇有毒、易挥发，存在工业应用上的安全隐患。因此可选用不用甲醇作为诱导碳源的启动子进行替代或与 *AOX1* 启动子同时被利用，以提高表达产量。

② 对密码子偏好性和质粒拷贝数进行优化　尽量增加目的基因中酵母所偏好使用的密码子是使外源基因高效表达的一种有效方法。同时，考虑到外源基因表达时，cDNA 上的 A/T 丰富区可能会引发转录提前终止，根据酵母密码子的使用偏好，控制碱基 A/T 比例，以有效提高外源蛋白的表达效率。增加目的基因的拷贝数可以提高蛋白的表达量，但是由于资源和能量的限制，外源基因的拷贝数整合得过多会导致重组 DNA 不稳定，对产量也会产生负效应，反而达不到最佳产量。

③ 酵母分泌途径的改造　采用分泌表达的方式生产外源蛋白有助于下游工程处理。在酵母中表达的很多外源蛋白能分泌到细胞外，一般情况下，在表达载体上添加酵母特有的分泌信号肽序列表达外源基因获得成功的可能性大，目前应用较成功的信号肽有酿酒酵母交配因子信号肽、酸性磷酸酶信号肽、蔗糖酶信号肽等。但酵母表达重组蛋白也存在信号肽加工不完全的问题，其表达的外源基因产物有可能比天然的多几个氨基酸，适当对信号肽进行改造可以有效提高目的蛋白的产量。另外，酵母表达系统最明显的一个缺陷就是分泌表达的蛋白可以被酵母中大量表达的蛋白酶降解，直接导致蛋白质表达量下降或活性下降。通过对酵母宿主菌中的蛋白酶系进行改造，获得蛋白酶缺陷型酵母菌株，或加入一些蛋白酶抑制剂，可以有效减少外源蛋白的降解，提高外源蛋白表达的产量和质量。

④ 发酵过程中的条件优化　目前外源蛋白表达条件控制参数包括培养基的组成、稳定 pH、搅拌和通气率、诱导物质和补料加入，对这些因素的优化有助于最大量和最高活性的外源蛋白的产生。

4.2.3　丝状真菌表达系统

（1）丝状真菌作为外源受体菌的特征

丝状真菌是一类特殊的微生物，具有直径为 2 ~ 18 μm 的分枝丝状结构或者菌丝体。高等丝状真菌主要包括曲霉属（*Aspergillus*）、青霉属（*Penicillium*）、木霉属（*Trichoderma*）和镰刀菌属（*Fusarium*）；低等丝状真菌主要包括根霉属（*Rhizopus*）和毛霉属（*Mucor*）。丝状真菌是有机营养型真菌，这就意味着它们需要通过氧化有机化合物来获得其生长所需的能量和碳源。

长期以来，丝状真菌一直用于抗生素、酶类和有机酸等的生产，在发酵工业上占据重要地位。丝状真菌高效表达和分泌蛋白质的能力是其相较于细菌生产最优越的特点，这一显著能力部分源于丝状真菌特有的生活生长能力：能够在简单、廉价的培养基上高速、高密度生长；同时，丝状真菌具有真核分泌机制，可分泌表达产物到培养基中，提高下游加工过程的效率。丝状真菌还具有与哺乳动物接近的蛋白质修饰性能，能够完成真核蛋白质精确的翻译后修饰，与酵母相比优势更大，尤其是糖基化修饰作用。由于许多丝状真菌，如黑曲霉（*A. niger*）、米曲霉（*A. oryzae*）长期被应用于医药及食品加工业，已被 FDA 认定属于安全的基因工程受体系统。目前丝状真菌生产外源蛋白，仍存在生产产量低的瓶颈，主要原因是由于其产生的蛋白酶对外源蛋白的降解作用，同时表达载体转化率较低也限制了其发展。目前丝状真菌仍主要用于表达来源于真菌的外源基因，其中，木霉属和曲霉属是常被应用的菌属。

（2）丝状真菌的宿主系统

① 曲霉属　由权威正式认可的曲霉属达 180 多种，大部分都参与植物多糖的降解，它们在工业生产同源和异源酶上起了特别重要的作用。该属真菌的基因组大小为 30～40 Mb，编码 9 000～13 000 个基因。近年基因组学研究的成果极大地丰富了对该类真菌的蛋白质分泌机制的了解，有助于将其作为蛋白质表达系统的应用。

a. 黑曲霉：黑曲霉广泛应用于工业酶制剂、有机酸发酵等方面。黑曲霉强大的聚合物降解酶系使其在各种廉价的培养基上能快速生长和发酵，同时对极低的 pH 环境也具有适应性，使其成为表达外源蛋白的一种不可多得的宿主菌。目前，黑曲霉的基因组已经研究得非常成熟，如产酶菌株 *A. niger* CBS 513.88 基因组大小为 33.9 Mb，其 14 165 个开放阅读框中预测有 6 505 个具有很强的功能。通过基因组分析那些包含信号肽的蛋白质，结合已有的黑曲霉分泌蛋白质的数据，可以确认黑曲霉分泌的蛋白质是由信号肽的作用分泌到胞外，而不是细胞自溶导致的结果。通过基因表达和蛋白质组数据，分析那些过表达脂质、蛋白质和糖类降解酶的黑曲霉菌株，可以进一步鉴定出参与碳和氮源代谢以及蛋白质折叠与降解过程的蛋白质。这些数据使得研究人员能够操纵系统，诱导蛋白质的表达，增加特异酶的分泌。

深入学习 4–10
黑曲霉的高效蛋白表达机制

b. 米曲霉：米曲霉被广泛应用于米酒、酱油、豆面酱等食品发酵生产以及商业酶和医用蛋白的生产中。利用米曲霉表达异源蛋白的水平与毕赤酵母的水平相当。米曲霉的基因组大小约为 36.8 Mb，含 12 074 个基因。目前关于米曲霉表达系统的研究主要集中在启动子、筛选标记基因等的鉴定方面。已确定的高效启动子包括淀粉酶基因（*amyB*）、糖化酶基因（*glaA*）、葡萄糖苷酶基因（*agdA*）等的启动子，其中 *glaA* 启动子是在曲霉属的几个不同种中最常见到的，曲霉属的不同种之间也可利用 *glaA* 启动子表达异源基因。

② 木霉属　木霉属表达系统中以里氏木霉（*T. reesei*）的研究最成熟，而对 *T. altroviride* 和 *T. vireus* 作为表达宿主的研究尚刚刚起步。

里氏木霉的基因组大小约为 33 Mb，预测有 9 129 个基因。它具有极强的分泌蛋白质的能力，其分泌的纤维二糖水解酶Ⅰ（CBH1）能达到所有外分泌蛋白质的 60% 左右。因此，里氏木霉是重要的纤维素酶和半纤维素酶的工业生产菌株，而纤维素酶在食品工业，造纸和纺织工业及近年的生物燃料的生产上起到了非常重要的作用。为此，里氏木霉中编码能降解纤维素和半纤维素的一系列功能基因已经被鉴定分析，以 CBH1 为例，发现它是一种诱导酶，其表达特别依赖于碳源，如纤维素、槐二糖、乳糖、纤维二糖等，但葡萄糖对所有纤维素酶、半纤维素酶的表达起到阻遏效应。目前研究表明里氏木霉高纤维素酶基因的表达是受到严格调控的，已鉴定了这个调控过程的 3 个转录激活因子（Xyr1、Ace2、Hap2/3/5）和 2 个阻遏蛋白（Ace1、Cre1）。

关联实例 4–8
里氏木霉与纤维素酶和半纤维素酶的生产

里氏木霉最强的启动子是 *cbh1* 启动子，大部分的异源基因在里氏木霉中都采用 *cbh1* 启动子驱动表达，而且，木霉属的其他种也能用该启动子来起始基因转录。另外，木霉属也运用组成型启动子来表达异源基因，如编码丙酮酸激酶组成型表达的基因 *pki1* 的启动子，该启动子已被报道用于一些异源蛋白的胞内表达。

（3）丝状真菌的转化系统

① 丝状真菌的转化方法　传统的丝状真菌转化方法采用 $CaCl_2$/ 聚乙二醇（PEG）介导的原生质体转化法，通常是采用溶壁酶等酶法处理幼嫩菌丝或分生孢子和担孢子，制备原生质体受体细胞。目前这套方法相对成熟，转化效率较高；但原生质体培养难度大，再生频率不稳定，重复

性也难以满足外源蛋白生产要求。

为了改进丝状真菌的转化方法，提高转化效率，电穿孔、基因枪和农杆菌介导的转化方法也被广泛应用。这些转化方法对真菌来说非常有价值，它们不产生过量的原生质体，或者不会再生原生质体。通过根癌农杆菌介导的方法，不仅可以转化植物，而且可以转化细菌、动物和真菌。相比于其他丝状真菌转化方法，农杆菌介导转化法具有的优势在于：转化所用受体来源简单，且可以是多种类型的，既可以用真菌的孢子和菌丝直接用于转化，也可以用原生质体，而且可以用不同生长时期的真菌作为受体，因此可以选择具有单核的分生孢子作为受体，得到后代不分化的稳定的转化子，扩大了应用范围。该方法转化效率高，采用异源随机插入和同源 DNA 置换的机制，获得的转化子具有遗传稳定性。农杆菌转化系统可以通过不同的启动子，在不同组织里特异表达外源基因，特别是使大片段的异源 DNA 转化成为可能，因此该方法已成为目前最常用的真菌遗传转化方法。

关联实例 4-9
农杆菌介导转化法在丝状真菌的应用

更特别的分子转化方法也被应用，可将重组基因插入基因组的特殊部位，如限制性内切酶介导转化法，该法是在转化混合物中加入限制性内切酶，后者通过识别受体基因组和外源质粒 DNA 的相同酶切位点，在受体细胞内实现切割和重新组合，明显提高质粒 DNA 异源整合的频率，从而直接获得带有基因标记的突变体菌株。该 DNA 整合突变技术转化程序简单，具有转化效率高的优点，且具有可利用的选择标记，方便了突变体的筛选。

② 丝状真菌转化系统的选择标记　真菌的遗传转化系统基本上都是采用以细菌质粒改造而成的载体，这些载体中加入了能在原核细胞和真核细胞中自主复制的元件，以达到扩增及表达目的基因的目的。另外，载体中除了包括启动子、信号肽序列、终止子等表达元件外，还需加入选择性标记，使外源基因在宿主中稳定，并用于转化子的筛选及转化子遗传特性的确定。通常使用的选择标记主要有 3 类。

a. 营养缺陷型标记：包括碳、氮、硫源等的代谢基因都可作为营养缺陷型标记。它们能与相应的营养缺陷型受体细胞遗传互补，转化后可使转化子在基本培养基上生长。目前常用的营养缺陷型标记基因有：*amd S*，来自构巢曲霉，编码乙酰胺酶，可使转化子在含有乙酰胺的培养基上生长，而其野生型则不行；*argB*，也来源于来自构巢曲霉，编码鸟氨酸氨甲酰基转移酶；*trp-1*，来自粗糙脉孢菌，编码色氨酸生物合成酶；*pyr-4*，来自粗糙脉孢菌，编码乳清酸核苷 -5′- 磷酸脱羧酶。选择营养缺陷型标记要求分离有特定营养缺陷型受体菌，从而限制了它的实际应用。

补充范例 4-9
营养缺陷型互补基因选择标记

b. 药物抗性标记：用含有药物抗性标记的载体成功转化丝状真菌后，可使其获得药物抗性，从而使受体细胞在一定的药物浓度下生长。常用于药物抗性标记的有博来霉素抗性基因、潮霉素抗性基因、G418 抗性基因等。使用药物抗性标记不需要营养缺陷型受体菌，十分方便，但假阳性出现的概率较大。

c. 致突变型标记：该方法是构造受体菌染色体上某基因功能缺失的突变体，以此作为选择标记。通常通过同源重组，将携带有受体菌基因片段的载体整合到受体菌的染色体上。如携带有与构巢曲霉的 *pryG* 基因同源但是部分位点发生了突变的质粒，转化构巢曲霉可以造成乳清酸核苷 -5′- 磷酸脱羧酶功能的缺失，使得转化子对 5 - 氟乳清酸有抗性，能在含 5 - 氟乳清酸的培养基上生长。

③ 丝状真菌的转化载体　丝状真菌的转化载体携带目的基因片段进入宿主细胞后，可独立于宿主染色体外自主复制，此为自主复制型载体；也可整合到宿主染色体上随之共同复制，即为整合型载体。目前丝状真菌的转化大多为整合型转化，仅在很少的菌种中发现有自主复制质粒的转化。转化 DNA 主要通过同源重组和非同源重组 2 种方式整合到丝状真菌的基因组中。转化 DNA 与受体染色体 DNA 同源序列之间重组，可通过单交换，致使目的基因与染色体基因的连锁

排列；也可通过双交换，导致目的基因取代染色体中的基因。非同源重组整合方式在丝状真菌遗传转化中较为常见，通过单交换，导致目的基因在受体染色体上多位点多拷贝地整合，形成不连锁的重复。

（4）丝状真菌外源基因的高效表达

虽然许多重组蛋白在丝状真菌中已实现高效表达，但来源于其他高等生物如哺乳动物、植物基因的表达量不高，远低于其自身内源蛋白表达水平。为了使异源蛋白在丝状真菌中获得高效表达，可以在转录、翻译、翻译后修饰加工、分泌和胞外降解等不同水平，采取不同策略进行改造调控。

① 构建融合蛋白　很多丝状真菌表达的自身蛋白能高效分泌到胞外，为此，可利用高效表达分泌的内源蛋白作为载体蛋白，将外源目的基因融合该蛋白基因的3′端，表达出融合蛋白，载体蛋白能辅助目的蛋白，很好地分泌到细胞外。表达的融合蛋白可采用蛋白水解酶将N端氨基酸序列特异性水解，以得到目的蛋白产物。

② 引入多拷贝　在一定程度上提高表达载体的拷贝数一般能够增加重组蛋白的表达量。但随着拷贝数的进一步提高，蛋白质的表达量不再上升，这可能是由于调控蛋白等调控因子的限制，为此在引入多拷贝的表达载体时，同时将激活转录的正向调控基因引入宿主，以表达足够的调控蛋白，可以在一定程度上解决这个问题。

③ 使用强启动子　通过使用强启动子，可以高效启动目的基因的转录水平，实现外源蛋白的高效表达。目前，构建丝状真菌表达载体常用的强启动子均来自高效表达的丝状真菌基因，包括曲霉葡糖淀粉酶基因启动子（*glaA*）、构巢曲霉的3-磷酸甘油醛脱氢酶基因启动子（*gpdA*）、米曲霉的α-淀粉酶基因启动子（*amyB*）和里氏木霉纤维二糖水解酶基因启动子（*cbh1*）。

④ 抑制丝状真菌自身的蛋白酶系统　丝状真菌自身能分泌一些蛋白酶，这些蛋白酶或位于细胞内、或分泌到细胞外，它们能迅速降解多种异源蛋白，是异源蛋白的生产和分泌的一大障碍。为此，通过遗传诱变或插入失活等分子遗传学方法，得到丝状真菌蛋白酶缺陷菌株，是改善丝状真菌表达系统的有效方案。

⑤ 去除蛋白质分泌途径的障碍因素　研究者发现分泌蛋白的成熟与分泌，涉及在内质网、高尔基体和一些具有分泌、转运作用的细胞器中进行的复杂过程。比如，分泌表达的外源蛋白需在内质网中经正确折叠后才具有生物活性，错误折叠的蛋白质则会滞留在内质网或被内质网降解清除。外源蛋白一旦在这些环节受到阻碍，将严重影响其转运和分泌，引起产量的减少。充分了解丝状真菌的分泌途径和分泌机制，提高关键细胞器的加工能力，则会有的放矢地去除相关过程的障碍因素，提高外源蛋白的分泌表达。

⑥ 提高菌株稳定性　丝状真菌中外源蛋白产量不如自身蛋白，菌种本身的稳定性是一个重要因素，蛋白质生产稳定性的前提是菌株能稳定生长。多种外在和内在因素均可诱发丝状真菌细胞凋亡，从而影响外源蛋白的高表达。比如，有些丝状真菌中存在多核现象，外源目的基因转入后，往往不可能同时整合到所有细胞核中，最终产生的转化子出现异核现象的可能性很大。所以，为了降低出现阴性转化子和异核现象的概率，在获得初始转化子后，筛选并保存一定数量的单孢子非常重要。另外，外源基因以多拷贝形式整合到真菌基因组后，可能会由于机制不同而导致基因沉默现象，为了防止目的蛋白基因的丢失，在筛选转化子时还要尽量保存高产菌株，确保菌株的稳定性。其次，由于重组蛋白的生产需要利用很多能量和代谢资源，使得细胞代谢负担增加。由于生长效率降低，生产重组蛋白的菌株经常会被不生产重组蛋白或低产量的菌株替代，没有稳定的菌株，重组蛋白的生产得不到保证。

⑦ 改善丝状真菌的培养条件　丝状真菌分泌外源蛋白的效率会随其生长状态及生长环境发

生变化，反过来，菌体的生长也会影响培养基的流动性，使得营养物质、氧气等的分布和 pH 发生改变。因此，优化菌株的培养条件能提高目的蛋白的表达和产量。通常根据丝状真菌的培养过程的不同阶段，营养物质的添加采取不同的策略：与菌丝体生长阶段不同，蛋白质分泌阶段葡萄糖的量应该减少，以保证目的蛋白的分泌量提高，而不是使菌丝体徒长。同时，根据所产目的蛋白的特点，优化发酵液的 pH，以提高蛋白酶的分泌量和活性。

4.3 其他表达系统

除了微生物表达系统之外，根据具体情况，蛋白质的生产之中还应用了一些其他表达系统，如昆虫细胞表达系统、哺乳动物细胞表达系统和植物表达系统等。

4.3.1 昆虫细胞表达系统

昆虫细胞表达系统，亦称昆虫细胞 / 杆状病毒表达载体系统（insect cell baculovirus expression vector system，IC–BEVS），是经常使用的真核表达系统。作为当今基因工程四大表达系统之一，该系统的发展速度越来越快，应用也越来越广泛。该系统以杆状病毒为载体，以昆虫细胞或幼虫为宿主进行重组蛋白的表达。利用昆虫细胞 / 杆状病毒表达系统进行重组蛋白表达的一般步骤是：首先将目的蛋白基因导入杆状病毒，构建重组杆状病毒，随后用重组的杆状病毒去侵染昆虫细胞或幼虫并筛选成功感染重组病毒的细胞或幼虫，最后利用这些细胞或幼虫进行重组蛋白的大量表达。

杆状病毒属于杆状病毒科（Baculoviridae），又分为核多角体病毒属和颗粒体病毒属 2 类。核多角体病毒（nuclear polyhedrosis virus，NPV）中编码多角体蛋白（polyhedrin）的基因可以在病毒的感染晚期高效表达，其缺失对病毒的复制增殖没有影响，因此可以作为外源基因理想的插入点。杆状病毒基因组可以在昆虫细胞核中进行复制和转录，DNA 复制后组装在杆状病毒的核衣壳内，因其具有较大的柔韧性，可容纳较大片段的外源 DNA 插入而成为表达大片段 DNA 的理想载体。核多角体病毒是目前外源基因表达的主要载体。

与其他表达系统相比，杆状病毒表达系统具有如下优点：

① 可靠安全　由于外源基因的插入会使多角体蛋白缺失或失活，导致重组病毒不能形成多角体蛋白，从而使得病毒粒子缺少天然保护物，在自然环境下不易存活，因此杆状病毒表达系统不会污染环境和危害人类。

② 可插入片段相对分子质量大　由于杆状病毒基因具有较大的柔韧性，可插入大片段的外源 DNA 而不会对重组病毒的产生大的影响，因而是表达大片段 DNA 的理想载体。目前杆状病毒所能容纳的外源基因长度的最大值还未知。

③ 可同时表达多个基因　在一个细胞内可同时表达多个外源基因的方法。可使用共感染（即不同重组病毒同时感染一个细胞，co–infection）或共表达的形式（即同一转移载体上同时克隆多个外源基因，co–expression）来实现，其表达产物可形成异源二聚体或多聚体。此方法多用于表达蛋白质 – 蛋白质的复合物。

④ 可高表达重组蛋白　杆状病毒表达系统可使目的蛋白的表达量最高达到细胞总蛋白的 50% 左右。相比于哺乳动物细胞表达系统，杆状病毒表达系统需要构建针对于杆状病毒的载体，而非昆虫细胞系本身，因此缩短了从基因克隆到蛋白表达的时间。

⑤ 可表达蛋白质种类广泛　杆状病毒表达系统几乎可以表达来源于细菌乃至高等动物组织

细胞中任何位置（例如细胞核、细胞质或细胞外）的任何蛋白质及其复合物。

⑥ 重组蛋白可具有完整生物学功能　作为一种高产量的真核基因表达载体，杆状病毒在昆虫细胞内所表达的外源基因产物可以进行各种翻译后修饰过程和反应，如糖基化、磷酸化、酰胺化、信号肽切割和蛋白质裂解等，以形成具有活性的蛋白质。当利用杆状病毒表达哺乳动物（如人源）的蛋白质时，由于此表达系统的翻译后加工修饰过程较完整，比原核生物表达系统更容易获得有正确结构和修饰的活性产物，此表达系统可用于表达具有正确折叠构象的膜蛋白。

⑦ 可表达毒性蛋白　杆状病毒表达载体系统常利用杆状病毒载体上的极晚期蛋白的启动子（如多角体启动子）进行外源蛋白的表达，在外源基因开始表达之前，大部分病毒与宿主的基因已关闭。因此，对细胞有毒性的外源蛋白的表达水平基本不会受影响，可适用于毒性蛋白的表达。

⑧ 可用于研发虫媒病毒的疫苗　虫媒病毒通常以节肢动物作为传播媒介，故其蛋白质在昆虫杆状病毒表达系统中翻译后都能够进行正确折叠和糖基化修饰。在控制传染源（节肢动物）和应用抗病毒药物来控制虫媒病毒感染效果不太明显时，疫苗仍然是预防虫媒病毒相关疾病的最有效方式，而昆虫杆状病毒表达载体系统将在疫苗的研发中得到充分利用。

重组杆状病毒最初获得的方法是将待表达的外源基因插入启动子下游，然后与野生型杆状病毒 DNA 共转染昆虫细胞，通过两侧同源边界区在体内发生的同源重组，使多角体蛋白的基因被外源基因所取代。但是多角体的基因被破坏不能形成多角体蛋白，在进行常规的空斑测定时，可以与具有多角体蛋白的野生型病毒空斑区别开来。然而这种方式的重组效率较低，表型的差别有时也不显著，因此应用上具有一定困难。近些年来，对于昆虫杆状病毒表达系统进行了大量的改进和优化工作，以不断满足科研和大规模生产的需要。

如为了提高产生重组病毒的效率，科研人员发明了线形化技术（linearization），其原理是线形化后的杆状病毒基因组仍具有与引入细胞内的同源序列进行同源重组的能力，同源重组成功的基因组便可环化恢复其完整的感染性，从而使阳性重组率得到很大提高。随后又发明了重组 - 救活方法，使得线性苜蓿丫纹夜蛾核多角体病毒（autographa californica multicapsid nuclear polyhedrosis 2 virus，AcMNPV）载体 BacPAK6 的重组效率大大提高。

为了缩短产生重组杆状病毒的周期，又发明了新型杆状病毒重组技术，即 Bac-to-Bac 技术。此技术使用类似酵母体内重组的方法，构建了一种独特的杆状病毒的穿梭载体 Bacmid，这种载体既可以像质粒一样在大肠杆菌中生长，又可以对鳞翅目昆虫细胞具有感染性。Bacmid 含有可在大肠杆菌中复制的 F 因子复制子、卡那霉素抗性基因及转座接触位点 attTn7。转移载体中，外源基因置于杆状病毒的启动子之下，两端分别为 Tn7 的左右端，以其转化含 Bacmid 的 *E. coli* 菌株，由辅助质粒提供反式作用发生转座，而将外源基因转到 Bacmid 的 attTn7 位置上。这种重组了外源基因的 Bacmid 转染的昆虫细胞，可得到 100% 阳性重组病毒。由于此方法在大肠杆菌中进行，因此操作简便，无本底干扰，不需进行空斑纯化，节省了很多时间。这一方法已经成为目前最常用的杆状病毒表达系统。目前，商品化的昆虫杆状病毒表达系统已经比较成熟，其中以 BD 公司的 BaculoGold System 和 Invitrogen 公司的 Bac-to-Bac System 应用最为广泛。

使用于昆虫杆状病毒表达系统的细胞系主要来自于鳞翅目昆虫细胞系，如家蚕（*Bombyx mori*）、甘蓝夜蛾（*Mamestra brassicae*）、草地贪夜蛾（*Spodoptera frugiperda*, Sf）和粉纹夜蛾（*Trichoplusis ni*, Tn）等。其中以 Sf 9 细胞、Sf 21 细胞、Tn-368 细胞和 High Five 细胞最为广泛应用。Sf 9 和 Sf 21 细胞均源于草地贪夜蛾的卵巢细胞，由于 Sf21 细胞对于渗透压、pH 及剪切力的耐受性相对 Sf 9 细胞来说更加脆弱，且生长速度也缓慢，在杆状病毒的转染与扩增方面 Sf 9 细胞的生长和感染特性注定其表现出色。而在重组蛋白的表达方面，来源于粉纹夜蛾卵巢细胞的 High Five 细胞则更占优势。High Five 细胞所表达的重组蛋白在糖基化修饰方面也比 Sf 9 细胞更为复杂，甚至可完成一些末端唾液酸化的修饰。Sf 9 和 High Five 细胞均具有贴壁和悬浮生长的双重特性，因此均可通过摇瓶和生物反应器实现规模化培养。

新一代的 SF^{+} 细胞系起源于 Sf 9 细胞系，其特点如下：① 可在未添加动物成分的培养基中无聚集、高密度地生长；② 可在现行良好的生产规范下扩大培养体积，而且能保持扩增时间稳定；③ 与 Sf 9 细胞相比，重组蛋白的收获量大幅提高；④ 适合杆状病毒生长，且易获得高病毒滴度，有利于感染与表达；⑤ 以上特性能够保持超过几十代，此系统因更适于大规模生产而得到广泛应用。

知识拓展 4-7
适合产生糖基化蛋白的转基因昆虫细胞系

昆虫杆状病毒表达系统所表达的重组蛋白质表达量较高、糖基化修饰较全面和生物学功能保留较完整，且重组表达载体构建快、成本也相对较低，具备进行大规模生产的优势。自从 1983 年首次成功地利用 Sf 9 细胞系表达了人的 β 干扰素以来，已在昆虫杆状病毒表达载体系统中表达了数百种的外源基因，而这种技术的不断发展和改进也使其在生物、医药和农业等方面得到了广泛应用。下面为应用方面的几个实例。

① 昆虫杆状病毒表达系统在疫苗中的应用：

2009 年，美国食品和药品管理局（FDA）批准上市了第一个利用昆虫杆状病毒表达系统生产的人用疫苗 Cervarix（中文名：卉妍康），临床研究表明该疫苗能诱导产生针对人乳头瘤状病毒（human papilloma virus, HPV）HPV16 和 18 亚型的高滴度 IgG 抗体，且对此两种亚型的感染能提供 100% 的保护。2013 年，FDA 又批准利用昆虫杆状病毒表达系统和重组 DNA 技术制造的三价流感疫苗（flublok）用于 19 ~ 49 岁人群季节性流感的预防。目前仍有许多利用昆虫杆状病毒表达系统的临床试验项目正在进行。

② 昆虫杆状病毒表达系统在抗体研发中的应用：

昆虫杆状病毒表达系统在表达人源化抗体的时候经常能使其以可溶的形式分泌表达，尤其是表达不完全抗体片段（如 Fab、ScFv 等）时。利用 Bac-to-Bac 系统成功表达了具有结合人 SW480 和 SW620 结直肠癌细胞能力的 CO17-1A 单克隆抗体，并随后优化了该抗体在 Sf 9 细胞中表达的条件，从而为结直肠癌单克隆抗体治疗效果的评价奠定了基础。

有人曾对分别在 3 种昆虫细胞和中国仓鼠卵巢细胞（CHO）中表达人抗 gp41 的抗体 3D6 进行了研究，结果表明 3 种昆虫细胞系均可以表达具有糖残基的抗体，但要优化抗体表达的糖基化修饰，必须对昆虫细胞系进行必要的糖基化改造。也曾有人利用改造后的重组杆状病毒成功表达了具有半乳糖基化的抗体。

相比于感染悬浮培养的昆虫细胞，利用重组杆状病毒直接感染昆虫幼虫通常也能带来较好表达效果。有研究曾利用粉纹夜蛾幼虫表达了 2 种针对 A 型轮状病 VP6 蛋白的单域重链抗体（VHH）3B2 和 2KD1，体外和体内检测表明，所表达的重组抗体具有完整的生物学功能，能中和 A 型轮状病毒，并使注射过抗体的小鼠后代能抵抗轮状病毒所引起的腹泻。

为了制备商品化治疗性抗体，需要对昆虫杆状病毒表达系统进行扩大化培养，并摸索出最好的条件。如用重组了的针对 H5N1 型流感病毒血凝素单克隆抗体基因的表达载体来转染果蝇施耐德 2（*Drosophila* Schneider 2）的细胞，并筛选出稳定转染的细胞株，对其在生物反应器中采用批次培养和灌注培养 2 种方式分别表达重组抗体，结果发现灌注培养收获的抗体远远多于批次培养所收获的，两者所表达的重组抗体均具有完整的中和活性，为在昆虫杆状病毒表达系统中进行扩大化培养治疗性抗体的策略选择奠定了基础。

杆状病毒表面展示技术是新近发展起来的一项技术，此方法以外源蛋白与杆状病毒外壳蛋白或囊膜糖蛋白相融合，从而使外源蛋白在杆状病毒的表面进行表达，通过筛选得到特异性外源蛋白表达的杆状病毒粒子，以构建特异性外源蛋白库。杆状病毒表面展示系统是一种高等真核生物展示系统，既可弥补原核展示系统的不足，又保持了表面展示系统的优点。利用这种技术将抗体片段表达于杆状病毒表面，是一种筛选和生产高亲和力、高特异性抗体的有效手段。

③ 杆状病毒在基因治疗方面的应用：

所谓基因治疗就是指为了纠正或补偿基因的缺陷，向靶细胞或组织中引入外源基因 DNA 或 RNA 片段，以关闭或抑制异常表达基因，从而达到治疗某种疾病的目的。当前研究较多的病毒载体有反转录病毒、腺病毒、腺相关病毒、疱疹病毒和慢病毒等。但它们在重组病毒制备、外源基因插入长度、感染细胞特异性、转导效率、免疫原性、细胞毒性和安全性等方面的缺陷限制了其应用。尽管杆状病毒仅感染无脊椎动物，仅能够在昆虫细胞内进行复制与释放，还未有直接证据表明它可以感染脊椎动物，但是它具备进入许多非昆虫细胞内的能力，这使得杆状病毒作为一种新的基因治疗传递载体成为可能。

杆状病毒可以转导非分裂期（主要是由 G_1 期向 S 期过渡阶段）的细胞，使其作为基因治疗载体的效率更高。如有人曾构建了含有巨细胞病毒（cytomegalovirus，CMV）启动子启动的绿色荧光蛋白基因的重组 AcMNPV，并利用其作为基因转移载体转导哺乳动物原代椎间盘细胞。结果表明，杆状病毒的确能够有效转导兔的椎间盘细胞，同时还不具有毒性。杆状病毒转染椎间盘髓核细胞的效率与椎间盘是否退变无关，其介导的外源性基因在正常与退变的髓核细胞中均能够高水平表达，这表明杆状病毒可以研发成为一类高效、安全的基因治疗载体。

杆状病毒作为基因治疗载体的安全性高，在没有选择压力存在的情况下，它不会像反转录病毒那样将其基因组整合到宿主细胞中，因此不会引起细胞的转化与癌变。但杆状病毒容易被血清中的补体迅速灭活，所以其更适合于免疫赦免区的基因治疗，如脑、眼和睾丸，这些部位具有血屏障，可以保护杆状病毒免受补体的影响，杆状病毒作为基因治疗载体将会更广泛地应用于中枢神经系统性疾病的治疗中。

④ 杆状病毒在生物农药方面的应用：

由于化学农药普遍使用对人类生活和健康所产生的严重影响，已经越来越引起人们的关注。而杆状病毒是节肢动物的天敌，相比于化学农药，昆虫病毒杀虫剂的使用量要小很多，且对人类和自然环境的影响比较温和，不易引起生态平衡的大规模破坏，因此，如何有效利用其作为杀虫剂已经成为现今生物农药研究的热点。对杀虫速度较慢的野生型杆状病毒的重组改造也在一直进行中。从 20 世纪末已逐渐发展了一些重组了细菌、螨虫、蝎子和黄蜂的毒蛋白基因的杆状病毒，这些重组杆状病毒的杀虫效应有了提高，发挥效应的速度也有所加快。但由于重组杆状病毒大多利用多角体的启动子来进行表达，其多角体基因已被删除，因此相比于野生型杆状病毒，重组型杆状病毒对自然环境具有更高的敏感性。在选择使用何种杆状病毒（野生型或重组型）作为生物农药时要进行综合考虑。

尽管杆状病毒表达系统优点很多，但也存在一些不足，如其表达产物的糖基化比较简单，一般没有分支，糖侧链的甘露糖成分高，复合寡糖非常缺乏。另外，病毒感染晚期，由于大量外源蛋白的表达引起昆虫细胞的裂解，胞质中的物质被释放出来，与目的蛋白混在一起，这大大增加了下一步蛋白质纯化的难度，而且胞内水解酶的释放会降解重组蛋白，现在已建立一些行之有效的方法来解决重组蛋白降解的问题。近年来又通过杆状病毒基因工程技术，添加哺乳动物复杂的 N- 糖基化的基因改造等方法，开发和优化了多种构建重组病毒的方法技术以提高目的蛋白的产量和质量，使昆虫表达系统的应用日益广泛。

深入学习 4–11
昆虫表达系统的发展及应用前景

4.3.2 哺乳动物细胞表达系统

由哺乳动物细胞表达系统所表达的外源蛋白质，其活性和结构远比大肠杆菌等的原核表达系统及酵母和昆虫细胞等真核表达系统所产生的蛋白质更接近于天然状态。因而如果研究特定蛋白质（如基因工程的产物）在天然环境下的结构与性质、生理功能以及其对细胞生理活动的调控机制等基本生物学问题时，哺乳动物细胞表达系统是第一选择。目前，在制药工业和生物制品工业中已广泛使用利用哺乳动物细胞系统所表达的蛋白质产物，如病毒疫苗、抗体、干扰素、免疫调节剂、激素和生长因子等。但这种表达系统又存在着蛋白质表达水平较低、细胞株稳定性差、获得高表达工程细胞株所需的时间长、细胞大规模培养的成本高等不足之处。因此，如何建立哺乳动物细胞的高效表达体系是生物制药工业研究和生产的关键问题。

哺乳动物细胞表达体系的组成与其他表达系统一样，也是由宿主和载体来构成，也同样存在外源基因的导入、重组细胞筛选和重组蛋白的表达等过程，但其操作又具有区别于其他表达系统的复杂性。因此哺乳动物细胞的高效表达体系的建立需要从高表达载体的构建、高表达工程细胞株的获得及生物反应器无血清高密度培养工艺等方面进行全面均衡地考虑和筛选。

高表达载体的构建：根据进入宿主细胞的方式，表达载体可分为病毒载体和质粒载体。病毒载体以病毒颗粒的形式，通过病毒包膜蛋白与宿主细胞膜的相互作用使外源基因进入细胞内；而质粒载体则借助于化学方法（如脂质体法、磷酸钙法、DEAE 沉淀法）或物理方法（如电转化法、微注射法）将 DNA 直接导入细胞中。根据质粒载体在宿主细胞内是否具有自我复制能力，又将质粒载体分为整合型和附加体型两类。整合型无复制能力，需整合于宿主细胞染色体内才能稳定存在；而附加体型则在细胞内以染色体外壳自我复制的附加体形式存在。利用质粒转染获得稳定转染细胞需要几周甚至几个月时间；而利用病毒表达系统则可以快速感染细胞，在短时间内使外源基因整合到病毒载体中。

哺乳动物细胞表达载体的必要元件有：一个高活性的启动子、转录终止序列和一个有效的 mRNA 翻译信号。同时可根据实验实际需要来加入选择标记基因、复制起始点序列、内部核糖体进入位点等。

> **知识拓展 4-8**
> 目前哺乳动物细胞高效表达载体构建的主要策略

构建高效表达载体是提高重组蛋白表达水平的重要手段，而载体的构建策略又以提高重组蛋白表达水平、增加工程细胞的稳定性为主要目标。相信随着研究的不断深入，不断对载体构建的各个策略进行优化改进，构建高效表达载体的手段将会更加丰富和有效。

高表达工程细胞株的获得：哺乳动物细胞表达系统常用的宿主细胞有中国仓鼠卵巢细胞（chinese hamster ovary cells，CHO 细胞）、非洲绿猴肾细胞（african green monkey kidney cell，常用的为转化的非洲绿猴肾细胞即 COS 细胞）、叙利亚 / 幼仓鼠肾细胞系（Syria/baby hamster kidney cell line，BHK 细胞）、骨髓瘤细胞株（myeloma cell line，常用 SP2/0 型细胞）和小鼠胚胎成纤维细胞（mouse embryonic fibroblasts，常用 NIH3T3 型细胞）等。不同宿主细胞对外源蛋白的表达水平和蛋白质的糖基化程度有不同影响，有时往往影响很大，因此在选择宿主细胞时要根据具体情况进行实验和筛选。

重组蛋白表达量取决于总活细胞密度和单位细胞生产率。为了提高总活细胞密度，宿主细胞改造可以从抑制细胞凋亡、加快细胞增殖、增加细胞生长速率和提高最大活细胞密度等方面进行考虑；而在提高单位细胞生产率方面，宿主细胞改造可以从蛋白质折叠、运输、修饰和分泌过程等几方面入手。随着对细胞增殖和代谢、蛋白翻译后修饰等过程分子原子机制研究的不断深入和透彻，对宿主细胞的改造也将会有更多的思路和策略。

由于转染、外源基因的整合和筛选等过程会对细胞造成了不同程度的破坏，造成了克隆的高度不均一性，其中高产阳性克隆往往只占极少数。原先获取高产阳性克隆的方法是有限稀释法（limiting dilution analysis，LDA），这种方法虽然操作简单，但耗时费力。目前，一些高通量技术已被用于细胞克隆的筛选上，以节约时间和降低成本，其中最突出的方法是荧光活化细胞分选技术（fluorescence-activated cell sorting，FACS）。FACS 技术的基本流程是利用荧光来标记样本细胞，激发使之产生特定荧光，随后检测荧光信号并分析，使含有目的克隆的液滴带电并进行收集。FACS 不仅可以在高流速下监测多波长的信号，还能同时获取细胞粒度和大小等参数指标。目前，基于 FACS 有几种不同的高表达细胞株筛选策略，其主要区别在荧光标记策略的不同。常用的标记策略有以下几种：

① 荧光蛋白法　直接在载体构建时引入荧光蛋白基因。

② 凝胶微滴法　在生物素化的琼脂糖基质中包裹单个细胞，荧光标记的一抗结合重组蛋白，所形成的复合物再与固定化的二抗结合。

③ 亲和基质吸附法　在细胞表面交联低通透性基质以吸附细胞分泌的蛋白质，再利用荧光标记抗体来识别目的蛋白并与之结合。

④ 冷捕获法　采用低温方法使正在分泌的蛋白质来不及脱离细胞表面，再用荧光标记抗体来识别并结合目的蛋白。

有人曾利用 FACS 方法对 HEK293 细胞的克隆进行了高通量的筛选。还有人使用半固体培养基培养细胞，使所分泌表达的外源蛋白被限制在细胞周围的有限空间内，再使用荧光标记抗体结合目的蛋白，建立了一种高表达克隆筛选方法。

培养基的优化：工业生产中经常使用的细胞培养工艺有分批培养、流加培养和灌流培养等，其中流加培养操作简单、灵活，已成为大规模动物细胞培养中最具竞争力的培养模式。流加培养主要是针对哺乳动物细胞对营养物质的不断消耗和需求，设计连续或半连续的流加浓缩营养物，使细胞持续高密度生长，提高单位反应器体积内目的蛋白产量，从而达到高效生产的目的。针对流加培养工艺的培养基开发，主要是基础培养基的开发，流加培养基的开发和流加策略的选择。考虑到传染性海绵状脑病及其他污染，通常会避免使用血清和动物源性添加剂，即使用无血清培养基（serum free medium，SFM）。而全化学组分培养基一般包括氨基酸、维生素、糖类、无机盐、脂质、胰岛素或胰岛素样生长因子等组分。对于最简单的流加培养基设计的做法是直接浓缩基础培养基，另外的方法则是仔细考虑培养过程中的营养消耗、副产物生成、细胞生长速率与蛋白产量平衡等各种复杂因素，有针对性地设计培养基以及流加介质、SFM 配方和流加策略。曾有论文对无血清培养基的设计提出建议，包括从已知成分明确的培养基着手、加入细胞类型特异性生长因子和注意渗透压等。

总之，随着对于细胞周期、细胞凋亡、细胞信号转导以及细胞周期调控等各方面研究的不断深入，针对哺乳动物细胞表达系统的优化设计也在持续进行中。例如可以通过对载体的系统优化，一方面将编码细胞生长刺激因子、黏附因子、扩展因子、抗凋亡因子、转录与翻译的反式作用因子以及其他细胞生长存活所必需成分的基因和顺式表达调控元件转入宿主细胞，同时把不利于目的基因表达的基因从宿主细胞中敲除或下调其在宿主细胞中的表达。或者把宿主细胞改造为能在无血清 / 无蛋白培养基（SFM/PFM）中培养，而且培养前期细胞增殖快，当细胞密度达到理想值时，成为细胞长时间不增殖、抗凋亡能力强、目的基因高表达的“无敌”细胞，从而大大降低哺乳动物细胞生产蛋白质的周期和成本。

深入学习 4-12 哺乳动物表达系统的前景

4.3.3　植物表达系统

随着现代医学研究的不断发展和人类基因组计划的完成，许多新型治疗性蛋白质被研制成功并扩大生产，但利用传统生物反应器生产和纯化这些医用蛋白质往往面临生产成本过高及病原体污染等困难。植物表达系统正是在此背景下应运而生的，也越来越引起研究人员和制药公司的重视，不断投入巨资加以发展和创新。在利用植物基因工程技术首次得到转基因植物之后，植物生物技术得到了快速发展，在植物本身的农艺性状改良、种质资源改进等方面取得了许多令人瞩目的成就。不仅如此，转基因植物作为生物反应器，在化工原料和生物制剂的生产上的表现也不同凡响，利用植物表达外源重组蛋白来生产药用蛋白质或疫苗是转基因植物研究的重要方向。

植物表达系统主要优点：

① 植物属于真核生物，可形成具有正确结构和构象的高活性重组蛋白。

② 植物几乎不受人类病原菌的感染，产品安全性高。

③ 植物表达总体生产成本非常低，一般为微生物的 2%～10% 或动物的 0.1%。

④ 植物表达产品的分离纯化成本相对较低，可食性药物还可省去随后的加工步骤。

⑤ 植物蛋白可以储存在特定的器官如种子、果实等部位，便于贮存。

作为生物反应器来生产外源蛋白的植物生产平台，可以是转基因植株或悬浮培养的细胞，也可以是永久表达或瞬时表达，每种系统各有优缺点。近些年来，生产重组蛋白的主要植物表达系统有核基因组转化植物、叶绿体转基因植物、瞬时表达系统和悬浮培养细胞 4 种。

（1）核基因组转化植物

核基因组转化植物即通常意义上的转基因植物，尽管对于转基因植物的安全可靠性众说纷纭，但目前针对转基因植物的研发工作和产业化种植已在全球范围内迅猛发展，利用转基因植物表达生产各种外源蛋白也取得了许多突破性的进展。植物表达系统目前最常用的方法就是将外源蛋白基因构建在植物表达载体上，利用农杆菌（*Agrobacterium*）或基因枪等转化方法，将目的基因转化到植物细胞中并与核基因组整合获得稳定表达的转基因植株。核基因组转化植物作为生物反应器最主要的优点有：

① 转基因植株生产的高效性：植物为自养生物，可进行规模化的野外栽培。

② 外源基因作为植物核基因组的一部分可以稳定遗传下去。

③ 合成的重组蛋白可以储存在叶子、种子、果实、块茎等部位，可作为可食性疫苗或酶类物质直接被人类利用，避免复杂昂贵的产品下游加工与储存成本。

迄今为止，利用烟草表达的乙肝病毒抗体被批准作为疫苗纯化试剂上市；水稻表达的人乳铁蛋白、人溶菌酶已被作为精细化学品上市，而红花表达的胰岛素则已经进入Ⅲ期临床阶段。但通过细胞核转入的外源基因是随机插入的，其插入位点的不同使得基因表达水平各异，因此转基因植物表达量低（通常仅为总可溶性蛋白的 0.001%～1%）一直是限制此方法产业化的主要因素。另外，基因沉默也是核基因组转化中的一个常见问题。还由于再生转基因植株培育的周期长，且存在基因漂移等环境安全问题，需要积极寻找开发新的植物表达系统。

（2）叶绿体转基因植物

由于叶绿体基因组高度多倍化，因此叶绿体基因组转化的主要优点是外源蛋白表达量高。如一个典型的烟草叶片细胞可含有 10～100 个叶绿体，而每个叶绿体则含有 10～100 个基因拷贝，因此，叶绿体转化得到的外源蛋白表达量可以扩增 100～10 000 倍，可达到植株总可溶性蛋白表达量的 5%～20%（利用烟草和莴苣表达的人胰岛素原可分别达到叶片总可溶性蛋白含量的 47% 和 53%）。同时，叶绿体遗传是母系遗传，不需要通过花粉传递等有性繁殖方式，可以避免基因漂移等生态安全问题。叶绿体转基因植物还有个优点是无位置效应和基因沉默现象，转入的外源基因通过同源重组插入到叶绿体的特定位点，保证了外源基因稳定表达。

虽然叶绿体表达系统有诸多优点，但仍存在一些不足，如叶绿体表达的蛋白质不能进行糖基化、因而不能表达糖蛋白如抗体等；叶绿体的转化方法一般为基因枪法，这种方法对于很多植物并不适用。

(3) 瞬时表达系统

瞬时表达是指将外源基因导入到植物细胞后，引入细胞的外源 DNA 和宿主细胞染色体 DNA 并不发生整合，而是作为基因组外的遗传物质进行转录和翻译一定时间，并在转化细胞内积累表达特定的蛋白质产物。该系统最大的优势是产生目标蛋白的速度快，方法简便，易操作，通常在几天或者几周内就可以完成。这在需要大量快速生产一些突发性流行疾病所需疫苗或抗体时非常重要。另外，瞬间表达技术导入的外源基因拷贝数高、没有染色体上的位置效应，结合转化水平的提高和强启动子的使用，完全可以达到生产上的规模。瞬时表达的抗体可达到叶片总可溶性蛋白含量的 50% 左右，而且不受植物生长发育过程的影响，不产生可遗传的后代，结果可靠直观，不存在基因漂移的风险，因而非常安全有效。

目前常用的瞬时表达转化方法有农杆菌真空渗透法和病毒浸染法。农杆菌真空渗透法是将目的基因插入载体，并转化到根癌农杆菌中，经酚类物质诱导处理，激活一系列的基因，然后通过真空渗透或注射使农杆菌与植株组织细胞接触，使得转运 DNA（T-DNA）转入植物细胞核。而病毒浸染法则是利用植物病毒作为载体将外源基因导入植株，其最大的优点是表达的速度快、效率高，同时植物病毒可以感染所有植物细胞并产生很多转录本。但是病毒扩散所带来的环境安全性问题也不容忽视，且由于病毒载体携带大片段基因的能力有限，造成了瞬时表达系统的低侵染率，其应用受到了一定的限制。

知识拓展 4-9
Magnifection 技术

与其他植物表达系统一样，瞬时表达也出现了部分外源基因不能高表达的情况。瞬时表达的效率仍需进一步提高（包括提高转化细胞数目、表达水平和延长表达时间等），以便建立瞬时表达转基因植株的特性库以达到 GMP 生产的要求。

(4) 悬浮培养细胞

利用转基因植物的细胞悬浮培养来生产重组蛋白的方法整合了完整植株培养、微生物发酵和动物细胞培养的很多优点。悬浮细胞既能像微生物一样在廉价的培养基上生长，生物量倍增时间短，生产设备简单；又能像动物细胞培养一样合成较复杂的多聚体蛋白和糖蛋白，如免疫球蛋白等。同时，植物悬浮培养细胞与转基因植株一样，也能进行蛋白质的正确加工、修饰、折叠等过程，而且不携带人类病原菌，不产生内毒素，容易规模化放大。更为重要的是，细胞悬浮培养在人工控制的条件下进行，不存在基因漂移等环境安全问题。同时，很多蛋白质可分泌到培养基中去，使得目标蛋白的获取比从植株中分离提取要容易得多。因此，利用植物悬浮培养细胞生产重组医用蛋白取得了飞速的发展，新成果和新技术层出不穷，如利用烟草细胞表达生产的新城疫病毒 HN 糖蛋白作为动物疫苗已获得美国农业部的批准上市，而乙肝抗体已应用于乙肝疫苗的纯化中。

但由于悬浮培养细胞来源于未分化的愈伤组织，如何克服重组蛋白在植物细胞长期培养过程中产量不稳定的问题，这是该系统商业化的一个巨大挑战。

植物生物反应器因其成本低廉、安全的特点，成为了生产药用蛋白质的重要方法。自 20 世纪 80 年代末起，在植物中成功表达了人生长因子、干扰素及血白蛋白，特别是成功地表达了具有功能的抗体蛋白，说明可以利用植物生物反应器生产复杂的、具有医疗价值的蛋白质，也显示了植物表达系统的巨大潜力。短短十几年里，人们利用植物表达系统陆续生产出了各种抗体片段、疫苗、生物活性因子以及血液蛋白替代物等。

2013—2014 年期间，埃博拉病毒在西部非洲爆发并肆虐之际，2 名美籍患者使用了未经美国 FDA 批准上市的药物 ZMapp，从而挽救了其生命的报道，使得植物表达系统再次进入了人们的视线。

ZMapp 是由美国与加拿大联合研制的一种药物，是通过植物（烟草属）细胞表达系统进行表达生产的。该药物是优化的鸡尾酒疗法，即包含 3 种“人源化”的单克隆抗体，通过与埃博拉病毒的多个关键致病位点结合使其失效，从而使人体获得保护。药物的主要制作流程是利用埃博拉病毒上的一种蛋白质感染小鼠，使小鼠产生抗体，而后修饰小鼠的抗体使其更接近于人源的抗体。随后将那些编码修饰后抗体的基因导入烟草的叶片中。在随后的生长过程中，烟草的叶片会产生预期的单克隆“植物抗体”蛋白，待烟草成熟之后，就可以大量收获叶片，并提取和纯化目的蛋白，获得此药物。但这种药物一直未有临床试验数据，也未获 FDA 的批准。

在我国，利用水稻胚乳细胞作为植物生物反应器表达的植物源重组人血白蛋白已通过临床前实验。结果表明，与市售制剂对照品（血浆来源的人血白蛋白）相比，植物源重组人血白蛋白对大鼠和灵长目食蟹猴的毒理学反应与药物代谢动力学均无显著差别，部分指标甚至优于血浆来源的人血白蛋白。

深入学习 4–13
植物表达系统的发展及应用前景

除了本章所涉及的各种原核和真核细胞的胞内表达系统之外，体外翻译系统也被用来进行目的蛋白质的表达。体外翻译系统亦称无细胞蛋白质合成系统，是一种相对于胞内表达系统而言的开放表达体系。其系统内的组分和翻译条件可以根据实际需要进行适当的改变，体外翻译系统中翻译特定的基因比胞内表达系统具有的许多优点，如内源性 mRNA 干扰很小；通过同时加入多种基因模板研究多种蛋白质的相互作用；体外翻译系统可以对基因产物进行特异性标记，便于在反应混合物中检测等等。此外，体外翻译系统是一种蛋白质快速鉴定系统，蛋白质表达可以不需要先进行克隆。目前的体外翻译系统主要有兔网织红细胞系统、麦胚提取物系统和 *E. coli* S30 系统 3 种。

总之，一个良好的外源蛋白表达系统，必须具备以下几个条件：表达的蛋白质具有正确的活性构象；具有良好的表达生产能力；便于储存；生产安全和经济；下游加工成本低等。现在常用的几种表达系统各有其优缺点，主要特点及应用如表 4–3 中所示。

表 4–3　常见表达系统的特点及应用

宿主	大肠杆菌	酵母细胞	昆虫细胞	哺乳动物细胞
细胞生长速度（每代）	最快（30 min）	快（90 min）	慢（18 ~ 24 h）	最慢（24 h）
成本	最低	低	高	最高
表达水平	最高	中等	中等	最低
翻译后修饰	无	有	有	有
优点	低成本、短时间、易操作、可大规模培养	生产真核生物蛋白质、规模易放大、培养简便	接近真核生物蛋白质，但产量高于哺乳动物细胞	最接近天然蛋白质
缺点	易形成包涵体、蛋白质需要优化	需要高密度发酵	细胞培养成本高	产量低，细胞培养成本高
应用	结构与功能分析、抗体生产、蛋白质相互作用分析等			

选择表达系统时，必须充分综合考虑各种因素的影响，如待表达的蛋白质理化性质、实验条件、生产成本、表达水平、安全性等，权衡利弊后再选择相应的表达系统。在前期的实验室探索中，有时会采取多个表达系统同时进行表达，以最终所表达的目的蛋白的产率及活性状态来筛选适宜表达系统的策略，以节省生产时间和成本。而科学家们正通过遗传学、基因组学、蛋白质组学等研究方法不断改进各种外源蛋白表达系统的性能，不断建立更加优越的外源蛋白表达系统以

满足实验研究和工业化生产的需要。

开放讨论题

请说明酵母表达系统、丝状真菌表达系统中的目的蛋白表达的影响因素及改进策略。

思考题

1. 简述获得目的基因的主要方法。
2. 简述重组子筛选与鉴定的原理与方法。
3. 简述大肠杆菌、酵母、丝状真菌宿主系统的分类及其特点。
4. 简述微生物转化载体系统关键因子。
5. 简述昆虫细胞表达系统的特点和应用领域。
6. 哺乳动物细胞表达系统的优化可以从哪几方面考虑?
7. 主要的植物表达系统有哪些，各有何特点?

推荐阅读

1. Brown T A. Gene Cloning and DNA Analysis: An Introduction. 8th Edition. London: Wiley Blackwell，2020.

点评：该书是生物科学一个重要的入门读本，包括遗传学和基因组学、分子生物学、生物化学、免疫学和应用生物学知识。

2. Rosano G L, Ceccarelli E A. Recombinant protein expression in *Escherichia coli*: advances and challenges. Frontiers in Microbiology，2014，5：172.

点评：该文主要介绍了大肠杆菌作为表达宿主的转录、翻译、折叠等相关进展，并且发现大肠杆菌还可以作为遗传工具用于更为复杂的真核蛋白表达系统。

3. 华子春 . 蛋白质高效表达技术 . 北京：化学工业出版社，2011.

点评：该书将常见的基因高效表达系统及其相关要点和经验进行总结，涵盖了大肠杆菌、酵母、芽孢杆菌、哺乳动物、转基因动物、转基因植物等主要基因表达系统。

数字课程学习

◆本章小结　◆教学课件　◆参考文献

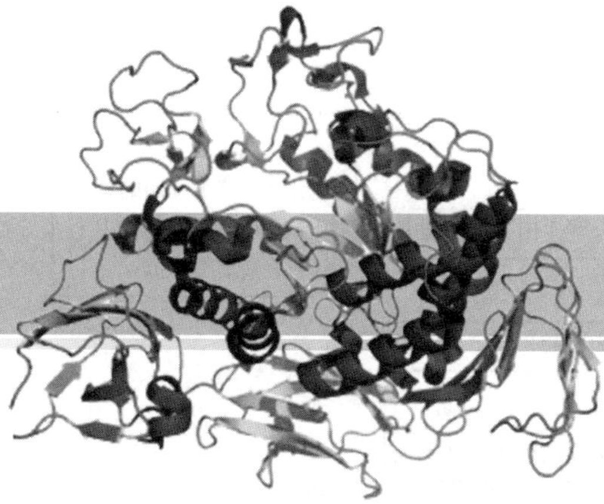

5 蛋白质的化学修饰

- 5.1 功能基团的添加
  体内酶作用下的添加；体内非酶作用下的添加；体外非酶作用下的添加
- 5.2 蛋白质的其他修饰
- 5.3 氨基酸的化学修饰
- 5.4 蛋白质侧链基团的修饰
  氧化还原反应；芳香环取代反应
- 5.5 蛋白质修饰的反应部位
  巯基的化学修饰；氨基的化学修饰；羧基的化学修饰；蛋白质位点专一性修饰
- 5.6 蛋白质结构改变
- 5.7 蛋白质修饰实例
  胰岛素生产中二硫键的切割与形成；肽链切割是蛋白质特异性的关键所在；蛋白质侧链基团的化学修饰
- 5.8 蛋白质的化学交联
  蛋白质的交联方法及交联剂；蛋白质的固定化
- 5.9 蛋白质化学修饰的应用
- 5.10 蛋白质化学修饰的局限性
- 5.11 蛋白质化学修饰面临的困难与发展趋势

蛋白质的化学修饰是改变蛋白质特性的有效手段。可通过添加蛋白质功能基团、对多肽进行修饰、进行氨基酸的转化和修饰、对蛋白质侧链基团进行修饰等来进行蛋白质的修饰，在实际应用中应根据不同的需要来进行不同的选择。蛋白质的固定化也是提高蛋白质使用效率的重要手段，将蛋白质固定化后，可进行重复利用，节约生产成本。虽然蛋白质的化学修饰在研究蛋白质方面有多种应用，但其仍具有很大的局限性，这些都值得我们继续研究和改进。

通过本章学习，可以掌握以下知识：

1. 蛋白质功能基团添加方式
2. 多肽及侧链基团的修饰方法
3. 蛋白质修饰的反应部位
4. 化学交联方式
5. 氨基酸的化学修饰手段
6. 蛋白质化学修饰的应用和局限性

知识导图

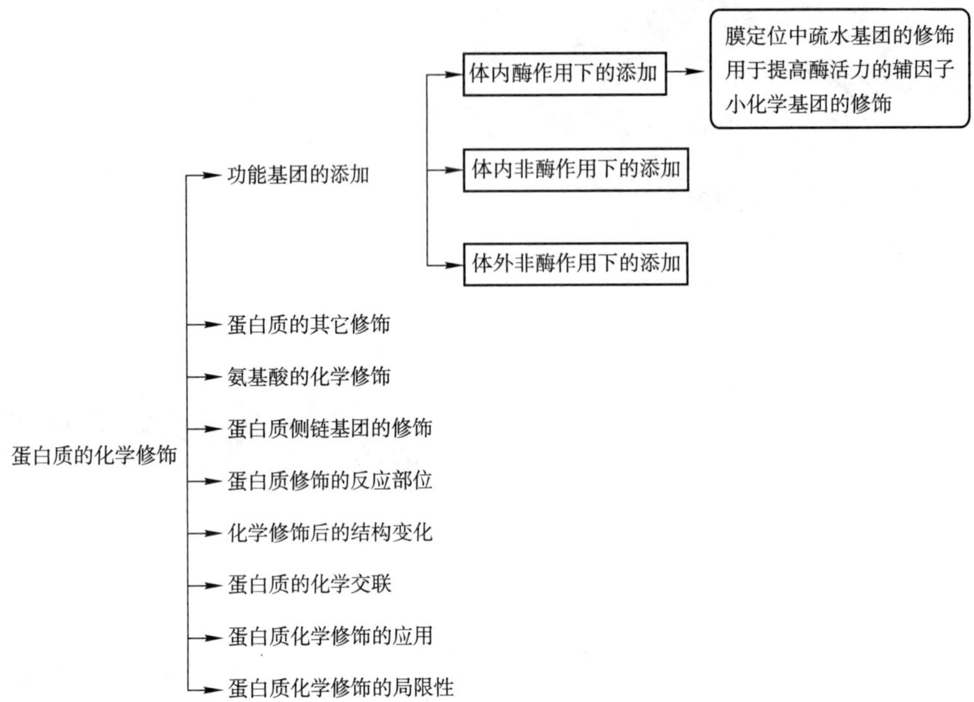

关键词

蛋白质　化学修饰　翻译后修饰　侧链基团　位点专一性　PEG　交联剂

蛋白质的修饰是指蛋白质合成期间或者合成之后在共价键和酶作用下的修饰。蛋白质在mRNA指导下合成多肽链，然后通过修饰来产生成熟的蛋白质。蛋白质修饰既是生物体自身生存的需要，也是用来研究其结构与功能之间关系的重要方法，同时又是蛋白质工程的重要组成部分，是用来赋予蛋白质特定的性质以使其有更广泛的应用。

蛋白质修饰发生在氨基酸残基的侧链或者蛋白质的C或N端，所有20种基本氨基酸都可以通过引入新的功能基团来修饰，这些功能基团包括磷酸基、乙酰基、甲基等。磷酸化是一种最常见的调节酶活性的机制，也是最常见的翻译后修饰。很多真核蛋白有糖基化作用，即能结合糖分子。糖基化可以促进蛋白质折叠，提高蛋白质稳定性并具有调节功能。脂化通常以细胞膜上的蛋白质或部分蛋白质为目标。

其他翻译后修饰包括肽键的断裂，比如前肽到成熟蛋白质的加工，或者去除起始甲硫氨酸残基。半胱氨酸之间形成二硫键也是翻译后修饰。举例来说，胰岛素在二硫键形成之后会被切割2次，前肽会从肽链的中间被去除，最终的蛋白质包含2个通过二硫键连接的肽链。

有些翻译后修饰是氧化应激的结果。羰基化就是一个例子，以修饰蛋白为目标进行降解并导致蛋白质聚集体的形成。特定氨基酸的修饰是氧化损伤的标记。

能进行化学修饰的位点是具有能在反应中作为亲核基团的功能基团，如丝氨酸、苏氨酸及酪氨酸的羟基基团，赖氨酸、精氨酸和组氨酸的胺基，半胱氨酸的硫醇基离子，天冬氨酸和谷氨酸的羧基等。另外，天冬酰胺和谷氨酰胺的酰胺基具有微弱亲核效应，可作为多糖的附着位点，氧化的甲硫氨酸和侧链上的亚甲基很少会发生化学修饰。

蛋白质的翻译后修饰可以通过不同手段来检测，包括质谱、Eastern 印迹和 Western 印迹等。

知识拓展 5-1
蛋白质翻译后修饰

5.1 功能基团的添加

5.1.1 体内酶作用下的添加

功能基团添加的蛋白质修饰发生在体内，并需要相应酶的作用。

（1）膜定位中疏水基团的修饰

膜定位中疏水基团的修饰包括豆蔻酰化、十四酰化、棕榈酰化、异戊二烯化以及蛋白质与脂质的共价结合。

① 豆蔻酰化　又名十四（烷）酰化，是豆蔻酸 -14 碳饱和酸的附加。在 N 端豆蔻酰转移酶催化下，有些蛋白质 H_2N-Gly-x-x-x-Ser/Thr-Lys（arg）-Lys（Arg）- 的 N 端氨基酸以酰胺键与一个豆蔻酰基相连，并以此插入磷脂双层成为一种膜锚蛋白。G 蛋白 α 亚基 /Src 或介导小泡运输的 ARF 均以这种方式与质膜或小泡膜结合。这种修饰是伴随翻译进行的，不可逆。

② 十四酰化　豆蔻酸作为酰化基团进行的酰化作用，是真核生物蛋白质的一种修饰形式，发生在多肽链 N 端的甘氨酸残基上。

③ 棕榈酰化　又名十六（烷）酰化（palmitoylation），是棕榈酸 -16 碳饱和酸的附加。棕榈酰基转移酶可将棕榈酰基转移至一些肽链 C 端附近的半胱氨酸残基上，使之成为膜锚蛋白；经硫酯酶水解切去棕榈酰基重新成为可溶性胞质蛋白。这种细胞定位的改变与其功能调节有密切关系。

④ 异戊二烯化或异戊烯化（isoprenylation 或 prenylation）　类异戊二烯基团（比如法尼醇和香叶基香叶醇）的添加。一些 C 端为 -C-xx-S/M/Q-COOH 结构的肽链，在酶的催化作用下将含有 3 个异戊二烯单位的法尼基从法尼基焦磷酸上转移到半胱氨酸残基的 S 原子上，再由水解酶切掉半胱氨酸后面的残基，产生的新羧基端又被甲基化，通过法尼基把蛋白质锚定在膜上。Ras 蛋白即以这种方式与膜结合，如果阻断其法尼基化反应（farnesylation），也就阻断了蛋白质与膜的结合，从而逆转 Ras 转化细胞的功能。C 端结构为 -CC/-CxxL 或 CxC 的肽链不会发生法尼基化反应，而发生香叶酰香叶酰化（geranylgeranylation）反应，即在半胱氨酸的 S 原子上连接由 4 个异戊二烯单位聚合而成的香叶酰香叶基。疏水尾巴越长，膜锚蛋白与膜的结合越牢固。

⑤ 蛋白质与脂质共价结合（glypiation）　通过酰胺键连接到 C 端的糖基磷脂酰肌醇锚定蛋白（glycosylphosphatidylinositol anchor，GPI anchor），形成蛋白质与糖基肌醇磷脂（glycosylphosphatidylinositol，GPI）的共价结合。某些蛋白质新生肽链的停止转运肽位于 C 端，被内质网转肽酶切除后生成新的 C 端，而后在膜中与 GPI 的乙醇胺进行氨基反应，以酰胺键与 GPI 连接定位于内质网膜内侧，然后运到质膜成为膜锚蛋白。哺乳动物至少有 50 多种蛋白质以此种方式与质膜结合，包括水解酶、受体、黏附分子、补体抑制因子和功能不详的表面抗原等。GPI 是由膜中组分 PI 糖基化再与磷酸乙醇胺结合而成的，该合成途径的酶缺陷将导致细胞表面 GPI 结合蛋白缺乏。人类阵发性睡眠性血红蛋白尿症就是由于基因突变导致 GPI 合成的第一步受阻，使得红细胞表面缺乏补体衰变加速因子、CD59 等 GPI 结合蛋白，造成补体异常活化，进而使红细胞溶解。

（2）提高酶活力的辅因子

① 酰基化（脂质化）（lipoylation） 硫辛酸（C8）功能基团的附加。

② 黄素基团（flavin moiety）（FMN 或 FAD）的共价结合。

③ 亚铁血红素 C 通过硫醚键与半胱氨酸的结合。

知识拓展 5-2
席夫碱

④ 磷酸泛酰巯基乙胺化（phosphopantetheinylation） 脂肪酸、聚酮化合物、非核糖体蛋白和亮氨酸合成时辅酶 A 上的 4′- 磷酸泛酰巯基乙胺基团的加入。

⑤ retinylidene 席夫碱的形成。

（3）翻译因子的修饰

① 白喉酰胺的形成（真核细胞翻译延长因子 eEF2 中的组氨酸）白喉酰胺是一种经过修饰的组氨酸，存在于真核生物蛋白质合成延伸因子 EF-2 的多肽链中。

② 磷酸甘油乙醇胺（ethanolamine phosphoglycerol）的附加（翻译延长因子 eEF1α 中的谷氨酸）。

③ 8- 羟基 -2,7,10- 三氨基癸酸的形成（真核细胞翻译起始因子 eIF5A 上的赖氨酸和古菌起始因子 aIF5A）。

（4）小化学基团的修饰

小化学基团的修饰包括酰基化作用、烷基化作用、酰胺键的形成、丁酰化、糖基化、依赖于维生素 K 的羧化、丙二酰化、羟基化、碘化、核苷酸的加入、氧化、磷酸酯（O- 连接）或氨基磷酸酯（N- 连接）的形成、丙酰化、焦谷氨酸形成、S- 谷胱甘肽化、S- 亚硝基化、琥珀酰化和硫酸盐化等。

① 酰基化作用 比如 O- 酰化（酯）、N- 酰化（酰胺）、S- 酰化（硫酯）蛋白质的酰基化是指蛋白质分子中的碳原子、氮原子、氧原子或硫原子相连的氢被酰基所取代的反应。酰基是指含氧酸中除去羟基后所剩余的部分（RCO—）。酰基化反应有 3 类：C- 酰基化反应，C 原子上的 H 被酰基取代生成醛、酮或羧酸；N- 酰基化反应，氨基 N 原子上的 H 被酰基取代生产酰胺；O- 酰基化反应，O- 原子上的 H 被酰基取代生产酯，又称酯化反应。蛋白质酰基化修饰（acylation）是一类特别的蛋白质翻译后修饰，其修饰基团的供体是代谢途径的中间产物，如乙酰化修饰的乙酰基由乙酰辅酶 A 提供。除乙酰化修饰外，近年还鉴定出了一系列新型的酰基化修饰，包括丙酰化（propionylation）、丁酰化（butyrylation）、琥珀酰化（succinylation）、豆蔻酰化（crotonylation）、丙二酰化（malonylation）等酰基化及其相关反应。

这类化学修饰剂为乙酰咪唑、二异丙基磷酰氟、酸酐磺酰氯、硫代三氟乙酸乙酯和 O- 甲基异脲等，它们在室温、pH 4.5 ~ 9 条件下可与蛋白质分子侧链的氨基、羟基、巯基及酚基发生酰基化反应（图 5-1）。

a. 乙酰化（Acetylation）：是在 N 端或者在赖氨酸残基上乙酰基团的加入，与之相反的是去乙酰化。乙酰化是在乙酰基转移酶的作用下，在蛋白质赖氨酸残基上添加乙酰基的过程，是细胞控制基因表达、蛋白质活性或生理过程的一种机制。

组蛋白乙酰化多发生在核心组蛋白 N 端碱性氨基酸集中区的特定赖氨酸残基上，将乙酰辅酶 A 的乙酰基转移到赖氨酸的 NH_3^+ 基团以中和 1 个正电荷。组蛋白乙酰化水平是由组蛋白乙酰基转移酶（histone acetyltmnsferse，HATs）和组蛋白去乙酰基转移酶（histone deacetylase，HDACs）共同决定的。在细胞核内，组蛋白乙酰化与组蛋白去乙酰化过程处于动态平衡，精确地调控基因的转录和表达。

b. 甲酰化（formylation）：在蛋白质分子中引入甲酰基（即醛基—CHO）的反应。一些肽链的 N 端氨基因甲酰化或者乙酰化而被封闭，也有一些肽链的 C 端羧基因酰胺化被封闭。

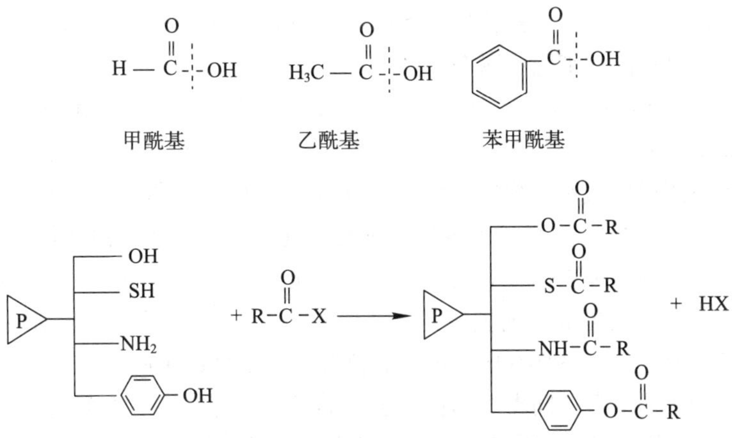

图 5-1 酰基化及其相关反应

② 烷基化（Alkylation） 是烷基由一个分子转移到另一个分子的过程，比如甲基和乙基等烷基的加入。

烷基化反应修饰剂常带有活泼的卤素原子，很容易使蛋白质分子的亲核基团如氨基、巯基、羧基、硫醚基和咪唑基发生烷基化，这类试剂有 2,4- 二硝基氟苯、碘代乙酸、碘代乙酰胺、苯甲酰卤化物和碘甲烷等（图 5-2）。

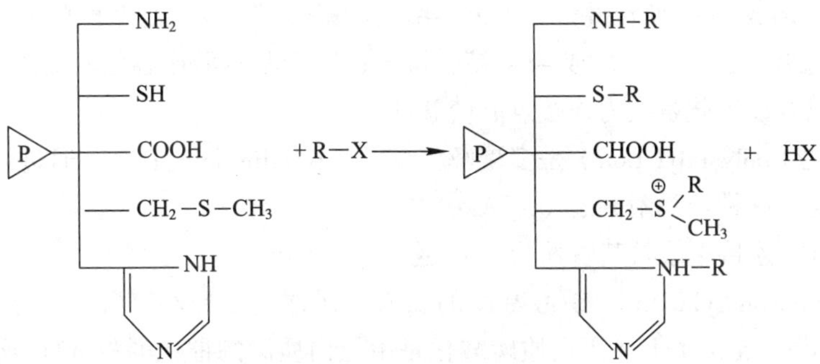

图 5-2 烷基化反应

甲基化指甲基基团的加入，通常在赖氨酸或精氨酸侧链氨基上，相对应的是去甲基化。蛋白质甲基化一般指精氨酸或赖氨酸在蛋白质序列中的甲基化。精氨酸可以被甲基化一次（称为一甲基精氨酸）或两次，由精氨酸甲基转移酶（protein arginine methyltransferase，PRMTs）将 2 个甲基同时转移到精氨酸多肽末端的同一个氮原子上成为非对称性甲基精氨酸，或者在每个 N 端各加一个甲基成为对称性二甲基精氨酸，赖氨酸经赖氨酸转移酶的催化可以甲基化 1 次、2 次或 3 次。在组蛋白中，蛋白质甲基化是被研究最多的一类，在组蛋白转移酶的催化下，S- 腺苷甲硫氨酸的甲基转移到组蛋白。某些组蛋白残基通过甲基化可以抑制或激活基因表达，从而成为表观遗传。蛋白质甲基化是翻译后修饰的一种形式。

③ 酰胺键的形成包括 C 端的酰胺化和氨基酸的添加。

a. C 端的酰胺化。

b. 氨基酸的添加：精氨酸化（arginylation），一种 tRNA 介导的氨基酸添加；聚麸胺作用（polyglutamylation），谷氨酸残基共价连接到微管蛋白或其他蛋白质的 N 端；多聚甘氨酰化（polyglycylation），1 ~ 40 多个甘氨酸残基通过共价键结合到微管蛋白的 C 端。

④ 丁酰化（Butyrylation） 一种新型的蛋白质翻译后赖氨酸残基的修饰。尽管目前对其功能不是很清楚，但据推测可能和细胞代谢有关系。

⑤ 糖基化 蛋白质多肽链的精氨酸、天冬氨酸、半胱氨酸、羟基赖氨酸、丝氨酸苏氨酸、酪氨酸或色氨酸添加糖基形成糖蛋白。这不同于糖化反应。糖化反应是非酶反应糖的添加。糖基化是在酶的控制下，蛋白质或脂质附加上糖类的过程，发生于内质网。在糖基转移酶作用下将糖基转移至蛋白质，与蛋白质上的氨基酸残基形成糖苷键。蛋白质经过糖基化作用，形成糖蛋白。糖基化是对蛋白的重要的修饰作用，有调节蛋白质功能作用。N- 连接的糖链合成起始于内质网，完成于高尔基体。在内质网形成的糖蛋白具有相似的糖链，由 *cis* 面进入高尔基体后，在各膜囊之间的转运过程中，发生了一系列有序的加工和修饰，原来糖链中的大部分甘露糖被切除，但又被多种糖基转移酶依次加上了不同类型的糖分子，形成了结构各异的寡糖链。糖蛋白的空间结构决定了其可以和哪一种糖基转移酶结合，发生特定的糖基化修饰。

许多糖蛋白同时具有 N- 连接的糖链和 O- 连接的糖链。O- 连接的糖基化在高尔基体中进行，通常第一个连接上去的糖单元是 N- 乙酰半乳糖，连接的部位为 Ser、Thr 和 Hyp 的羟基，然后逐次将糖基转移上去形成寡糖链，糖的供体同样为核苷糖，如 UDP- 半乳糖。糖基化的结果使不同的蛋白质有了不同的标记，改变了多肽的构象，增加了蛋白质的稳定性。

在高尔基体上还可以将 1 至多个氨基聚糖链通过木糖安装在核心蛋白的丝氨酸残基上，形成蛋白聚糖。这类蛋白质有些被分泌到细胞外形成细胞外基质或黏液层，有些锚定在膜上。

根据糖苷链类型，蛋白质糖基化可以分为 4 类，即以丝氨酸、苏氨酸、羟赖氨酸和羟脯氨酸的羟基为连接点，形成 -*O*- 糖苷键型。以天冬酰胺的酰胺基、N 端氨基酸的 α- 氨基以及赖氨酸或精氨酸的 ω - 氨基为连接点，形成 -*N*- 糖苷键型；以天冬氨酸或谷氨酸的游离羧基为连接点，形成脂糖苷键型以及以半胱氨酸为连接点的糖肽键。

多聚唾液酸化（polysialylation）是多聚唾液酸（polysialic acid, PSA）通过 *N*- 糖苷键连接附着在脊椎动物神经系统神经黏附分子（NCAM）上。

⑥ 磷酸酯（O- 连接）或氨基磷酸酯（N- 连接）的形成。

a. 磷酸化（Phosphorylation）：磷酸基团的加入，通常是加到丝氨酸、苏氨酸或酪氨酸（O- 连接）或组氨酸（N- 连接）上。蛋白质磷酸化是由蛋白质激酶催化的将 ATP 或 GTP γ 位的磷酸基转移到底物蛋白质氨基酸残基（丝氨酸、苏氨酸）上的过程，是生物体内一种普通的调节方式，在细胞信号转导的过程中起重要作用。蛋白质磷酸化是调节和控制蛋白质活力和功能的最基本、最普遍也是最重要的机制。蛋白质磷酸化主要发生在 2 种氨基酸上：一种是丝氨酸 / 苏氨酸，另一种是酪氨酸。这 2 种氨基酸磷酸化的酶不一样，功能也不一样，但也有少数双功能的酶可以同时作用于这 2 种氨基酸，如促丝裂原活化蛋白激酶激酶（mitogen-activated proteinkinase kinase，MAPKK）。丝氨酸磷酸化的主要作用是变构蛋白质以及激活蛋白质的活力，主要是指酶活力。而酪氨酸磷酸化除了在变构以及激活该蛋白的活力之外，更重要的功能是为结合白提供一个结构基因，以促进其和其他蛋白质相互作用而形成多蛋白复合体。蛋白复合体的形成再进一步促进蛋白质的磷酸化。周而复始，由最初蛋白质磷酸化所产生的信号就一步步如此传下去。如果最初产生的是一个刺激细胞生长的信号，此信号最终传入细胞核，导致 DNA 复制和细胞分裂。

因此，酪氨酸磷酸化和多蛋白复合体的形成构成了细胞信号转导的基本机制，几乎所有的多肽细胞生长因子都是通过此途径来激活细胞，刺激细胞生长的。因而催化蛋白质酪氨酸磷酸化的酶 - 酪氨酸激酶（tyrosine kinases）成为信号转导机制和控制细胞生长的关键分子。酪氨酸激酶和蛋白质酪氨酸磷酸化在肿瘤的发生和生长中也起了决定性的作用。许多抗肿瘤药物的研制都着眼于此类分子。

b. 腺苷酰化（adenylylation）：腺苷酰基团，通常是酪氨酸（O- 连接）或组氨酸和赖氨酸（N- 连接）。

除了以上的修饰作用外，还有依赖于维生素 K 的 γ 羧化、丙二酰化（malonylation）、羟基化（hydroxylation）、碘化（iodination）（比如甲状腺球蛋白）、核苷酸的加入（比如 ADP- 核糖基化）、氧化（oxidation）、丙酰化（propionylation）、焦谷氨酸形成（pyroglutamate formation）、S-谷胱甘肽化（S-glutathionylation）、S- 亚硝基化（S-nitrosylation）（是指 NO 及其衍生物修饰蛋白质半胱氨酸巯基—SH 生成 S-NO，是一种典型的氧化还原依赖蛋白质翻译后修饰）、琥珀酰化（succinylation）（是指琥珀酰基团添加到赖氨酸上）以及硫酸盐化（sulfation）（是指硫酸盐基团添加到酪氨酸上）。

5.1.2 体内非酶作用下的添加

体内非酶添加如糖化（glycation），是糖分子在没有酶的作用下添加到肽上。

葡萄糖或其他糖和蛋白质之间的非酶反应称为糖化。这类反应的产物是先形成席夫碱（Schiff base），然后经过阿马道里重排反应（Amadori rearrangement）变成一个含糖的蛋白质。糖化反应有时被称作非酶糖基化反应。

5.1.3 体外非酶作用下的添加

体外非酶添加包括生物素化、聚乙二醇化、氨基修饰、巯基修饰和羧基修饰等。

（1）生物素化

生物素化（biotinylation）是生物素附属物和赖氨酸残基的酰化作用，是用生物素附属物令赖氨酸酰化，是将生物素共价连接到蛋白质、核酸或其他分子上的过程。由于生物素的相对分子质量不大（相对分子质量为 244.31），生物素化反应快速、高效且不易被干扰。生物素化的分子能通过生物素与链霉亲和素互作，且不受高热、pH、蛋白酶解的影响，此类直接的结合特异性高，因此这一互作在生物技术的许多领域有着广泛的应用。另外，多个生物素化分子可以发生交联来形成多个科研人员感兴趣的蛋白质，同时允许和多个链霉亲和素、中性亲和素蛋白结合，增加了对相应蛋白质的检测灵敏度。

（2）聚乙二醇化

知识拓展 5-3 聚乙二醇（PEG）

20 世纪 50 年代后期，PEG 蛋白质化学修饰已有很多报道，报道表明聚乙二醇（PEG）修饰的蛋白质作为药物比未修饰的蛋白质有效得多。蛋白质的聚乙二醇化（pegylation）修饰主要包括蛋白质分子的侧链基团的改变和蛋白质分子中主链结构的改变 2 个方面，化学修饰反应的活性和选择性主要由蛋白质功能基团的反应活性及修饰剂的反应活性决定的，其中蛋白质功能基团的活性由微区极性和空阻效应决定。修饰剂的反应活性主要取决于修饰剂分子中官能团的类型。PEG 的修饰基团主要是氨基、巯基和羧基等。

PEG 末端的羟基是它在化学修饰反应中的功能基团，但是它的反应活性比较低，只有在较为强烈的条件下与其他基团反应，而这样的条件通常是蛋白质所无法耐受的。因此，必须在 PEG 与蛋白质结合之前，利用特定的活化剂对 PEG 进行活化。这些活化剂如一个个接头，将 PEG 改造成各种活性中间体，以便在温和的反应条件下以较高的反应速率与蛋白质偶联。常用的 PEG 活化剂包括三氯聚氰、N- 羟基琥珀酰亚胺、N,N- 羰基二咪唑等，活化后形成多种聚乙二醇类修饰剂，包括琥珀酰亚胺类、氨基酸类、甲酰胺类、嗪类、甲酰胺类、梳状类、环氧类和异端双功能基等衍生物。

（3）氨基修饰

由于蛋白质分子表面游离的氨基（主要为 Lys 残基侧链的氨基）具有较高的亲核反应活性，因此，Lys 成为最常用的被修饰基因。PEG 的相对分子质量大多为 5×10^3，目前最常用的氨基修饰活化剂有氰尿酰氯和 N- 羟基琥珀酰亚胺。

氰尿酰氯法进行氨基修饰的特点是试剂易得、活化简单、反应时间短、方便经济。这种活化中间物有 2 种形式：一种是 1 分子氰尿酰氯与 1 分子 PEG 偶联（PEG1）；另一种是 1 分子氰尿酰氯与 2 分子 PEG 偶联（PEG2）。通常 PEG2 修饰的蛋白质效果要更好，它可以在较低的修饰程度下获得解除免疫原性产物，而且生物活性保留明显高于 PEG1 修饰的产物（图 5-3A）。

在 pH 7 ~ 9 条件下，PEG 的 N- 羟基琥珀酰亚胺酯类化合物可以直接修饰残基上的氨基（图 5-3B）。将 PEG 上的羟基转化为羧基，其中最常用的是 N- 羟基与琥珀酸酐反应，所得衍生物化合物为 PEG 琥珀酰亚胺琥珀酸酯。

此外，N 端氨基修饰也是一种常用的修饰方法。蛋白质 N 端氨基的 pK_a（7.6 ~ 8.0），小于蛋白质其他部位的氨基（如赖氨酸的 pK_a 为 10.0 ~ 10.2）。因此，在较低 pH（如 pH 5.0）溶液中，PEG- 醛主要与 N 端氨基反应生产席夫碱，后被还原为仲胺。

（4）巯基修饰

蛋白质上的修饰基团多为亲核性的，其活性的顺序为巯基 >α- 氨基 >ε- 氨基 > 羟基，所以可以选取特异性的 PEG 修饰剂对数目稀少的巯基进行定向修饰。此类 PEG 修饰剂主要有 PEG-马来酰亚胺（PEG-maleimide）、PEG- 邻 - 吡 啶 - 二 硫 醚（PEG-ortho-pyridyl-disulphide）、PEG- 乙烯基砜（PEG-vinyl sulfone）和 PEG- 碘乙酰胺（PEG-idoacetamide），其中，PEG- 马来酰亚胺应用较多，但产物在水中不够稳定，容易发生开环反应。

对于缺少巯基的蛋白质，可以通过基因工程在蛋白质的合适位置引入巯基，再用相应 PEG 进行修饰。常用的引入位置有糖基化蛋白质的糖基化位置、蛋白质的抗原决定簇和蛋白质末端等。此外，还可用 Traut 试剂处理蛋白质引入巯基，此方法方便可靠，目前应用最为广泛，但缺

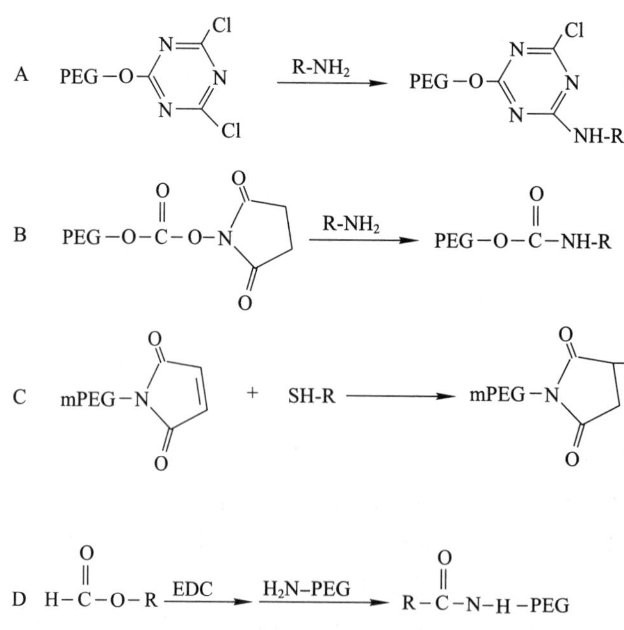

图 5-3 PEG 蛋白质化学修饰

A. 三聚氯氰 -PEG 对蛋白质氨基的修饰；B. N- 羟基琥珀酰亚胺酯 -PEG 对蛋白质氨基的修饰；C. mPEG-Mal 对蛋白质巯基的定点修饰；D. PEG 对蛋白质羧基的修饰

点是半胱氨酸在蛋白质内多为重要活性基团，因此这样修饰有可能影响活性。

（5）羧基修饰

羧基修饰是把 PEG 分子中的羟基转化为氨基，然后在羧二亚胺存在下与蛋白质的羧基缩合，得到修饰的蛋白质。羧基修饰包括三聚氯氰 -PEG 对蛋白质氨基的修饰、N- 羟基琥珀酰亚胺酯 -PEG 对蛋白质氨基的修饰、mPEG-Mal 对蛋白质巯基的定点修饰和 PEG 对蛋白质羧基的修饰（图 5-3C、D）。

5.2 蛋白质的其他修饰

泛素化是泛素蛋白的共价连接。泛素化是指在一系列特殊酶的作用下，一类具有较低相对分子质量的蛋白质——泛素分子将细胞内的蛋白质分类，选出靶蛋白分子，并对这些靶蛋白进行特异性修饰的过程。这些特殊的酶包括泛素结合酶、激活酶、连接酶和降解酶等。泛素化在蛋白质的定位、代谢、功能调节和降解中都起着十分重要的作用。同时，它也参与了细胞周期、增殖、凋亡、分化、转移、基因表达、转录调节、信号传递、损伤修复、炎症免疫等几乎一切生命活动的调控。泛素化与心血管、肿瘤等疾病的发病密切相关。因此，泛素化作为近年来生物化学研究的一个重大成果，已然成为研究、开发新药物的新靶点。蛋白质泛素化作用是翻译后修饰的一种常见形式，该过程能够调节不同细胞途径中不同的蛋白质。

除了泛素化外，修饰方式还有 ISG 化（ISGylation，ISG 修饰）及 SUMO 化（SUMOylation）。前者是 ISG15（干扰素刺激基因 15）蛋白的共价连接，而后者则是 SUMO 蛋白（小类泛素修饰剂）的共价连接。

5.3 氨基酸的化学修饰

氨基酸的修饰包括瓜氨酸化或精氨酸瓜氨酸化（citrullination 或 deimination），即精氨酸转化瓜氨酸。还有脱酰胺（deamidation），是谷氨酰胺转化谷氨酸或天冬酰胺转化天冬氨酸。除此外还有氨基甲酰化（carbamylation），即赖氨酸到高瓜氨酸的转化（表 5-1）。

表 5-1 特定氨基酸残基的一些常见翻译后修饰

氨基酸	修饰
丙氨酸	N- 乙酰化（N- 末端）
精氨酸	脱氨生成瓜氨酸，甲基化
天门冬酰胺	脱氨基反应生成天门冬氨酸或异天门冬氨酸，糖基化，自发异肽键形成
天门冬氨酸	异构为异天门冬氨酸，自发异肽键形成
半胱氨酸	二硫键形成，氧化为亚硫酸、亚硫酸或磺酸，棕榈酰化、N- 乙酰化（N- 末端），S- 亚硝基化
谷氨酰胺	环化为焦谷氨酸（N- 端），脱氨基化为谷氨酸，或通过转谷氨酰胺酶与赖氨酸形成异肽键
谷氨酸	环化为焦谷氨酸（N- 端），γ- 羧化
甘氨酸	N- 肉豆蔻酰化（N- 末端），N- 乙酰化（N- 末端）
组氨酸	磷酸化

续表

氨基酸	修饰
异亮氨酸	
亮氨酸	
赖氨酸	乙酰化，泛素化，SUMO 化，甲基化，羟基化导致烯丙基氨酸，自发形成异肽键
甲硫氨酸	N- 乙酰化（N- 末端），N- 连接的泛素化，氧化为亚砜或砜
苯丙氨酸	
脯氨酸	羟基化
丝氨酸	磷酸化，O- 连接糖基化，N- 乙酰化（N- 末端）
苏氨酸	磷酸化，O- 连接糖基化，N- 乙酰化（N- 末端）
色氨酸	单氧化或双氧化，形成犬尿氨酸、色氨酸 - 色氨酰醌
酪氨酸	硫化，磷酸化
缬氨酸	N- 乙酰化（N- 末端）

5.4 蛋白质侧链基团的修饰

蛋白质侧链基团的化学修饰反应包括氧化还原反应、酰化及其相关反应、芳香环取代反应和烷基化反应。

5.4.1 氧化还原反应

氧化剂如 H_2O_2、N- 溴代琥珀酰亚胺能将侧链基团氧化，易受氧化的侧链基团有硫醚基、巯基、酚基、咪唑基以及吲哚基等。还原剂主要作用于二硫键，如 2- 巯基乙醇、巯基乙酸和二硫苏糖醇（DTT）等（图 5-4）。

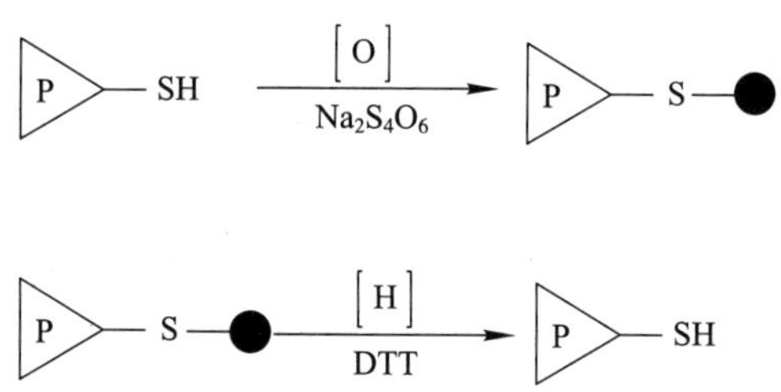

图 5-4 氧化和还原反应

5.4.2 芳香环取代反应

氨基酸残基的酚羟基在 3、5 位上很容易发生亲电取代的硝化和碘化反应，如四硝基甲烷可以作用于酪氨酸的酚羟基，形成有特殊的光谱的 3- 硝基酪氨酸的衍生物，可用于直接定量测定（图 5-5）。

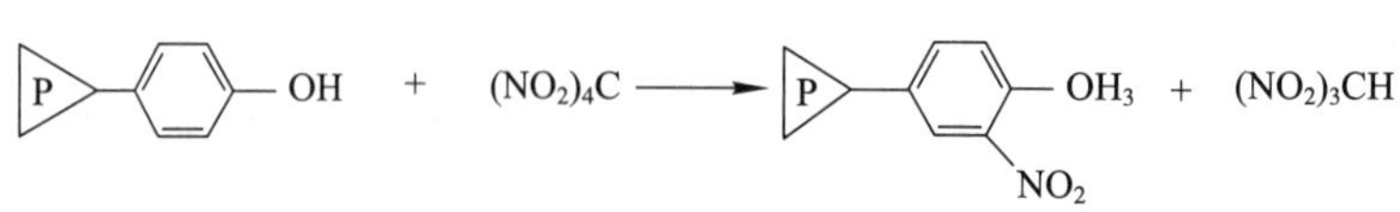

图 5-5 芳香环取代反应

5.5 蛋白质修饰的反应部位

专一性修饰酶分子的活性部位、侧链基团，对化学修饰试剂有特定的要求，常用的修饰方法是亲和标记，这种修饰能专一性标记于酶的活性部位。根据不同的要求选择试剂盒控制反应条件，以达到不同的目的，如化学修饰后引起酶的失活或保持酶的活性。

根据化学修饰的反应部位不同，各种侧链的化学修饰类型可以分为巯基的化学修饰、氨基的化学修饰、羧基的化学修饰、胍基的化学修饰、酚羟基的化学修饰和吲哚基的化学修饰。

5.5.1　巯基的化学修饰

蛋白质分子中最容易反应的侧链基团是巯基的化学修饰。烷基化试剂特别是碘乙酰胺和碘乙酸，在蛋白质的氨基酸组成分析和测序前，为防止半胱氨酸的降解，通常要用碘乙酸来使巯基羧甲基化，而且羧甲基化的半胱氨酸很容易被氨基酸分析仪所识别。N- 乙基马来酰亚胺修饰反应具有较强专一性并伴随光吸收的变化，可以通过光吸收的变化确定反应的程度。5,5′- 二硫 -2- 硝基苯甲酸（DTNB）是目前最常用的巯基修饰试剂，与巯基反应形成二硫键，使蛋白质分子上标记一个 2- 硝基 -5- 硫苯甲酸（TNB），同时释放一个 TNB 阴离子，该阴离子在 412 nm 具有很强的吸收，可以通过光吸收的变化来监测反应程度（图 5–6）。

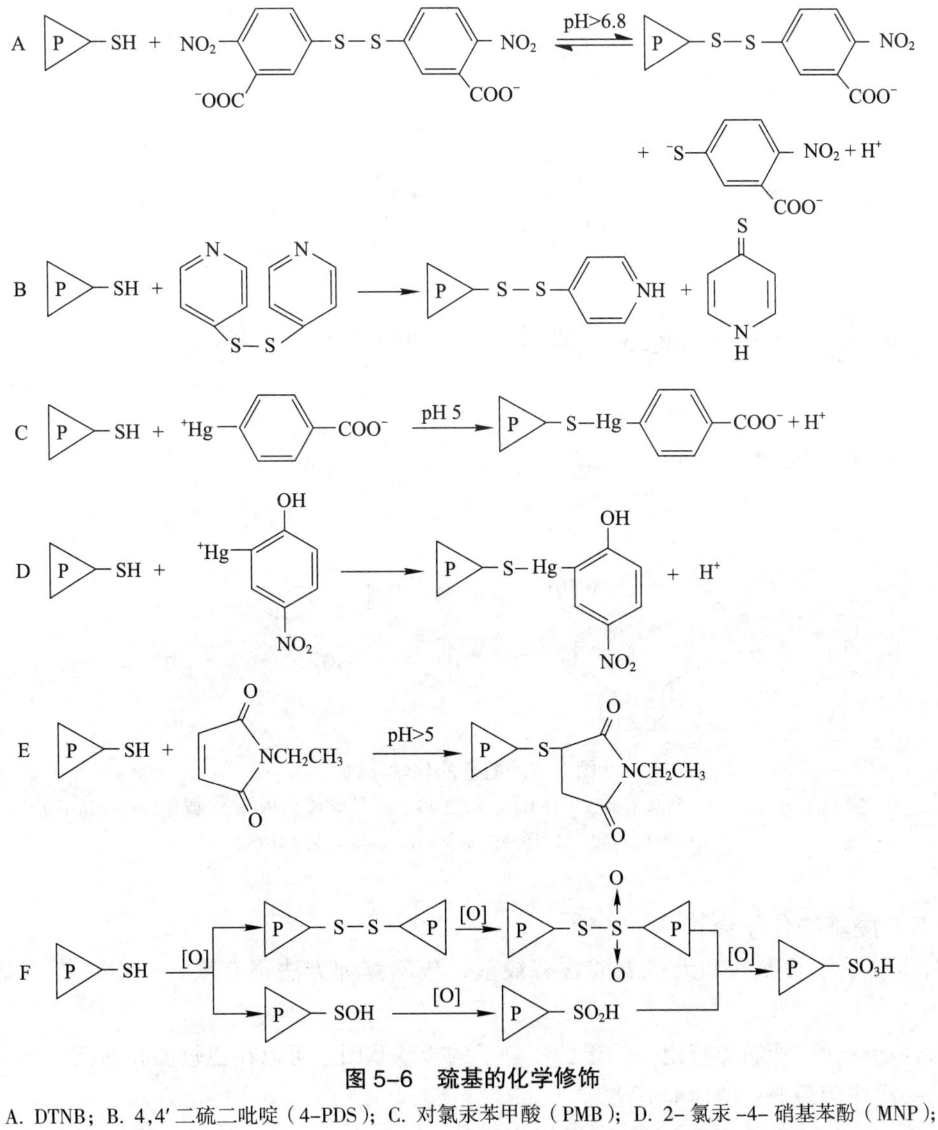

图 5–6　巯基的化学修饰

A. DTNB；B. 4,4′ 二硫二吡啶（4–PDS）；C. 对氯汞苯甲酸（PMB）；D. 2- 氯汞 -4- 硝基苯酚（MNP）；
E. N- 乙基马来亚胺（NEM）；F. 过氧化氢氧化

5.5.2 氨基的化学修饰

赖氨酸 ε- 氨基：三硝基苯磺酸（TNBS）是一种非常有效的化学修饰剂，TNBS 与赖氨酸残基反应，在 420 nm 和 367 nm 能够产生特定的光吸收（图 5–7）。

蛋白质序列分析中，首先必须测定整个肽链的 N 端和 C 端残基，用于多肽链 N 端残基的测定的化学修饰方法常用：丹磺酰氯法、2,4- 二硝基氟苯法、苯异硫氰酸酯法。

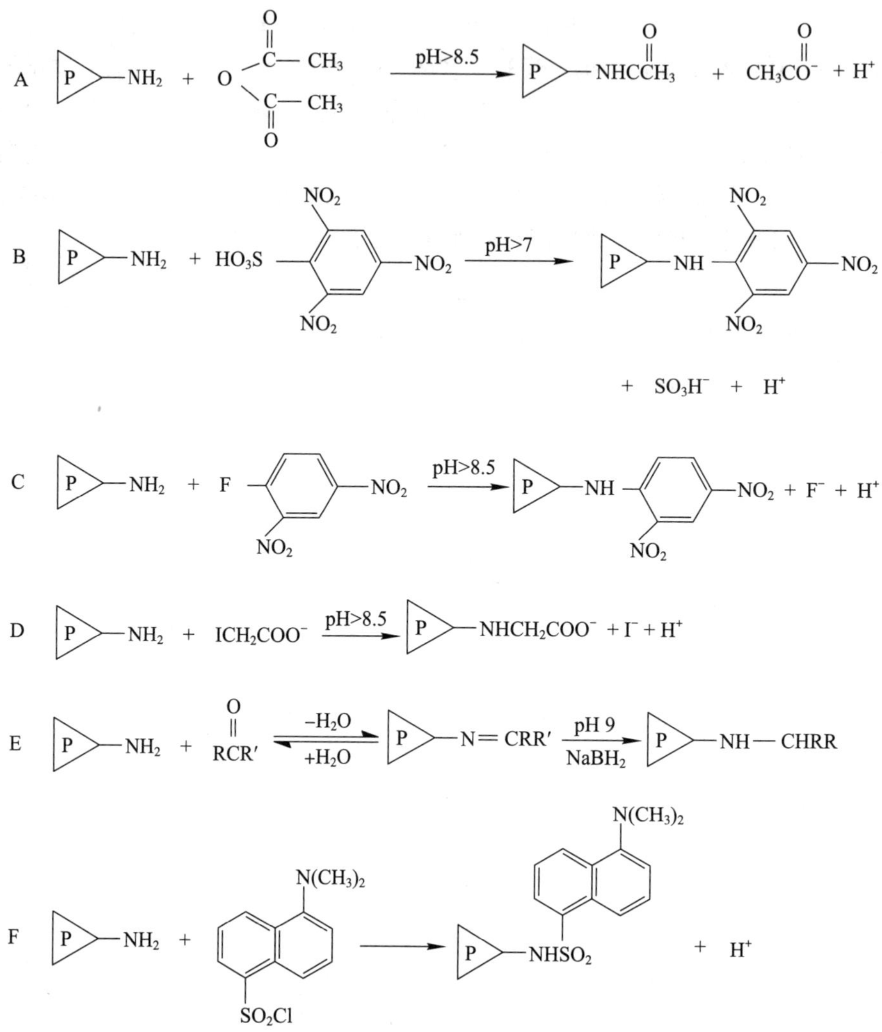

图 5–7　氨基的化学修饰

A. 乙酸酐；B. 2,4,6- 三硝基苯磺酸（TNBS）；C. 2,4- 二硝基氟苯（DNFB）（或称 Sanger 试剂）；D. 碘代乙酸；E. 还原烷基化；F. 丹磺酰氯（DNS）

5.5.3 羧基的化学修饰

蛋白质分子中谷氨酸和天冬氨酸含有羧基，羧基修饰方法很有限，产物一般是酯类或酰胺类（图 5–8）。

水溶性的碳化二亚胺类特定修饰蛋白质分子的羧基基团，可以在比较温和的条件下进行，目前已成为一种应用最普遍的标准方法。

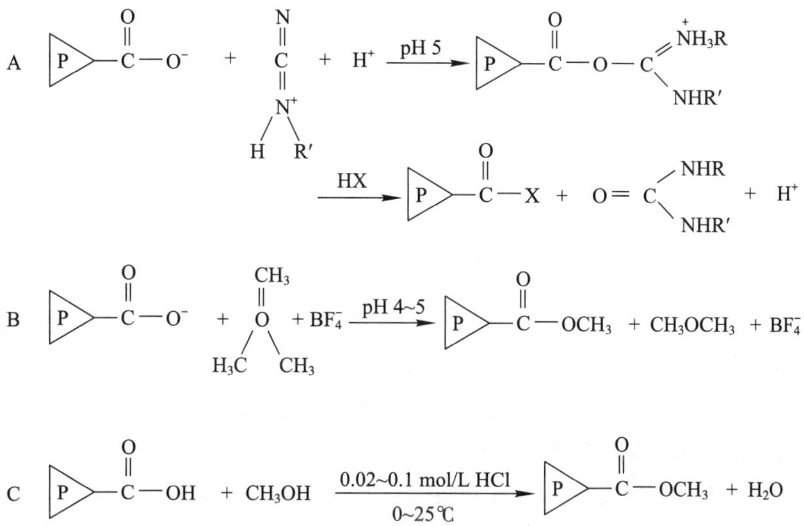

图 5-8 羧基的化学修饰

A. 通过水溶液的碳化二亚胺进行酯化反应或胺化反应，式中 R，R′= 烷基，HX= 卤素、一级或二级胺；B. 硼氟化三甲盐；C. 用甲醇 +HCl 的酯化反应

5.5.4 蛋白质位点专一性修饰

蛋白质修饰专一性可分为位点修饰专一性和基团修饰专一性。

（1）位点修饰专一性（亲和标记）

蛋白质修饰侧链基团的化学修饰，根据反应试剂不同分为巯基的化学修饰、氨基的化学修饰、羧基的化学修饰、咪唑基的化学修饰和二硫键的化学修饰。

巯基修饰：因为巯基具有很强的亲核性，所以巯基基团一般是蛋白质分子中最容易反应的侧链基团。烷基化试剂特别是碘乙酸和碘乙酰胺是很重要的巯基修饰试剂。在蛋白质的氨基酸组成分析和测序前，通常要用碘乙酸来使巯基羧甲基化，而且羧甲基化的半胱氨酸很容易被氨基酸分析仪所识别，而且此类试剂还能与甲硫氨酸、赖氨酸和组氨酸反应。有机汞柱是最早使用的巯基修饰剂之一，其中最常用的是对氯汞苯甲酸，它与巯基形成的衍生物在 250 nm 处有最大吸收，可容许低浓度蛋白质的光谱定量分析，其中 2- 氯汞 -4- 硝基苯酚（MNP）与蛋白质分子中的侧链巯基反应很快，并在 395 nm 处产生 1 个负差吸收峰。巯基的氧化也是一种专一性很高的化学修饰手段，一般 H_2O_2 用于巯基氧化形成二硫键或在较大量时形成磺酸，也可以生成次磺酸。

氨基的化学修饰：氨基的化学修饰可以分为引入正电荷的修饰、电荷消失的修饰和引入负电荷的修饰 3 类。

引入正电荷的修饰：赖氨酸 ε- 氨基以非质子化形式存在时很活泼，是蛋白质分子中亲核反应活性很高的基团，可被选择性修饰。利用氰酸盐使氨基甲胺酰化、氨基的烷基化是重要的赖氨酸修饰方法。氨基化学修饰在蛋白质序列分析中占了很大作用。赖氨酸修饰后，侧链留下可电离的带正电的基团。还原烷基化是醛与赖氨酸侧链反应生成席夫碱，再用硼氢化钠（$NaBH_4$）还原席夫碱，得到稳定衍生物。

电荷消失的修饰：该类试剂可抑制赖氨酸 ε- 氨基的质子化，使形成的衍生物不带电。乙酰化：在微碱性 pH 下，氨基与乙酸酐反应生成乙酰化衍生物。芳香化：三硝基苯磺酸与氨基作用，生成的衍生物为黄色，可定量测定氨基。

引入负电荷的修饰：此反应类似于乙酸酐与氨基反应，但酸酐（如琥珀酸酐）所带负电荷全部引入到侧链上。

羧基的化学修饰：蛋白质分子中谷氨酸和天冬氨酸含有羧基，羧基修饰方法很有限，产物一般是酯类或酰胺类。水溶性的碳化二亚胺类特定修饰蛋白质分子的羧基基团，可以在比较温和的条件下进行，目前已成为一种应用最普遍的标准方法。

位点修饰专一性是试剂对蛋白质分子中被修饰的部位，如膜蛋白质上的激素结合部位、酶的活性部位等位点的专一性，称为亲和标记或专一性的不可逆抑制作用。亲和标记试剂不仅具有对被作用基团的专一性，而且具有对被作用部位的专一性，即试剂作用于被作用部位的某一基团，而不与被作用部位以外的同类基团发生作用。这类修饰试剂也被称为位点专一性抑制剂。亲和标记修饰剂一般都是别构效应物、底物和配体（如辅酶等）的结构上的类似物，因此这类修饰试剂对蛋白质的活性部位具有高度的亲和性。设计亲和标记要满足 2 个条件：

① 亲和试剂应当对活性部位专一性地结合。

② 亲和试剂必须含有能与某些氨基酸残基起反应的化学基团。在适宜的条件下，反应只能在活性部位上及其附近的氨基酸残基上进行。

可用于亲和标记的抑制剂有 K_s 型和 K_{cat} 型 2 种不可逆抑制剂。

K_s 型的不可逆抑制剂：具有和底物结构相似的结合基团，因此它可以与活性部位发生特异性结合，同时还具有一个活泼的反应基团，能和活性部位氨基酸残基的侧链基团进行修饰反应。反应包括 2 步：试剂首先与活性部位发生特异性结合；然后试剂中的活性基团与活性部位中的侧链基团发生化学反应，将标记基团共价连接于活性部位上。修饰有 2 个明显的特点：竞争性抑制剂、底物或配体对修饰有保护作用；修饰反应是定量定点地修饰。

K_{cat} 型的不可逆抑制剂：这类抑制剂是根据酶催化过程设计的，具有和底物类似的结构和被酶结合和催化的性质，此外，它们还有一个潜伏反应基团，在酶对它进行催化反应时，这个潜伏的反应基团被酶催化而活化，对活性部位起不可逆抑制作用。这类抑制剂的专一性很高，常被人们称为“自杀性底物”。

光亲和标记是亲和标记中极其重要的一类。光亲和标记试剂在结构上除了有一般亲和试剂的特点外，还具有一个光反应基团。光亲和标记反应过程：第一步，试剂与蛋白质的活性部位在暗条件下发生特异性结合；第二步，光照，试剂被光激活后，产生 1 个高度活泼的功能基团，与活性部位的侧链基团发生反应。光亲和标记试剂在暗条件下，只能与蛋白质的活性部位发生专一性的非共价结合，形成 1 个复合物。只有在光照的情况下，试剂被激活，产生 1 个非常活泼的反应官能基团，这个官能基团立即与附近活性部位的氨基酸残基的侧链基团发生反应，形成一个共价的标记物（图 5-9）。

光亲和标记试剂具备的特点：① 光亲和标记试剂在黑暗中应是化学惰性物质，标记反应中所有的实验条件，如温度、pH、试剂的氧化电位等都不能破坏光亲和修饰反应的前体。② 标记试剂应易于合成，放射性标记的光亲和试剂的合成尤为重要。③ 光亲和标记试剂在反应后基本不引起或很少导致蛋白质的构象变化。④ 在某一光波下进行光亲和标记反应时，不应破坏其他生物分子体系如蛋白质、核酸。设计亲和标记方案时应考虑激活反应的光的波长不小于 300 nm。⑤ 光亲和标记的反应中间物应该具有高活性。⑥ 高反应活性的中间物能够和受体蛋白质最终形成稳定的共价结合产物。

光亲和标记的优点：① 光亲和标记试剂在暗条件下呈化学惰性物质。② 通过光照很容易控制其标记的程度、标记速度。③ 光反应产物的中间产物具有高活性，可以标记在一般情况下反应活性很低的疏水残基和亲核氨基酸残基。也就是说，蛋白质的所有氨基酸残基极化都可以被标记。

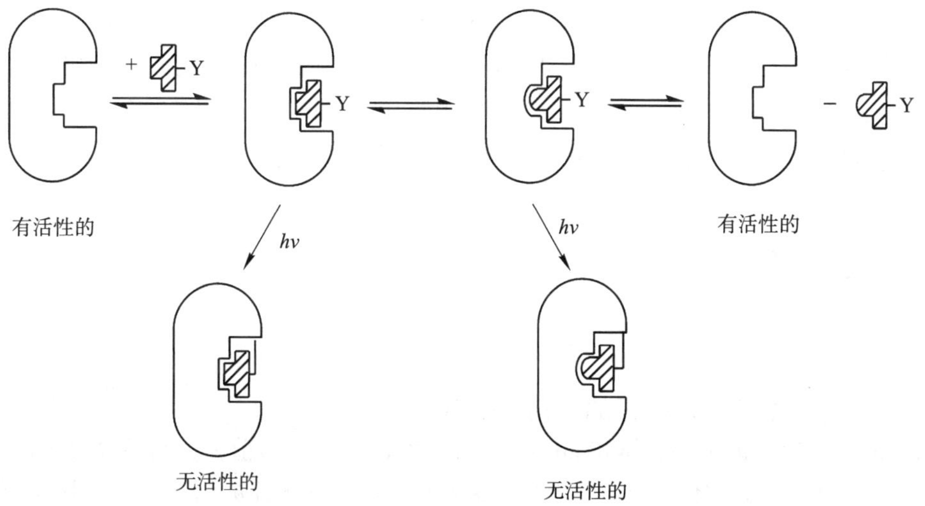

图 5-9 酶的光亲和标记示意

Y 为底物的类似物；Y 为产物的类似物

（2）基团修饰专一性

基团修饰专一性是指试剂是被修饰的专一性基团的专一性试剂，可与活性部位或活性部位以外的基团发生反应（图 5-10）。

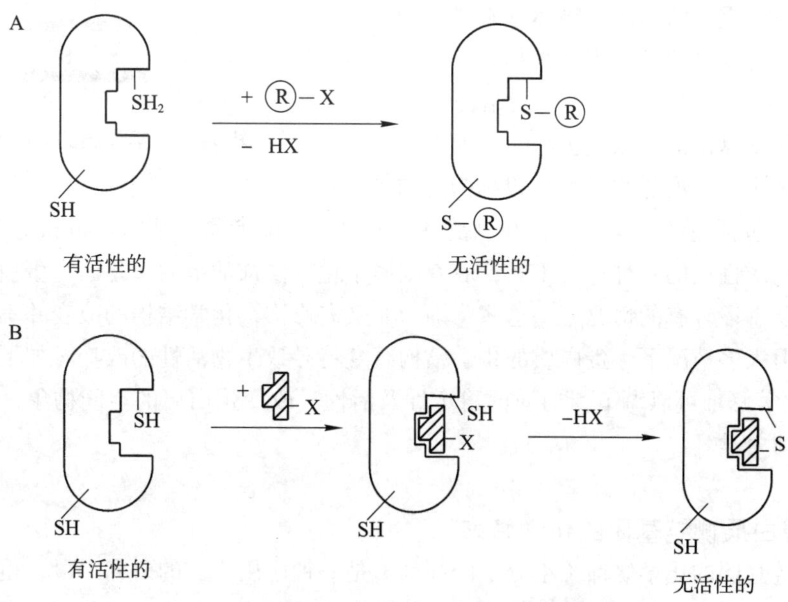

图 5-10 基团专一性修饰与位点专一性修饰的区别

A. 基团专一性修饰；B. 位点专一性修饰

5.6 蛋白质结构改变

蛋白质结构改变包括两个半胱氨酸间成二硫键（disulfide bridges）这个共价键及蛋白质裂解

(proteolytic cleavage)，即蛋白质上肽键的裂解。此外还有外消旋作用（acemization）：① 脯氨酸在脯氨酸异构酶作用下消旋；② 丝氨酸在蛋白丝氨酸差向异构酶作用下消旋；③ 皮啡肽（蛙类鸦片活性肽）中的丙氨酸；④ δ 啡肽（也是一种蛙类鸦片活性肽）中的甲硫氨酸。

最后还有蛋白质的剪接，即蛋白质自我催化去除内含子。

5.7 蛋白质修饰实例

5.7.1 胰岛素生产中二硫键的切割与形成

胰岛素的翻译后修饰是核糖体在 mRNA 指导下翻译出胰岛素前体，然后穿过内质网并被切割、折叠，同时通过二硫键保持形状，然后胰岛素穿过高尔基体并被包装在囊泡中，在囊泡中更多部分被切割并产生成熟的胰岛素。

如图 5-11 所示：①信号肽切除后形成胰岛素原；②切除中间的 C 链；③通过二硫键将 A 链和 B 链连接成胰岛素分子，小箭头处表示切割位点。

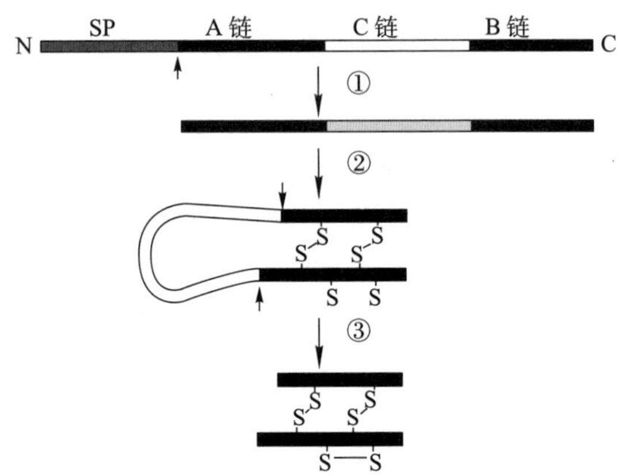

图 5-11 前体胰岛素原的加工

5.7.2 肽链切割是蛋白质特异性的关键所在

蛋白质是一类重要的构成生物体基本成分的生物大分子，也是生命活动的主要承担者。其生物活性是由其特定的化学结构和空间结构决定的，凡是通过化学基团的引入或去除，从而使蛋白质共价结构发生改变的过程，都可以称为蛋白质的化学修饰，包括主链结构的改变和侧链基团的改变，前者属于基因重组和定点突变的技术，是定向改造蛋白质性质的一种有力工具；后者则属于化学修饰的范畴，是研究蛋白质结构与功能关系的一种重要手段。有的情况下，这些修饰为非必需修饰，化学结构的改变并不影响蛋白质的生物学活性；但大多情况下，蛋白质的化学结构改变将导致生物活性的改变（如下降以至完全丧失）。蛋白质化学修饰可以调节蛋白质的稳定性及活性，改变蛋白质的空间构象，还能改变蛋白质的药物代谢动力学。

5.7.3 蛋白质侧链基团的化学修饰

蛋白质侧链基团的化学修饰（小分子修饰剂）是一种应用广泛的研究手段，也是一种比较成熟的经典技术，在蛋白质特别是酶的结构与功能研究中曾起到十分重要的作用。蛋白质侧链基团的化学修饰主要是通过选择性试剂（修饰剂）或亲和标记试剂与蛋白质分子侧链上的特定的功能基团发生化学反应而实现的。

理想情况下，修饰试剂只是选择性地与某一特定的残基反应，很少或几乎不引起蛋白质分子构象变化。在 20 种常见的氨基酸残基中，仅具极性的侧链基团才能进行化学修饰，这些基团的反应性取决于其亲和性。

5.8 蛋白质的化学交联

5.8.1 蛋白质的交联方法及交联剂

交联剂是指具有2个反应活性部位的双功能基团，可以在相隔较近的2个氨基酸残基之间或酶与其他分子之间发生交联反应；多肽链内、链间或蛋白质分子间发生交联反应，而不引起重大蛋白质构象改变的试剂。交联剂还可以将一个蛋白质分子偶联到一个化学惰性、水不溶性的生物大分子上，形成固定化蛋白质。交联剂分为同型双功能交联剂和异型双功能交联剂。同型双功能交联剂是两端具有相同的活性反应基团，可与氨基反应的双亚氨酯就是其中一种，此外，N-羟琥珀酰亚胺酯、二硝基氟苯等同型双功能试剂都对氨基有专一性，但是戊二醛除与氨基反应外还能与羟基反应。异型双功能交联剂是一端与氨基作用，另一端与巯基作用，但使用碳二亚胺时，第二个反应基团（自由基）如碳烯或氮烯，它们具有高反应性，没有专一性。

交联剂种类繁多，不同的交联剂其交联速度、长度、氨基酸专一性和交联效率都不相同，最常用的交联剂有N-羟琥珀酰亚胺辛二酸酯（非裂解）、二琥珀酰亚胺酒石酸酯（可被高碘酸裂解）、双亚氨酸酯（非裂解）、1,5-二氟-2,4-二硝基苯（非裂解）、二甲基-3,3′-二硫代-双丙基亚酸酯（可裂解）、N-琥珀酰胺-3-（2-吡啶二硫代）丙酸酯、4-（硝氨乙基）-3-硝基苯基叠氮（非裂解）和4-叠氮基苯甲酰甲醛。交联剂可用于研究蛋白质折叠，当蛋白质浓度很大时，交联剂也能形成分子间的交联键，使蛋白质趋于稳定。如Rajput等用戊二醛将胰蛋白酶和胰糜蛋白酶交联在一起，显著降低了杂化酶中胰蛋白酶的自溶作用，同时也使反应器的体积大大减小。酶分子内的交联常可提高酶分子构象的稳定性，防止酶失活。因此，设法增加酶分子表面交联键的数量是酶固定化的方法之一。

交联剂还可以用于测定蛋白质亚基的量，如用辛二亚氨酸二甲酯作用于七聚体蛋白质，使在同一亚基内和多亚基间的赖氨酸残基之间形成交联，再进行SDS-PAGE，则可测定其相对分子质量和亚基的数目，以阐明亚基的组合情况。

用交联剂还能测定蛋白质上残基间的距离。如用跨度为0.37~1.45 nm的一系列亚氨酯交联糖原磷酸化酶b，再结合SDS-PAGE系统测定出在有效交联形成的四聚体上的两个赖氨酸残基间距离约为0.8 nm。

5.8.2 蛋白质的固定化

在蛋白质和酶分子的固定技术中，除部分用物理方法固定外，主要的还是采用化学方法的固定化。其本质是蛋白质和酶的化学修饰，其中包括载体偶联法和共价交联法。这类化学修饰只修饰非必需基团，设法避免必需基团的破坏，以保持蛋白质和酶的活性。

5.9 蛋白质化学修饰的应用

蛋白质化学修饰的应用主要有几方面。首先，用来研究蛋白质结构与功能之间的关系；其次，在医学上，修饰后的具有药用潜能的蛋白质可以延长半衰期、增加稳定性，同时抗原性、免疫原性和毒副作用均会降低。

蛋白质主链结构的改变是定向改造蛋白质性质的一种有力工具，侧链基团的修饰是研究蛋白质的结构与功能关系的一种重要手段。

用蛋白质修饰来研究其结构与功能，包括测定蛋白质分子中某种氨基酸含量、在蛋白质序列分析中的应用、确定氨基酸残基的功能及研究蛋白质的空间结构、探测蛋白质的必需氨基酸残基的性质和数目、揭示蛋白质分子中哪些侧链基团是表现酶活性所必需的，对于空间结构尚未搞清楚的蛋白质分子尤为重要。它可以帮助我们初步认识该蛋白质分子中具有活性部位的结构，为空间结构的解析提供重要的信息。

（1）测定蛋白质分子中某种氨基酸的含量

研究蛋白质性质时，常需测定其中含有某种氨基酸的数量。当然用氨基酸分析法可得到此数据。但当只需知道某一氨基酸的数量，不需知道其他氨基酸数量时，则应建立仅对某一氨基酸的快速灵敏的分析方法。常用且灵敏度高的方法是对氯汞苯甲酸与巯基作用、三硝基苯磺酸与氨基作用。用荧光法可测定微量蛋白质，灵敏度高，常用荧光胺。用于测定蛋白质及多肽化学结构的许多方法都是以蛋白质化学修饰为基础的。

（2）在蛋白质序列分析中的应用

用于测定蛋白质及多肽化学结构的许多方法都是以蛋白质化学修饰为基础的。N 端残基的分析常用的修饰试剂有苯异硫氰酸酯（PITC，phenyl isothiocyanate）、二甲基氨基萘磺酰氯（DNS，dimethylamimno-naphthalene）和二硝基氟苯（DNFB，dinitrofluorebenzene），另外半胱氨酸残基的测定、侧链基团的保护、二硫键的断裂等均采用各种方法化学修饰。

（3）确定氨基酸残基的功能

化学修饰结合保护试验可研究底物或其他配位体对修饰速度和程度影响。如用磷酸吡哆醛修饰 6- 磷酸果糖激酶时，发现有 2 个 Lys 被修饰，酶活力丧失；而在 2,6- 二磷酸果糖存在时，则可减弱修饰作用，保护激酶活力。

若修饰的可逆性与生物功能的改变有对应关系，也可为确定某一残基的可能功能提供有利证据；用于蛋白质变构部位上必需氨基酸残基的分析，以及协同相互作用所必需残基的表征。

（4）探测蛋白质分子的构象变化和运动性

为探测某些基因的暴露程度，利用化学修饰试剂的反应，以分析蛋白质分子的构象变化，如利用 5,5′- 二硫 -2- 硝基苯甲酸（DTNB）测定不同去折叠状态的反应巯基数目，可以探测其去折叠的程度，还可以通过监测 A_{412} 随时间的变化探测去折叠的动力学。

（5）利用亲和标记探测活性部位局部区域的构象状态

有些化学试剂可专一性地修饰酶活性部位的侧链基团，从而在活性部位引入探测基因（如具有荧光性或顺磁性基团），以探明活性部位的构象状态及构象变化。

（6）探索蛋白质和酶作用的化学机制

通过化学修饰可以探明哪些侧链基团参与了酶的催化作用，为探明其作用的化学机制和催化历程起了重要的作用，也为药物设计提供了分子基础。

（7）利用共价交联技术研究蛋白质分子的拓扑学、构象的运动性以及寡聚蛋白质的亚基结合状态。

（8）利用蛋白质晶体的重金属衍生物（也属于一种化学修饰），进行 X 衍射晶体结构分析。

（9）定向改造蛋白质分子的性质

用基因定点突变技术，改变蛋白质主链的化学结构，在蛋白质的肽链结构中增加、删去或替换某些氨基酸残基，以研究其结构与功能的关系，并可定向地进行蛋白质的改造。此外，还可以通过侧链基团的化学修饰，改造蛋白质分子的性质，如使其激活、失活或使其稳定性提高等。蛋白质化学修饰是一种有效的研究手段，被广泛地应用于基础研究和应用研究。

（10）在生物医学中的应用

药用蛋白质修饰的有效方法之一是化学修饰，目前已经研制出多种化学修饰剂可以应用于药用蛋白质的研发当中。修饰后的蛋白质在临床应用中显示出优良的性质，如热稳定性增强、溶解度增大和对各种蛋白酶的敏感度降低。当异源蛋白质药物直接注射到人体血液中时，免疫系统可能将其识别为异物，因此患者的免疫系统会对其产生抗体，如过敏反应，严重时可能有生命危险。同时，这些免疫系统能缩短药物的循环时间，降低药效。然而，当蛋白质药物进行化学修饰后，免疫学问题就能够得到解决。比如 PEG- 蛋白质可以提高酶活性和降低免疫原性，同时可以提高半衰期并具有一定的免疫耐受性。1990 年，PEG- 腺苷脱氨基酶偶合物（PEG-ADA）是通过美国食品和药物管理局（FDA）认证的第一种修饰蛋白。已有多种蛋白质被 PEG 修饰后被用于生物医学理论和应用研究领域。近几年上市的有 PEG-IFN、PEG-G-CSF、PEG- 生长抑素。目前处于临床前研究的 PEG 修饰的蛋白药物有几十种，处于临床实验的有：水蛭素（Ⅱ期，BASF AG 公司）、超氧化物歧化酶（Enzon 公司）、白介素 -2（Ⅱ期，Chiron 公司）、抗 -PDGF 抗体片段（Ⅱ期，Celltech 公司）、抗 -TNF-a 抗体片段（Ⅲ期，Pharmacia 公司）、牛血红蛋白（Ⅰ期，Enzon 公司）。表 5-2 列举了部分在医学上应用的修饰蛋白。

TNF-α 具有协同的抗肿瘤效能，是一种颇有价值的肿瘤治疗药物，一方面可激活宿主的抗肿瘤应答并选择性地引起肿瘤组织内部的微循环障碍；另一方面直接表现为对肿瘤细胞的细胞毒作用。但是，TNF-α 在体内的清除速率很快，要产生明显的抗肿瘤效果需要非常大的使用剂量，由此常引发一系列严重的毒副作用，包括发热、组织损伤和组织炎症，甚至是致命的内毒素性休克

表 5-2 修饰蛋白在医学上的应用

用途	修饰蛋白	修饰目的
血液代用品	血、无基质牛血红蛋白、肌红蛋白、血清蛋白、蛋白酶抑制剂、免疫球蛋白	延长血浆半衰期，降低肾毒性
清除氧自由基 治疗关节炎	SOD、过氧化氢酶	延长血浆半衰期 降低免疫原性
治疗白血病	L-ASNase	降低免疫原性
血浆扩容剂	Bovine	降低免疫原性
治疗肿瘤	IL-2	增加水力动力学半径
治疗肿瘤	TNF-α	降低毒副作用，增加抗肿瘤效能
治疗肿瘤	抗肿瘤抗体	肿瘤定位
治疗实体肿瘤	B- 葡糖苷酸酶抗体	改善药代动力学特性，增加稳定性
遗传基因缺失症	腺苷脱氨酶（ADA）、胆红素氧化酶、Pu 核苷 Pi 酶、尿酸酶	
抑制免疫反应	卵清蛋白	
抗血栓	尿激酶、链激酶、水蛭素、胰蛋白酶、1-PA、抗血凝剂、前凝血酶、溶栓酶	
其他	胎蛋白酶、碱性磷酸酯酶、核糖核酸酶、大豆胰蛋白酶抑制剂、脲酶、糜蛋白酶、羧肽酶、溶菌酶、脂肪酶、弹性蛋白酶、胰岛素、蜂毒、枯草杆菌素、花粉等	

样综合征。要将其转化为一种有效的抗肿瘤药物必须有效地降低毒副作用，PEG 修饰正是为达到这一目的。研究表明，利用 PEG-5000 对 TNF-α 进行化学修饰，通过对修饰条件的优化处理，不仅能够有效减少对细胞的毒副作用，还可提高其抗肿瘤活性。当赖氨酸残基被修饰的程度分别为 29% 和 56% 时，其抗肿瘤活性分别增加了 4 倍和 100 倍，与天然 TNF-α 相比，修饰产物的相对分子质量明显增大，延长了药物的有效作用时间，降低了毒副作用，促进了其作为抗肿瘤药物的应用。

（11）在生物工程中的应用

修饰蛋白在生物工程中的应用是多方面的，主要包括以下几方面：

① 提高酶的稳定性。

② 改变酶的专一性　黄素的溴酰衍生物可与木瓜蛋白酶的—Cys 共价结合，结果将有水解活性的木瓜蛋白酶转变为具有氧化还原活性的黄素木瓜蛋白酶。

③ 创造新的酶活性　许多重要的生物活性肽含 D- 氨基酸，因肽酶只对 L- 氨基酸有专一性，因此不可能在肽酶催化下合成含有 D- 氨基酸的肽。

④ 生产实践上的应用　医药（甲醛使细菌毒素和病毒改性）、毛纺（羊毛染色）、食品（去除杂味 / 怪味）等。

5.10　蛋白质化学修饰的局限性

蛋白质化学修饰只能在含有特殊功能基团的侧链上进行。但蛋白质中有很多氨基酸不含特殊功能基团，且从种属差异比较来看，它们在进化上又比较保守，X 射线衍射分析结果表明，这些氨基酸侧链在维持蛋白质的特定空间构型方面起重要作用。目前的化学修饰方法不能用来研究这些氨基酸残基在蛋白质结构与功能的关系。

从整体来看，往往系统性不够。如蛋白质某一氨基酸残基被修饰后，导致活性完全丧失，这意味着该氨基酸残基对蛋白质表现其生物学活性是“必需”的，但为什么“必需”就不能确切说明。

修饰剂的专一性是相对的，很少有对某一氨基酸侧链绝对专一的化学修饰剂，而且同一修饰剂对不同蛋白的修饰行为不同，难以预测；修饰剂反应性及选择性低，修饰后的蛋白质均一性差、活性低。化学修饰不改变蛋白质的构象是不可能的，而构象的变化又妨碍对修饰结果的进一步解释。非极性氨基酸侧链无法进行化学修饰，但它们同样有重要作用。修饰会使蛋白质失去相应的活力，缺乏准确性和系统性。

5.11　蛋白质化学修饰面临的困难与发展趋势

目前，经过化学修饰的蛋白质，包括改良的激素、酶和抗体与药物结合物在工业和医药领域得到了广泛应用。对蛋白质进行化学修饰可引入新的功能，提高稳定性或可药用性。但对蛋白质进行化学修饰而不损害其天然功能仍是一个巨大挑战，因为蛋白质是依赖于构象的大型多功能分子。理想的方法应具有化学选择性、位点选择性，并在生物相容性条件下进行，以防止蛋白质变性。

蛋白质的化学修饰是一个不断扩展的领域，近年来报道的大量新型氨基酸特异性修饰方法就说明了这一点，而且这些方法还在不断完善。特别是随着人们对抗体－药物共轭物的兴趣与日俱增，对提高位点选择性和更好地控制蛋白质探针比例的需求已初见端倪。现有的方法都不能完全满足这些需求。最近开发、改进的一些方法，包括亲和引导的蛋白质共轭和控制 pH 等，都表明在寻求可能的解决方案方面取得了重要进展。由于单个氨基酸的反应性是由邻近残基的微环境决定的，很难进行预测，因此对反应性进行调整和筛选也被证明是实现位点选择性的有效策略。在一定程度上满足这两种要求的补充方法是利用通常在蛋白质表面出现的低丰度氨基酸（如色氨酸、酪氨酸和游离半胱氨酸）的独特反应性。如果蛋白质没有天然的特定残基，这些氨基酸可以通过重组方法或非自然诱变方法引入。通过还原天然二硫桥，也可以获得游离半胱氨酸。这就为两个半胱氨酸残基的重新桥接以及引入新的功能开辟了道路。

开放讨论题

蛋白质化学修饰的局限性有哪些？将来的发展前景如何？

思考题

1. 蛋白质修饰的反应类型有哪些？
2. 蛋白质修饰的反应部位有哪些？
3. 聚乙二醇化学修饰基团有哪些？
4. 举例说明蛋白质化学修饰有哪些应用。
5. 蛋白质翻译后修饰有哪些主要种类？

推荐阅读

1. 黄耀江 . 蛋白质工程原理及应用 . 北京：中央民族大学出版社，2007.

点评：该书比较详细地介绍了蛋白质结构、蛋白质组学、蛋白质生物信息学、蛋白质的分子模拟与药物设计、蛋白质表达、蛋白质分离纯化工程等内容。

2. 吴敬 . 酶工程 . 北京：科学出版社，2013.

点评：该书以经典案例分析的方式论述了酶工程技术基础知识，将基础理论与酶工程的工业应用及科学研究相结合。

数字课程学习

◆本章小结　◆教学课件　◆参考文献

6

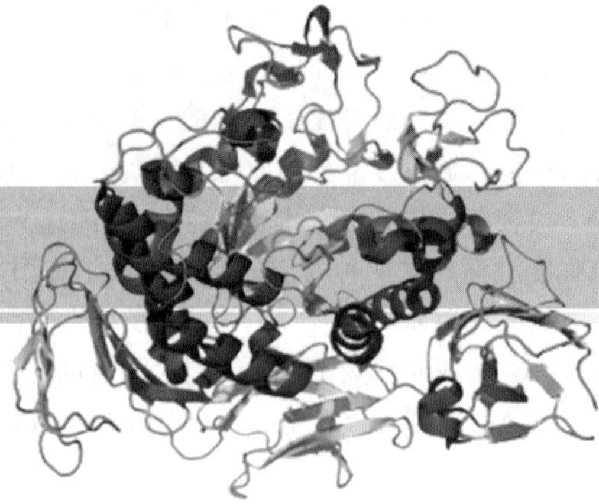

蛋白质的分子改造

- 6.1 蛋白质分子改造技术
  基因突变技术；定向进化技术；基因融合技术
- 6.2 蛋白质分子改造设计
  蛋白质结构预测；蛋白质分子理性设计策略；蛋白质设计实例

蛋白质分子改造是提高蛋白质应用效能的重要手段。基因突变是由于DNA分子中发生碱基对增加、缺失或改变而引起的基因结构改变，可分为单位点突变和多位点突变。定向进化模拟生命进化过程：首先创造突变体文库，然后通过筛选方法挑选出满足特定要求的突变体。基因融合技术是将编码一种蛋白质的部分基因移植到另一种蛋白质基因上，或将不同蛋白质基因的片段组合在一起，经合适的表达系统表达，即可获得由不同功能蛋白质拼合在一起而形成的新型多功能蛋白质，这种方法可以将不同蛋白质的特性集中在一种蛋白质上。

人们以蛋白质分子的结构规律及其与生物功能的关系为基础，可以设计新型蛋白质、多肽或其他代谢分子，并最终生产出性能比天然蛋白质更加优良且符合需要的新型蛋白质。

通过本章学习，可以掌握以下知识：

1. 基因突变原理及分类
2. 基因突变的特性
3. 基因突变的策略和方法
4. 蛋白质定向进化技术、策略和筛选方法
5. 预测蛋白质结构的方法
6. 蛋白质分子理性设计流程

知识导图

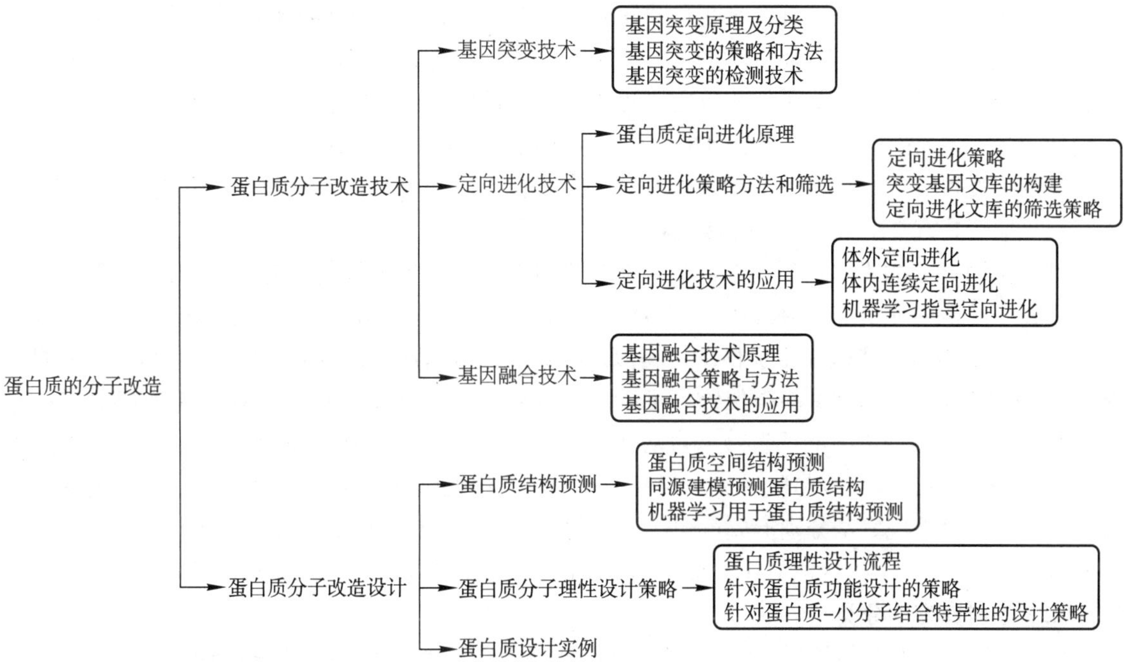

关键词

蛋白质分子改造　结构预测　理性设计

6.1　蛋白质分子改造技术

随着现代生物技术的不断发展，以蛋白质为核心的产品或技术在科研、生产和环保领域正发挥着越来越重要的作用。为了更好地满足人类需求，科学家一方面不断发掘新的活性蛋白质，另一方面开始将目光投向现有蛋白质的改造。

6.1.1　基因突变技术

基因组 DNA 具有遗传稳定性，在细胞分裂时能精确复制自己，但这种稳定性是相对的，在一定条件下生物体会发生基因复制错误而产生突变。

基因突变是基因组 DNA 分子发生的一种可遗传的变异现象，是基因组 DNA 在结构上发生碱基对组成或顺序的改变，并引起表型变化。基因突变为遗传学研究提供突变型，为育种工作提供素材，具有科学研究和生产上的实际意义。

6.1.1.1　基因突变原理及分类

（1）基因突变的原理

基因是携带有遗传信息的 DNA 或 RNA 序列，是控制性状的基本遗传单位，能够严格复制自己，因此得以保持其在分子结构上的稳定性；但在具体复制过程中，由于内部因素和外界因素的干扰而可能发生差错，使碱基排列顺序发生局部改变，进而改变了生物体的遗传信息。

基因突变是由于DNA分子中发生碱基对增加、缺失或改变而引起的基因结构改变，根据引发突变的因素不同，可分为自发突变和诱发突变。生物体由于受到某种诱变因素的作用或由于基因复制、转录、修复时偶然的碱基配对错误所产生的突变称为自发突变，自发突变率一般都很低；如果在人为条件下，使用某种诱变剂处理生物体而产生的突变称为诱发突变。两者产生的基因突变型没有本质上的区别，诱变剂的作用只是提高了基因的突变率。

基因突变可分为单位点突变和多位点突变，单位点突变是只有1个碱基对发生改变的突变，而多位点突变是有2个或2个以上碱基对发生改变的突变。

目前基因突变的机制仍不完全清楚。在物理诱变方面，紫外线能引起DNA分子断裂、双链交联以及形成胸腺嘧啶二聚体T–T，使DNA双螺旋呈现不正常构型。在化学诱变方面，碱基类似物的分子结构与天然碱基化合物结构相似，能够取代碱基从而诱发基因突变。例如5-溴尿嘧啶（BU）是胸腺嘧啶（T）的类似物，可以取代胸腺嘧啶，从而导致碱基对A–T变成G–C；2-氨基嘌呤是嘌呤类似物，能诱发碱基对从A–T变成G–C，或从G–C变成A–T。一些药物也能诱发DNA结构改变，如羟胺与胞嘧啶之间专一性反应能诱发碱基对从G–C变成A–T；亚硝酸可导致鸟嘌呤和胞嘧啶脱氨基分别形成黄嘌呤、次黄嘌呤和尿嘧啶，后2种碱基的变化引发碱基对由G–C变成A–T或由A–T变成G–C。嵌入到DNA分子中的吖啶类染料可引发移码突变。

（2）基因突变的分类

根据基因结构改变的类型，可以将基因突变分为碱基置换、移码、缺失和插入4种。

① 碱基置换突变　碱基置换是指DNA分子中原有的特定碱基或碱基对被其他碱基或碱基对置换、替代而引起的突变，也称为点突变，表现为同类碱基或碱基对之间的替换和不同类碱基或碱基对之间的相互替换。同类碱基之间的替换称之为转换，如一种嘌呤被另一种嘌呤取代或一种嘧啶被另一种嘧啶取代；不同类碱基对之间的替换称之为颠换，如一个嘌呤被一个嘧啶取代或一个嘧啶被一个嘌呤取代（图6-1）。由于DNA分子中有4种碱基，故可能出现4种转换和8种颠换，在自发突变中，转换一般多于颠换。碱基替换只是原有碱基性质的改变，并不涉及碱基数目的变化与异常，碱基置换引发的突变一般都具有很高的回复突变率。

知识拓展6-1
碱基结构类似物和诱变剂、射线引起碱基置换突变

② 移码突变　移码突变是DNA分子中某一位点插入或丢失1对或少数几对非3倍数相连核苷酸时，导致该位置以后的一系列编码顺序发生移位而产生的突变，可引起该位点以后的遗传信息都出现异常。发生移码突变的基因在表达时可使组成多肽链的氨基酸序列发生改变，从而严重影响蛋白质的结构与功能。

诱发移码突变的诱变剂种类较少，主要是吖啶类染料，这些染料分子通过嵌入DNA分子中，使DNA复制发生差错而造成移码突变。原黄素、吖黄素、吖啶橙等吖啶类诱变剂由于分子较扁平，可插入到DNA分子相邻碱基对之间。这种插入如果发生在DNA复制前，会造成1个碱基对的插入；如果发生在复制过程中，则会造成1个碱基对的缺失，两者的结果都造成移码突变。

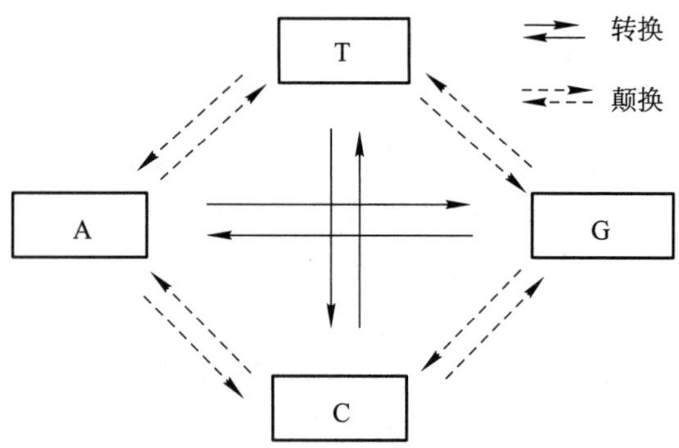

图6-1　碱基置换突变

③ 缺失突变　DNA分子链中缺失1个或数个甚至小片段的碱基对而引起的突变称为缺失突变，这种突变也可引起其后DNA序列的读框发

生改变。如果缺失的范围包括 2 个或以上基因，例如 2 个基因同时发生突变，因此又称为多位点突变。由缺失造成的突变不会发生回复突变。

④ 插入突变　指基因组 DNA 分子内部插入 1 个或几个碱基对或插入一段外源 DNA 而引发的突变，这种突变可以引起其后 DNA 序列的读框发生改变，故又称为移框突变。移框突变的结果不但改变了表达产物的氨基酸组成，也会出现新的终止密码子，而使蛋白质合成过早终止。转座子或插入顺序的插入常会造成基因失活，但插入的 DNA 分子可以通过切离而失去，准确的切离可以使突变基因回复成为野生型基因。

根据对密码子的影响及遗传信息的改变方式，基因突变可分为同义突变、错义突变和无义突变。

① 同义突变　同义突变是指碱基被替代后，没有改变产物氨基酸序列的突变。由于遗传密码子存在简并性现象，尽管改变了原有密码子的碱基组成，但所编码蛋白质分子的氨基酸种类并没有改变。如 CTT、CTC、CTA、CTG 的第 3 位碱基互相替代后其编码表达的产物均为亮氨酸，CTT、CTC、CTA、CTG 的第 3 位碱基互相替代后，其编码表达的产物均为脯氨酸，因此，同义突变并不产生相应的遗传表型突变效应。

② 错义突变　由于碱基序列的改变而引起产物氨基酸序列改变的突变称为错义突变。由于 DNA 分子中一对碱基的改变，使所编码蛋白质分子中的一种氨基酸密码子变成另一种氨基酸密码子，从而在翻译时改变了多肽链中氨基酸种类的序列组成，导致蛋白质多肽链原有功能的异常或丧失。有些错义突变严重影响蛋白质活性甚至使其完全失去活性，从而影响了表型。如果突变的基因是必需基因，则突变为致死突变。

③ 无义突变　无义突变是指 DNA 分子中一对碱基的改变，使得编码某一氨基酸的遗传密码子变成不编码任何氨基酸的终止密码子，引起翻译时多肽链合成延伸的提前终止，而造成多肽链的组成结构残缺和蛋白质功能的异常或丧失，如赖氨酸的密码子 AAG 突变为终止密码子 TAG，酪氨酸的 TAC 突变为 TAA 或 TAG 终止密码子。若无义突变的终止密码子使肽链合成过早终止，则蛋白质产物一般没有活性，若发生在基因 DNA 的 3′ 端处，所表达产生的多肽常有一定活性或部分活性，这种突变又称为渗漏突变。

（3）基因突变的特性

不论是真核生物还是原核生物突变，也不论是什么类型的突变，基因突变都具有随机性、稀有性和可逆性等共同特性。

① 基因突变的普遍性　在自然界的生物中，基因突变是广泛存在的，无论是低等生物还是高等生物，都有可能发生基因突变。

② 基因突变的稀有性　在自然状态下，生物的突变率是很低的，野生型基因以极低的突变率发生突变。通常情况下，细菌的突变率为 $10^{-4} \sim 10^{-10}$，但是在一个种群内和克隆时，有许多个体就会产生各种各样的随机突变，足以提供丰富的可遗传变异；在高等生物中，突变率一般为 $10^{-5} \sim 10^{-8}$。不同生物、不同类型，突变率也不相同。

③ 基因突变的随机性　在自然界中，生物体基因突变是随机地发生在生物个体发育的任何时期，甚至是在趋于衰老的个体中也会发生，因此具有时间上的随机性；突变既可以发生在体细胞中、生殖细胞中，又可以发生在生物体内的任何基因上，因此突变具有位置上的随机性。

④ 基因突变的不定向性　一个基因可以向不同方向发生突变，产生一个以上的等位基因，因此，基因突变没有方向性，而且可以在多个方向发生突变。

⑤ 基因突变的少利多害性　基因突变会产生不利的影响，被淘汰或是死亡，但并非所有突变都是有害的，有些突变也会产生有利的或既无利也无害的变异。

⑥ 基因突变的可逆性 突变基因可以通过回复突变而成为野生型基因。一个突变基因内部只有特定位置上的结构改变才能使它恢复原状，因此正向突变率总是高于回复突变率。

⑦ 基因突变的独立性 某一基因位点的一个等位基因发生突变，不影响另一个等位基因。

6.1.1.2 基因突变的策略和方法

蛋白质分子改造中所使用的基因突变，按照它们对突变位点的精确程度，可以分为定点突变和非定点突变两大类。

（1）定点突变

定点突变是一种对已知序列DNA中任意指定位置进行突变的技术，包括核苷酸的置换、插入或删除，是按照设计要求，在体外将基因特定区域的碱基进行突变。在蛋白质分子改造中，多用于突变氨基酸位置可以预先确定的场合。

按照突变引入的方式，可以将定点突变分为寡核苷酸诱导和寡核苷酸置换两大类，分别适于不同类型的预先确定突变氨基酸位置的突变。

① 寡核苷酸诱导的定点突变：利用带有预定突变序列的寡核苷酸单链引物，在体外与原基因序列退火，诱导合成少量完整的突变基因后，通过体内增殖得到大量的突变基因。

知识拓展 6-2
寡核苷酸诱导的定点突变流程

a. 经典的寡核苷酸诱导定点突变：该方法的优点是可以精确地在基因预定位置导入任何所需突变，并用有效的筛选手段获得突变基因，而且对目的基因本身的结构没有任何附加要求，可以直接用于各种需要突变的基因，加之步骤比较简单，技术比较成熟，因此，在蛋白质分子改造中得到广泛应用。方法的缺点是突变基因产率较低，因而提出了许多改进方案。

b. 对经典方法的改进

- 双引物法：为防止突变引物过早被破坏，在突变引物的上游增加一个保护性引物可同时与正链退火。即使不合成全长负链，含突变基因的噬菌体产率也可接近50%。
- 退火产物直接转化法：如果宿主对含有错配部分的退火产物不加破坏的话，即使直接用退火产物转化宿主，也应该获得较高突变产率。直接转化不仅省去了体外延长、封口、双链富集等步骤，而且体内合成双链比体外延长更为可靠，避免了发生意外突变的可能性，因此，采用退火产物直接转化方法比经典定点突变更为有效。
- 偶联双引物法：在加入突变引物的同时，伴随性加入一个特殊设计的限制性选择引物，后者能引起M13载体上一定的限制位点也发生突变。这样的双引物在与正链退火、延长、闭环、富集双链之后，转化可识别原正链上限制位点的限制性宿主。其结果是突变产率可达70%左右，正链的后代被宿主内的限制性酶识别并破坏，负链的后代因位点已突变，不被识别和破坏。
- 异源M13双链法（缺口M13双链法）：使用带有琥珀型突变的M13 DNA作为正链，将其与不带目的基因的野生型M13进行退火，形成带缺口的异源M13双链。再与突变引物经退火、延长等步骤后，转化到野生型大肠杆菌。正链的后代因有琥珀型突变，无法单独在野生型中正常扩增，负链的后代则不受限制，这方法可得到超过70%的突变率。
- dUMP正链法：在dUTPase缺陷型大肠杆菌中制备正链，使其带有大量的dUMP。与突变引物一起退火，在正常体外反应条件下合成正常的负链；闭环后，在体外用尿嘧啶核苷酶和碱处理，使正链的dUMP处遭受破坏和断裂。因此转化到野生型宿主菌后，只有负链复制扩增不受阻碍。此方法的突变率可超过80%。
- 硫代核苷酶负链法：用一种硫代核苷酸代替正常底物（如用dCTP-S代替dCTP）在突变引物与正链退火后进行负链合成，得到的闭环双链用*Nci* Ⅰ或*Pvu* Ⅱ水解（图6-2）。因为不能水解含硫核酸，所以只有正链被切断。用*Exo* Ⅲ扩大切口直至将目的基因部分切去。此时带有突

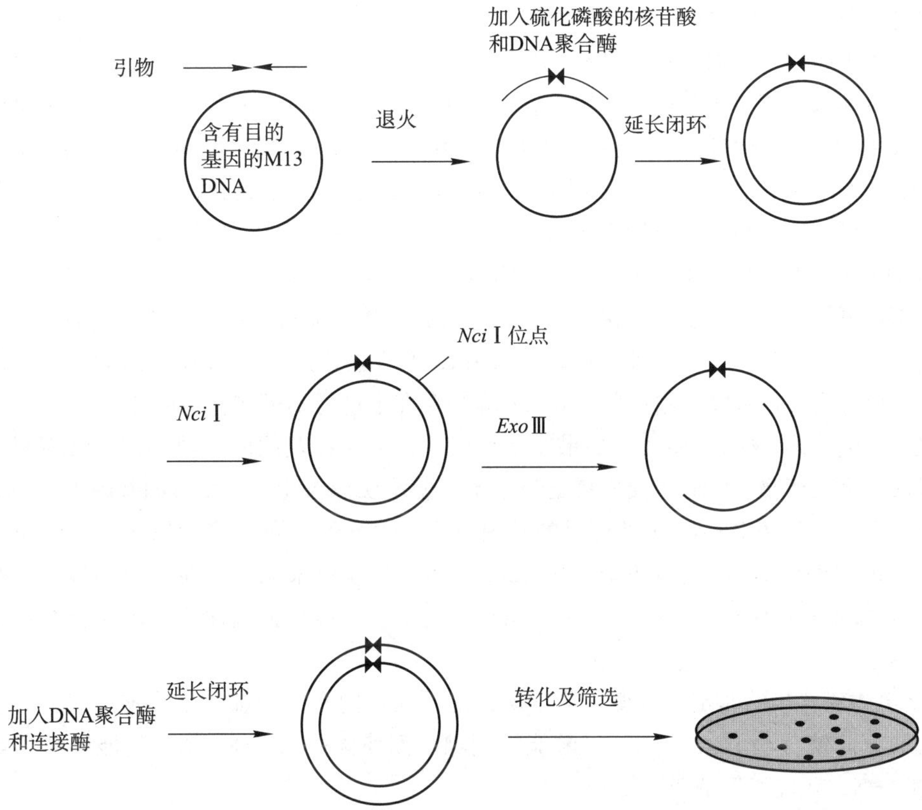

图 6-2　硫代核苷酶负链法定点突变

变的负链可作为模板指导新的正链合成，新修复的正链含有突变序列。硫代核苷酶负链法的突变率可超过 90%。

② 寡核苷酸置换的定点突变　寡核苷酸诱导的定点突变，只适用于将蛋白质中的某一氨基酸转变为预定的另一种或有限几种氨基酸，如果事先不能确定转变产物，需将每一种可能代替的氨基酸逐一实验时，就需要同时进行某一位点的多种突变，适合这类要求的突变方法就是寡核苷酸置换的定点突变。

a. 盒突变：盒突变是利用一种含有突变靶位点和特殊酶切位点序列的密码子盒引入突变序列，在目的基因欲突变部位的两侧准备适当的限制酶切位点，使这部分序列随时可以被拆下，而代以各种密码子盒。如果原来的基因没有适当的酶切位点，就需要用寡核苷酸诱导的定点突变技术引入适当的位点。

密码子盒是化学合成的一系列与目的基因欲突变部位相应的双链寡核苷酸，含有各种可能选用的突变序列。密码子盒可从正反 2 个方向插入目的基因，因此只需 11 种密码子盒就可替换产生全部 20 种氨基酸，以达到定点饱和突变的效果。进行置换时，可先用限制酶切除目的基因中的欲突变片段，再将所需的密码子盒与之混合退火、连接、转化宿主。

b. 双氨基酸（TAB）突变：向目的基因中原有的某些限制位点处插入可编码 2 个氨基酸的 6 个核苷酸序列的突变。蛋白质的某些部位插入二氨基酸，并不会影响其空间结构，但却可能强烈影响其功能。

（2）非定点突变

非定点突变是指那些不能预先确定产生突变位点的点突变技术。在蛋白质分子改造中，非定点突变是对定点突变的重要补充，因为对于已知结构蛋白质，根据现有结构知识设计制造的点突变，尚不能包括所有重要的突变产物，而且，已知空间结构蛋白质在已纯化蛋白中只占一小部分，因此，越来越多的蛋白质将在结构数据相对不足的情况下，开始着手进行蛋白质分子改造研究，这样的研究只能依靠非定点突变技术。按诱变方式可以将非定点突变技术分为 3 种。

① 错误掺入或错误修复　这类突变主要是依靠基因在进行修复反应时发生的错误产生的。

a. 局部部位的错误掺入突变：利用限制酶在溴化乙啶存在时只切断双链中一条链的特性，在原限制位点处形成单链缺口，再用 *Exo* Ⅲ酶稍加扩大，实现错误掺入而导致局部非定点突变。为了防止细菌 DNA 聚合酶的自我修复功能，需要采用 2 类方法抑制校正活力：一是在 3 种 dNTP 存在情况下修复缺口，并马上用连接酶封口，保证错误掺入无法校正；二是使用硫代底物，因为它们不受校正系统作用。作为一种改进，可以用 AMV 反转录酶代替细菌 DNA 聚合酶，因为这种酶本身没有校正活力，可以采用在单一 dNTP 底物存在下进行不可逆的错误掺入。

b. 均匀分布的错误掺入突变：如果非定点突变只分布在基因的少数部位，将不利于制造各种可能形成的突变产物，为此需要发展适当技术，使错误掺入能在整个目的基因上均匀分布。在溴化乙啶存在下，当用 DNase Ⅰ处理目的基因时可产生均匀分布的错误掺入，或者先将目的基因经不同程度的外切酶作用或程度不同的修复作用，使缺口末端分布在整个基因中，然后利用 AMV 反转录酶导入错误掺入，并按照正常条件修复全长，以保证错误掺入均匀分布在基因的各个位置。

② 化学诱变产生的非定点突变　化学诱变剂可在体内和体外都产生非定点突变，如亚硝酸能够引起脱氨而使 A → I、C → U，甲酸能够脱嘌呤而使 A → N、G → N，肼能够破坏嘧啶而使 C → N、T → N，亚硫酸氢钠能够使 C → U。

a. 亚硫酸氢钠诱导的非定点突变：由于亚硫酸氢钠只针对单链 DNA 发生反应，所以首先要制造局部单链区在 DNA 分子内部或两端，然后用亚硫酸氢钠处理修复单链区（固定突变），转化到大肠杆菌后可得到较原局部单链区范围内很高比例的 G–C → A–T 型突变。

b. 化学诱变产生的饱和突变：饱和突变是使诱导的点突变在目的基因上尽可能稠密地分布，以至接近“饱和”状态的一类非定点突变技术。

③ 寡核苷酸置换的非定点突变　通过合成一组含有各种单个随机点突变的寡核苷酸，并用寡核苷酸置换法取代基因的某一部分，就相当于在该处发生了一系列非定点突变。因此，只需设法合成含有所有可能的单个点突变的寡核苷酸，称之为“点突变库”。这种合成并不需要反复地进行，可以通过在每一步底物中引入少量混杂或部分去保护而一次实现。每一个寡核苷酸出现 X 个突变的概率是：

$$P(X)=\frac{N!}{N!(N-X)!}C_{\mathrm{m}}(1-C_{\mathrm{m}})^{N-X}$$

式中：N 是寡核苷酸链长，C_{m} 是混合物与总底物的相对浓度。

知识拓展 6-3
鸟枪合成突变

一般情况下，要求出现单个突变的概率（$X=1$）为最大，为此需要用计算机算出相当各种寡核苷酸链长时最适的混杂浓度。

6.1.1.3 基因突变的检测技术

基因突变的检测包括 2 个层次：一是遗传物质的直接检测，一般都是通过建立一系列电泳，分析 DNA 构象或解链特性，或者利用 DNA 变性和复性特性，进行 DNA 突变分析；二是蛋白质层次的间接检测，主要是借助一些蛋白质分析技术，分析突变体产生的变异蛋白，以及由变异蛋白引起的其他改变，如菌落形态、抗生素抗性等。

随着人类基因组计划的完成，更多快速、高效的测序方法被开发及应用。在目前的大规模突变检测中，多重 PCR 测序和基因芯片等呈现了良好的应用前景。

（1）多重 PCR 测序

多重 PCR 测序检测的基本原理为：将待测基因切割成数百个碱基大小的片段，同时在一组反应管中进行 20 ~ 40 个 PCR 反应及双脱氧测序反应，然后将 20 ~ 40 组序列的终止反应混合液上样到测序胶的单组泳道上，电泳后转移到尼龙膜上，并用专一性的寡核苷酸探针和膜杂交，读出相应的 PCR 片段序列。

（2）基因芯片

DNA 芯片最初是为快速测序而设计的，同样也为突变检测提供新的方法。其原理为：用不同荧光标记的突变型和野生型单链分别与芯片载体上已知的寡聚核苷酸杂交，由于列置在 DNA 芯片上的已知寡聚核苷酸序列是某个完整基因交叠衔接的 DNA 片段，因此可以通过激光共聚焦扫描对杂交荧光信号的有无进行检测分析，从而找出突变。

6.1.2 定向进化技术

蛋白质进化大多是由于某些点突变或修饰的积累，它们分布于较大的序列空间，因此，人们试图通过研究分析蛋白质的三维空间结构以理解结构与功能之间的关系，然后采用定点突变的方法来改变蛋白质分子中个别氨基酸从而产生某个含有新性状的蛋白质，这又称为理性设计。然而，这类方法仅适用于已知三维结构且对结构与功能的关系比较清楚的蛋白质。事实上，大多数蛋白质的三维结构信息并不清楚，蛋白质结构的复杂性都极大地增加了理性设计的难度。

然而，随着分子生物学技术的不断发展，特别是 PCR 和基因重组技术的应用，近年来定向进化已从体内转为体外进行，可以在事先不了解目标蛋白结构信息和作用机制的情况下，通过在体外模拟自然进化过程，使基因产生大量变异并定向选择出所需新的性质或功能的蛋白质。实验方法也变得简便、快速和高效，而高通量筛选和体外展示技术的发展更进一步拓展了体外定向进化的应用范围。

6.1.2.1 蛋白质定向进化原理

获得生命的进化和新功能性需要通过突变、重组等过程来实现，而在实验室中进行的蛋白质改造正是对这一过程的模仿：首先创造突变体文库，然后通过筛选方法挑选出满足特定要求的突变体。由于目的蛋白的特性是预先设定的，因此这一改造过程被称为定向进化。

定向进化属于蛋白质的非理性设计，不需事先了解蛋白质的空间结构和催化机制，通过人为创造的特殊条件，模拟自然进化机制在体外改造基因，并定向选择出所需性状的突变蛋白。定向进化的基本原则是获取所筛选的突变体，亦即定向进化 = 随机突变 + 选择。

定向进化是以 1 个或多个已经存在的目的蛋白为母本，经过基因突变和重组，构建一个人工突变蛋白质文库，通过筛选最终获得具有某些特定性状的进化蛋白质。定向进化不需要蛋白质的结构 - 功能之间信息，属于非理性设计，所以定向进化能否成功主要取决于其所构建的突变体文库的容量、质量和筛选方法的效率。既能保证文库质量又能有效缩小文库容量的蛋白质序列空间检索策略，对于提高定向进化效率具有至关重要的意义。目前，创建突变库的方法已经有很多且比较通用，而建立有效的高通量筛选方法是蛋白质定向进化成功的关键。

考虑到蛋白质的以下特点：① 蛋白质的顺序空间是巨大的，一种由 300 个氨基酸串联而成的蛋白质可能有 20 300 种排列方式，其中绝大多数排列方式没有反应功能，尤其是我们想要的功能。② 大多数突变是有害的，有利突变稀少，而有利突变的组合就更加罕见。因此，通过完全随机的取样方式很难得到所需功能的蛋白质，蛋白质进化最好是选择一个性状接近于所想要的蛋白质作为起点。③ 理想的状态是在每一蛋白质序列中每次只产生一个氨基酸突变。

在进行蛋白质定向进化过程中，需要：① 产生包含大量带有微量有利突变的突变体的文库；② 突变体应能在适当的微生物体内进行功能表达；③ 灵敏的筛选方法，能反映出由一个氨基酸的置换而引起的预期性状的较小提高。

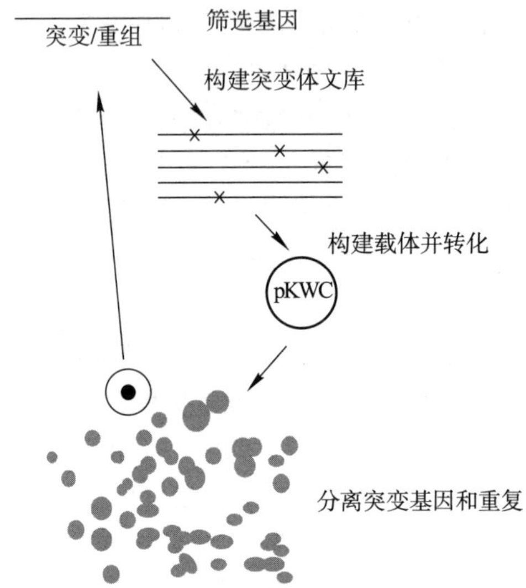

图 6–3 定向进化法改造酶蛋白质

6.1.2.2 定向进化策略方法和筛选

（1）定向进化策略

蛋白质定向进化的本质是构建分子多样性突变文库，并从文库中筛选性状有改进的突变体（图 6–3）。

当突变体性质达不到要求时，可以在突变体基础上进行下一轮突变，直到获得满意的突变体。因为单个突变对蛋白质特性的影响通常都是独立的，而且具有加和性，为了得到性能理想的突变体，往往要将几个具有相对较小影响的突变结合在一起。目前用于蛋白质定向进化的策略主要包括随机进化、半理性进化和理性进化，表 6–1 总结了 3 种蛋白质定向进化策略的优势及其特点。

表 6–1 蛋白质定向进化策略比较

	随机进化	半理性进化	理性进化
方法	TRINs 序列饱和突变技术 重叠延伸 PCR	CASTing 定点饱和突变 ISM 盒式诱变	计算机建模 从头设计
优势	增加突变多样性 针对每个或多个密码子 增强生物鲁棒性	避免终止密码子 减小文库大小 增加阳性突变比例	指导和模拟实验 实现从头设计 优化反应途径
发展方向	突变多个连续密码子 有益突变的评价标准（功能、结构、突变率）	同源模型的选择 突变区域的确定	计算机算法的优化（能量函数、力场等）
劣势	突变文库通常较为庞大，筛选困难	文库大小随突变点的增多而成指数级增长，突变体超多，有时很难筛选	大大减少了实验需进行的筛选工作，但通常得到的蛋白质活性不高

定向进化策略具有以下 3 个显著特征：① 严密控制进化中每一关键步骤；② 修饰改善蛋白质已有特性和功能、改造引入一个具有新的功能的蛋白质，以执行从不被生物体所要求的反应，甚至可以为生物体策划一个新的代谢途径；③ 能从进化结果中探索蛋白质结构和功能的基本特征。

深入学习 6–1
定向进化策略基本过程

① 随机进化　蛋白质结构与功能研究相关技术的快速发展，产生了大量的蛋白质结构信息，然而，蛋白质有效突变点的预测仍然十分困难，因而随机进化仍是十分有效的蛋白质定向进化手

段。随机进化方法主要分为体外随机进化和基于重组的体内随机进化，前者包括非重组的体外随机进化和基于重组的体外随机进化（表 6–2）。

表 6–2　随机进化的方法及其特点

	非重组的体外随机进化	基于重组的体外随机进化	基于重组的体内随机进化
方法	epPCR ScSaM	DNA 重组 StEP TRINs	重组工程 MAGE MIPE
改进性质	蛋白质活性 pH/ 热稳定性 底物已知 催化效率	pH/ 热稳定性 反馈抑制 蛋白质活性 产物得率 底物选择性	催化效率
目标蛋白	青霉素 G 酰化酶 麦芽糖淀粉酶 cAMP 受体蛋白 吲哚 –β–1,4–x 木聚糖酶	纤维二糖水解酶 cAMP 受体蛋白 酯酶 转氨酶 胺氧化酶	核酸酶 红色荧光蛋白

a. 非重组的体外随机进化：非重组的体外随机进化策略是利用 DNA 聚合酶不具有 $3' \rightarrow 5'$ 校对功能的性质，并结合基因工程现有技术手段，在待进化酶基因的 PCR 反应中，配合适当条件，以很低的概率向目的基因中随机引入突变，并构建突变库。主要包括易错 PCR 等无性进化技术。

b. 基于重组的体外随机进化：基于重组的体外随机进化策略主要包括 DNA 改组、交错延伸方法、串联重复插入等有性进化技术。与易错 PCR 相比，DNA 改组可被用来进行多个同源基因的重组，且由于其在片段组装过程中有可能引入点突变，因此也可用以指导单一序列的基因进化。交错延伸方法是通过多轮 PCR 反应，进行不同模板的转换，最终得到含有多个亲本信息的产物，该方法改进了 DNA 重组的周期长、有益突变率低等问题。串联重复插入是一种通过滚环复制将原始基因以串联重复序列的形式插入到目的基因中的方法，尽管串联重复插入局限于使用特定的短序列片段，但能够鉴定蛋白质中的特定区域，并且通过模拟自然进化中的复制插入机制，避免文库的过分膨胀，当高通量筛选条件受限时，串联重复插入策略将发挥十分重要的作用。

c. 基于重组的体内随机进化：基于重组的体外随机进化策略都是通过 PCR 获得，仅能改造某一个基因，虽然能够十分有效地达到蛋白质进化目的，但难以对代谢途径或网络进行操作。而迅速发展的体内重组策略则能够平行操作多个基因，同时进化代谢网络中的多个关键蛋白，从而在短时间内获得表型优良的突变株。

② 半理性进化　尽管随机进化策略十分有效，但仍存在突变文库大、阳性突变少和难以筛选等问题。半理性进化策略可借助生物信息学分析方法，在研究分析大量蛋白质序列比对信息、二级结构数据和甚至是在同源建模得到目的蛋白三维空间构象的基础上，更有针对性地对蛋白质进行改造，不但提高了阳性突变率，而且大大缩小了突变文库容量，更易于筛选。

半理性进化的关键是通过计算机模拟获得潜在的有益突变位点，再利用适当的饱和突变技术构建合适的突变文库，表 6–3 所示为不同的计算机算法以及结构分析方法。另外，对于结构较为复杂的蛋白质，可将其分为不同的结构单元，并在其内部独立进化，组合筛选最佳进化单元，而

知识拓展 6–4
多元基因组工程与多元质粒工程技术

得到完整蛋白质。

表 6-3 半理性进化的计算机算法和文库构建方法

	计算机算法		基于结构分析
	基于三维结构或同源建模分析	基于性质	
突变位点获得	SCHEMA HotSpot Wizard ProSAR	QSAR ASRA	SCOPE
文库构建方法	GSSM ISM CASTing		外显子重排
改进性质	对应选择性 热稳定性 底物特异性		配基 – 受体

③ 理性进化　理性进化策略主要在计算机中完成，通过计算机建模预测蛋白质活性位点，考察基因突变对目标蛋白稳定性、折叠以及与底物结合的影响，从而对蛋白质进化进行设计指导和模拟筛选，提高实验的成功率。

在代谢工程中，虽然反应能垒对途径的影响十分重要，但随机进化和半理性进化策略均不能直接解决这类问题，从头设计则能够对这些因素加以考虑。首先根据量子力学建模得到目的催化反应，额外考虑某个具有高能垒的反应，推测其过渡态，定位所需的催化侧链并结合反应的优化过渡态。利用 QM/MM 模型分析得到包含过渡态和涉及结合、催化的蛋白质功能团的理论蛋白质突变文库，再利用计算机软件，在大量稳定的蛋白质支架中搜索能够支持这些理想活性位点的蛋白质主链群，最终经过优化处理的基因序列即可进行实验验证。这种方法能够在数百个潜在的模板蛋白侧链中自动挑选合适的算法搜索催化侧链过渡态，并将其定位到合适位置。

理性和半理性策略是在弄清蛋白质空间结构，特别是活性位点和构效关系的基础上，针对活性位点设计和改造蛋白质；而通常所说的定向进化则多指采用随机方式构建包含大量突变的文库并对之进行定向筛选的过程。

（2）突变基因文库的构建

在突变库的构建过程中，希望得到中等适合度和丰度的突变体库，且适合度与蛋白质筛选通量相匹配。虽然不同的蛋白质有不同的要求，但一般控制突变频率在每个序列 2 ~ 3 个碱基或 1 个氨基酸残基变异的水平，可以获得适当活性的基因文库。

对由单一亲本基因起始进行构建突变体文库的方式有 2 种：一是在运用随机点突变技术构建起始基因文库后，选择适合度高于某一域值的所有良性克隆，并以此为亲本构建 DNA 改组文库；另一是在运用随机点突变技术构建起始基因文库后，选择最好的克隆进入下一轮随机点突变。前者可以在起始突变库的基础上，将多数良性克隆并行进化，避免丢掉局部的良性突变，同时快速消除有害突变，积累有益突变。DNA 改组文库具有很强的继承性，且活性特征围绕在亲本基因周围，而随机点突变库的特征没有方向性。如果对蛋白质多个特性同时进行筛选，则 DNA 改组文库的潜力明显高于随机点突变库；后者构建的突变库大部分克隆的适合度低于亲本基因，需要高通量筛选方法予以配合，同时有害突变容易积累。

建立突变体库是蛋白质定向进化的首要步骤，因此，需要运用不同的突变技术增强突变体库的多样性，提高定向进化的成功率。

① 基于非 DNA 重组的随机突变

a. 易错 PCR（EP-PCR）：易错 PCR 是一种简便快速地在 DNA 序列中随机制造突变的方法，是通过改变传统 PCR 反应体系中某些组分（如 Mg^{2+} 或 Mn^{2+}）的浓度、改变体系中 4 种 dNTP 的浓度比例或使用低保真度 DNA 聚合酶等，在体外基因扩增过程中，使碱基在一定程度上随机错误引入而引起突变，经过多轮 PCR 扩增后形成突变库。由于不改变基因长度且突变频率控制在适度范围，所以能有效获得有益突变体。但是，易错 PCR 是发生在单一分子内的突变，属于无性突变，也由于突变来源局限于分子内部，从而造成有益突变比例远低于有害突变，并且正突变的幅度较小，因此已较少单独用于蛋白质改造。

b. 易错滚环扩增（EP-RCA）：易错滚环扩增方法是将 DNA 滚环扩增原理应用于易错 PCR 技术时形成的。易错滚环扩增方法省去了酶切和连接等步骤，甚至不需要利用特定引物及 PCR 等设备（常温扩增），可以简化进化过程，也使得随机突变技术的应用变得简单。在筛选时母链会产生的假阳性影响，因此需要通过 *Dpn* Ⅰ 酶去除甲基化的亲本链，以消除母链产生的假阳性。

c. 化学诱变剂介导的随机突变：在 65℃下直接用羟胺处理带有目的基因片段的质粒后，再用限制性内切酶切下突变了的基因片段，并克隆到表达载体中进行功能筛选。

d. 复合自组装基因组工程（MAGE）：复合自组装基因组工程方法是以整个染色体 DNA 为模板，在体外设计并合成一系列小分子 DNA 片段，通过转化的方法不断导入细胞内，随着染色体 DNA 的复制来构建突变库。其基本原理为：首先，制备细胞悬液，在细胞生长对数期诱导细胞体内的 β- 蛋白表达；其次，设计一组 90 bp 左右的单链小片段 DNA 根据特定代谢途径的相关基因；第三，体外合成的单链小片段 DNA 通过电转化方法导入细胞中；第四，单链 DNA 可作为随机引物渗入染色体复制，造成基因突变，细胞再生后可进行下一轮循环或筛选。该方法的优点是效率高，既可以对细胞的整个代谢途径进行突变，也可以通过小片段 DNA 设计重点突变基因组中的某些代谢途径。

e. 由致突变菌株产生随机突变：由致突变菌构建突变文库的前提条件是一株 DNA 修复途径缺陷的大肠杆菌突变株，该突变株的体内 DNA 突变率比野生型高 5 000 倍。其基本步骤如下：首先，将带有目的基因的质粒转化到该突变菌株内复制过夜，在此过程中会产生随机突变，其中，每 2 000 个碱基中通常约有 1 个碱基置换；然后，将带有突变过的基因的质粒转化到表达系统中进行筛选；接着，经过连续几代随机突变和筛选，从每一代中挑选一个最佳的突变体作为下一代的亲本，通过积累氨基酸的正突变，可加快进化的进程。

f. 定点突变和定点饱和突变：定点突变一般用于对 DNA 分子特定位点的突变，需要预先知道野生型基因的序列。其基本原理是：首先合成一段含有突变碱基的 DNA 引物后，将这段合成的引物杂交到包含有目的基因的单链 DNA 上，剩余片段通过 DNA 聚合酶进行延伸，得到的双链分子并转入到宿主细胞进行克隆，用特定筛选方法将突变子筛选出来。如果短时间内获取靶位点氨基酸分别被其他 19 种天然氨基酸代替而得到突变子时，则称为定点饱和突变。此方法的目的在于寻求靶位点的最适氨基酸。定点突变和定点饱和突变技术的运用，能极大地丰富突变体库的多样性。

g. 组合活性中心饱和突变（CAST）：组合活性中心饱和突变的基本原理是：在酶的活性中心部位寻找一系列在空间位置上相互接近的氨基酸对作为突变位点，其中所选氨基酸对必须在侧链基团取向上具有潜在的协同作用，突变后才可能获得更具有潜力的突变体。如果选氨基酸对应的位置是 n，则第 2 个氨基酸的选择遵循以下原则：如果第 n 个氨基酸在环上，则另一个氨基酸选

择第 $n+1$ 位；若在 β 折叠上则选择第 $n+2$ 位；若在 γ 螺旋上则选择第 $n+3$ 位；若在 α 螺旋上则选择第 $n+4$ 位。

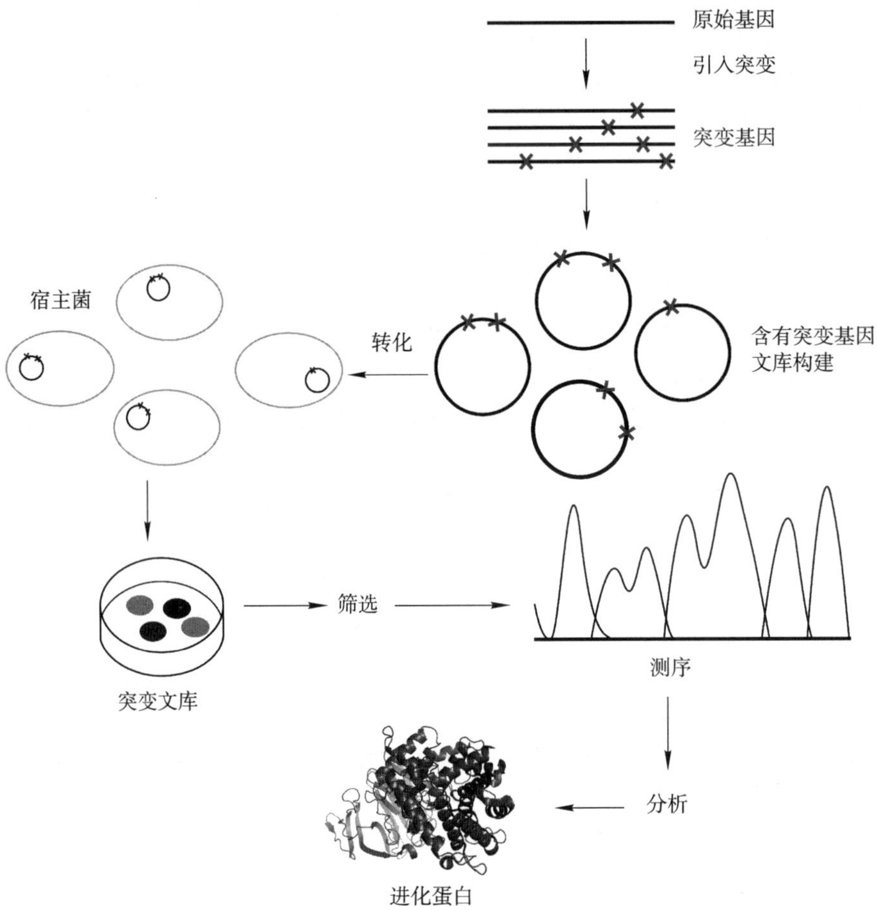

图 6–4 不同随机进化的基本技术流程

h. 随机片段交换（RAISE）：随机片段交换法的开发应用，为基因片段重组策略构建突变文库增添了新的内容。该方法除了在自身引物 PCR 步骤之前的加尾一步，其余均与 DNA 改组类似，但与 DNA 改组相比，可直接以单个基因为父本，无须从一组含点突变的基因或基因家族出发；产生的突变强度大于 DNA 改组；除包含点突变、区域交换外，还可产生随机序列的插入或删除等，从而提高突变文库的多样性。随机片段交换方法的创新点在于汇集了多种 DNA 序列的突变形式，各种突变形式既可以单独发生，也可同时发生，这是以往的突变方法所不能满足的，这意味着在简化实验步骤的同时又增强了突变文库的多样性。

在每一代突变中经常会出现多个阳性突变体，由于这些突变体包含大量有用的信息，因此应加以合理利用。如果只选择一株突变株继续进行突变，便会遗漏其他所有未被选作下一代亲本的已经鉴定出来的阳性突变体。但是，要通过突变将这些有利突变整合到一起是困难的，而且，随机突变会产生回复突变、没有其他机制删除有害突变；而连续突变方法同时也积累有害突变，这些都会导致一个进化的谱系提前终止。计算机模拟分析表明，仅靠点突变改变蛋白质时经常显得过于缓慢，而且不能产生继续进化所需的整块变异，因此，需要利用重组机制来克服随机突变方法的不足，更好地完成蛋白质改造。

② 基于 DNA 改组的随机突变　DNA 改组技术不仅可以对随机突变文库中筛选出来的一组突

变基因进行人为进化，还可以将具有结构同源性的几种基因进行体外重组，共同进化出一种新的蛋白质。通过这种方法产生的多样性文库，可以有效积累有益突变，排除有害突变和中性突变，同时也可实现目的蛋白多种特性的共进化。DNA 改组的基本过程如图 6–5 所示。

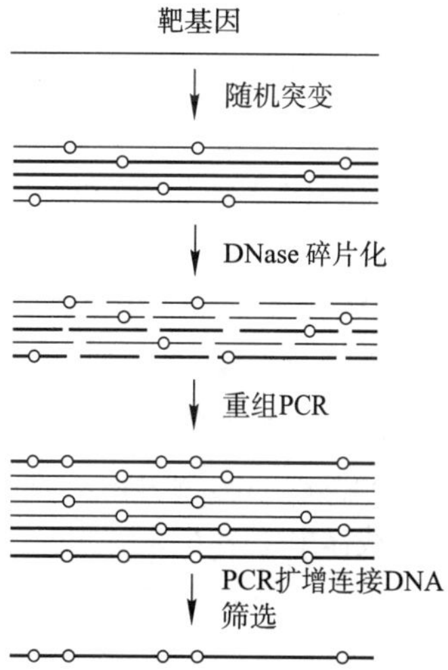

图 6–5 DNA 改组介导的随机突变

a. DNA 改组的特性：由于 DNA 改组是针对某个特定基因，其优势在于时间短、见效快。自然界中的 DNA 重组依赖于各种机制，其中 DNA 链的断裂融合是最为常见途径之一，而 DNA 改组是片段化的 DNA 通过在体外重新组装。经过改组后的 DNA 可以导入各种模式细胞中，使得遗传操作具有很大的主动性，且改组后的基因表达产物易于识别与鉴定，从而大幅提高了优化 DNA 片段的速率。

想从大量的突变体文库中获得理想个体，关键性的问题是筛选方法，要从上万个克隆中找到一个理想的个体，没有有效的筛选方法几乎是不可能的。因此，DNA 改组把筛选方法放在首位。在巨大的突变体库中，DNA 改组技术先选择表现出预期功能的相关基因，进一步改组后，进行下一轮筛选改组。因此，所建突变体库小，定向进化效果显著。另外，DNA 改组从表型上早期进行选择，而不必了解 DNA 片段上的序列信息，简化了操作程序。

DNA 改组技术是基因在分子水平上进行的有性重组，通过改变单个基因或基因家族原有的核苷酸序列，创造新基因并赋予表达产物新功能。实际上，DNA 改组技术是一种分子水平上的定向进化，也称分子育种。在创造新基因的过程中，DNA 分子中的各种变异主要通过有性 PCR、交错延伸程序完成。值得指出的是，DNA 改组的效果必须由改组后基因表达产物的功能来验证，因此，灵敏可靠的筛选方法是 DNA 改组技术成功与否的关键。

b. DNA 改组的方法：DNA 改组是在随机突变基础上发展而来的，其前提是存在 2 个或多个父本基因，它们之间含有不同优势的表观性质或点突变，并且具有一定程度上一致性的碱基序列。首先对一组序列相关的 DNA 序列（经随机突变得到的一组有益突变体或天然存在的基因家族）进行超声波处理或用各种限制性内切酶消化（例如 DNase Ⅰ）等，产生一系列随机切割的适当大小的 DNA 片段。然后，在没有引物情况下，采用有性 PCR 方法进行合成。随着循环数的增加，PCR 产物将越来越接近切割前目的基因的长度。最后用基因两侧的引物合成全长基因，该基因包含了不同突变体发生的突变。由于包括基因重新组装过程，DNA 改组与其他突变技术有着本质的区别。

随后通过对 PCR 程序的重新设计，进一步改进了 DNA 改组技术，创造性地提出交错延伸程序。在一个反应体系中由 2 个以上相关的 DNA 片段为模板，进行 PCR 反应，引物先在一个模板链上延伸，随之进行多轮变性和短暂的复性 / 延伸反应。在每个循环复性时中延伸的片段与不同的模板配对，由于模板的改变，合成中包含了不同模板信息 DNA 片段，这种交错延伸过程连续进行，直到获得全长基因。交错延伸程序的核心为有性 PCR 技术。与前述有性 PCR 法相比，因省去 DNA 酶切割片段步骤，从而简化了 DNA 改组方法。

● 经典 DNA 改组（单基因改组）技术：DNA 改组技术是通过对目的基因酶切成随机片段后进行 PCR 重聚，因同源重组而产生基因突变的方法。由于 DNA 改组的对象是单个基因，经典 DNA 改组技术也称单基因改组。方法中所用的目的基因通常是一群密切相关的序列，如多种同源而有差异的基因或一组突变基因文库。这种方法虽然突变率和良性突变率都比无性突变高，但是

DNA 重组只是发生在单一基因内部而没有与外界发生更多的交流，所以还不能算作有性突变。由于在酶切后的 DNA 小片段之间有部分碱基序列重叠，可以通过自身引导 PCR 延伸并重新组装成全长基因，亦被称为再组装 PCR，该过程所产生的相关序列间的交换归因于模板的转换。

最初的 DNA 改组是在随机诱变的基础上发展来的，经多次改组、筛选后得到理想的突变体，主要步骤如下：① 建立初级文库，利用多种同源核苷酸序列作为模板进行易错 PCR；② 用物理方法或 DNase Ⅰ 对起始 DNA 分子进行随机剪切，成为 100 ~ 200 bp 的片段；③ 以自身互为模板和引物进行 40 ~ 60 个循环的 PCR 重组扩增 DNA 链；④ 在下一个循环中扩增片段分离，在退火后再次以自身为引物延伸扩增，与前一个循环到达不同的位置；⑤ 产物序列接近目的基因长度时加入原基因的两侧引物，通过传统的 PCR 循环和凝胶纯化扩增突变体，得到全长产物并克隆到目标载体中（图 6–6）。

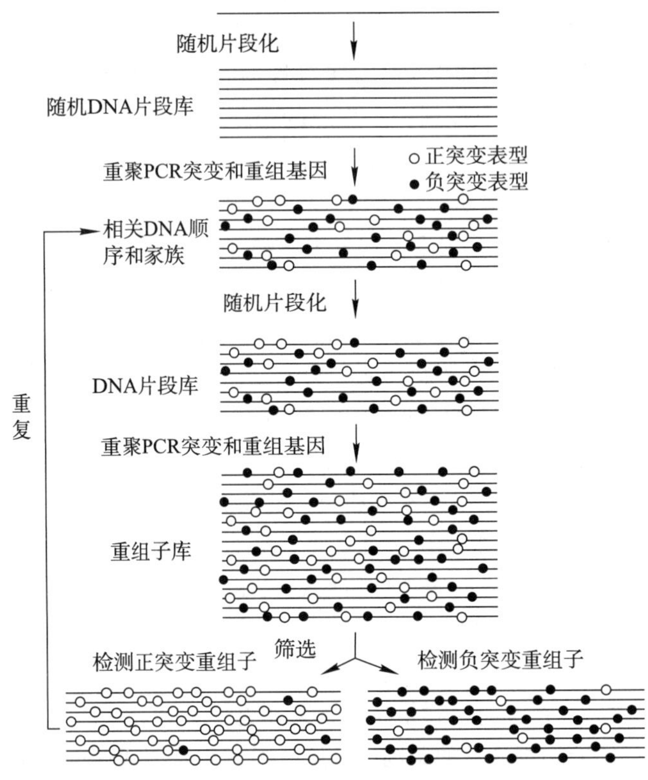

图 6–6　DNA 改组原理

DNA 改组的突变主要来自于小片段重组过程中由 PCR 产生的随机点突变，因此，DNA 改组具有以下有用特征：① 可以利用现存的有益突变，快速积累不同的有益突变；② 重组可伴随点突变同时发生；③ 可以删除个体中的有害突变和中性突变。由于 DNA 改组能将有益突变直接重组，因此，克服了传统定点突变成功率低的缺陷，也克服了易错 PCR 只能发生点突变而不能进行序列小片段之间交换的缺点。但是，DNA 改组过程中伴随的较高点突变频率会严重阻碍正突变组合的发现，因为绝大多数突变是有害的，有益突变的重组和稀少有利点突变会被有害突变的负背景所掩盖，为了降低突变频率，可以使用具有校正功能的 DNA 聚合酶。

DNA 改组具有以下显著优点：① 能在短时间内通过重组有效突变体而发掘所有可能的重组体与突变序列，从而大大加快进化速度，且对可操作的靶序列没有任何要求，长度可以达到几十 kb；② 通过多轮筛选或选择，可以使有益突变迅速积累，导致功能的明显提高，而且可使蛋白质的两个或更多的优秀性质合为一体；③ 从表型上早期进行选择，而不必了解 DNA 片段上序列的信息，简化了操作程序；④ DNA 改组比随机突变显著提高了良性突变的概率。

● 交错延伸改组（StEP）：交错延伸改组是一种简化的 DNA 改组技术，它不是由短片段组装全长基因，而是在 PCR 反应中将含有不同点突变的模板混合，随之进行多轮变性和短暂复性后随之延伸反应。在每个循环中，部分延伸的片段在复性时可以随机地杂交到含不同突变的模板上继续延伸，由于模板转换而实现不同模板间的重组，最终合成的全长是包含了不同模板 DNA 的信息（图 6–7）。

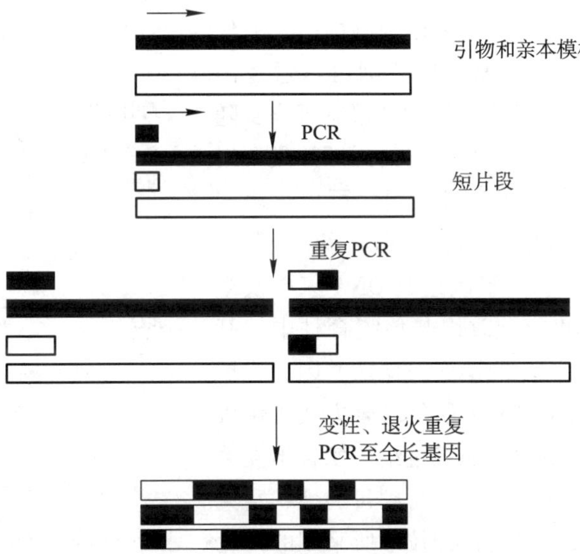

图 6–7　交错延伸过程

交错延伸方改组的具体步骤如下：① 在同一 PCR 反应中以具有一定同源性的若干亲本基因作为模板，进行 PCR 扩增反应；② 将退火 / 延伸的时间缩短以使得每一循环中延伸产物能和不同的模板退火并进一步延伸；③ 进行多次循环反应，直到全长杂合基因形成；④ 最后应用两端引物扩增，最终获得完整的目的大小的杂合基因。

由于模板转换而实现不同模板间的重组，形成的子链中大多数包含了不同亲本链的序列信息，从而具有了新的遗传特性，重组的程度可通过调整反应时间和温度来控制。交错延伸改组的关键在于找到一个可以使引物退火但又能减少延伸温度或降低聚合酶反应速率的反应条件，使得片段可以随机杂交到包含不同突变的模板上。由此可见，与经典 DNA 改组相比，交错延伸改组省去了 DNA 酶切这一步骤，从而缩短了反应时间。

● 基因家族改组：通过单一序列改组定向进化蛋白质的经典 DNA 改组方法，虽然能达到蛋白质分子改造目的，但其随机产生的多是点突变，且有益突变频率较低，导致筛选工作艰巨且进展缓慢，因此，进一步发展出了 DNA 家族改组技术，用来重组一系列进化上相关的基因。

基因家族改组与单基因改组在操作上并无二致，最大的区别在于出发序列的同源性。DNA 改组技术中的目的基因是一组序列相关的 DNA 序列，是经随机诱变得到的一组有益突变体或天然存在的基因家族；而基因家族改组中的基因通常选择的是来自不同菌属但编码同样蛋白质的基因序列，是一组在进化上存在相关性的同源基因，也包括经单基因突变得到的一些有益突变体，因此从这一角度而言，家族改组才是真正意义上的有性重组。

利用基因家族之间的同源序列进行 DNA 改组实现同源重组，所获得的突变重组基因库既体现了基因的多样化，又最大限度地排除了那些不需要的突变。因为经过自然选择保留下来的相对有益或无害的片段形成同源序列，所以由它们之间的信息交换所造成的大多改变对结构或功能无害，也就意味着大幅增加有益突变的比例，且不同来源的信息相互之间的交换也极大丰富了突变体的多样性。所以基因家族改组的突变概率和改组效率明显提高，基因家族改组的收效远远好于单基因改组。基因家族改组技术的原理如图 6-8 所示。

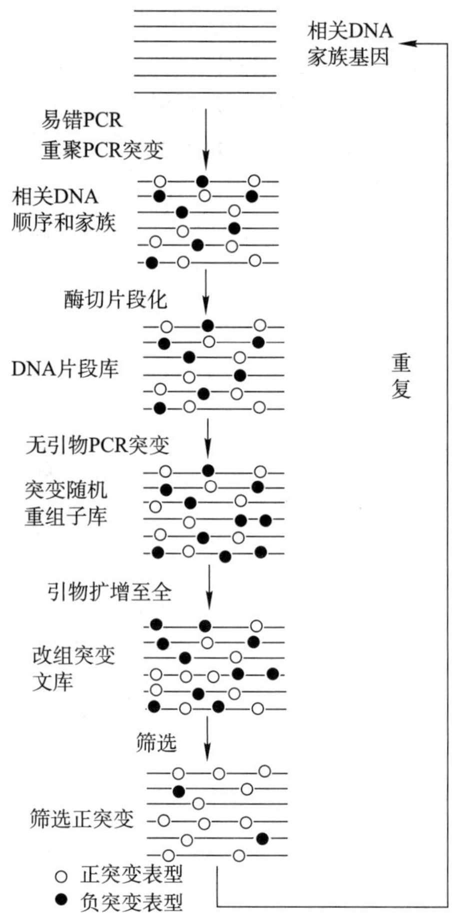

图 6-8　基因家族改组原理

在基因家族改组技术中，如果采用限制性内切酶代替 DNase Ⅰ用于酶切一组同源基因时，则可以避免因 DNase Ⅰ随机切割 DNA 带来的亲代同源片段基因自身随机拼接问题，从而大幅提高同源基因间的同源片段重组效率。另外，若使用单链 DNA 为模板时，可以克服双链 DNA 的自身退火现象，提高嵌合体的形成率。

• 全基因组改组：全基因组改组是 DNA 家族改组的延伸和拓展，它将 DNA 家族改组与传统育种中的基因组杂交相结合，将定向进化的操作对象从基因分子扩大为细胞。全基因组改组是以原生质体融合方式对包含目的性状的菌株进行多轮基因组随机重组，使各出发菌株的性状不断发生交换，并通过筛选得到目的性状富集的突变菌株。该方法突破了经典育种技术所采用的多轮无性突变或双亲本原生质体融合加表型筛选的方式，克服了经典育种技术存在的效率低、负突变多和遗传稳定性差等缺点，能够在不了解代谢途径或关键酶的情况下，通过相对较小工作量在较短时间内获得性能大幅提高的目的菌株。全基因组改组技术不仅适用于微生物，也适用于高等动植物细胞。

• 外显子改组：外显子改组技术是以外显子为单元进行的自由重组，首先用嵌合寡核苷酸引物分别扩增需要参与改组的外显子或外显子组，混合预扩增产物，经过无引物 PCR 反应而连接成不同组装形式的完整长度的 DNA 分子，形成外显子改组文库。通过控制参与改组的外显子范围，可产生不同特性的突变库。它可以加入更多的理性设计，甚至可以完全避免点突变，因此可用于医药等某些特殊领域。

知识拓展 6-5
单链介导的新型 DNA 改组技术

与 DNA 改组相比，两者都是在各自含突变的片段间进行交换，但外显子改组是靠同一种分子间内含子的同源性进行重组的，而 DNA 改组不受限制，外显子改组更适用于真核生物。

③ 基于 DNA 同源重组的随机突变　基于同源重组技术建立的随机突变方法，要求序列的同源性在 70% 或 90% 以上。主要有有性 PCR、随机引物体外重组（RPR）、交错延伸（StEP）、临时模板随机嵌合（RACHITT）和截短模板重组延伸（RETT）方法等。上述几种基于同源重组的突变技术都源自 DNA 改组的基本原理，一般认为是 DNA 改组的不同形式，其主要特点如表 6-4 所示。

④ 基于非同源重组的随机突变　由于 DNA 改组同源重组的特性导致其在非同源或低同源基因重组上的应用受到限制，因此许多基于非同源重组产生基因突变的方法被发展出来。

a. 渐进式切割产生杂合酶（ITCHY）：渐进式切割产生杂合酶技术是通过构建携带不同基因的 2 种重组噬菌体质粒并进行渐进切割、重组以构建杂合突变体文库的，它是利用外切核酸酶Ⅲ

表 6-4 基于同源重组的随机突变技术比较

突变技术	优点	缺点
有性 PCR	多个亲本基因参与进化，迅速积累有益突变，消除有害突变	亲本要求较高同源性
RPR	对模板 DNA 需求量少，方便引入突变	需随机引物，扩增片段有局限性
StEP	操作简单，在同一反应管中进行，无需 DNA 片段纯化过程	最适 PCR 反应条件难以把握
RACHITT	重组率高，可获得小于 5 bp 的重组片段，降低 PCR 反应引入的有害突变	外切核酸酶不完全切割影响文库质量，事前需获得单链 DNA 模板和重组片段

对基因片段进行消化，通过控制切割速度和时间，并连续取样终止反应，产生一组依次相差一个碱基的一系列 DNA 片段，随后将一个基因的 5′- 随机长度的片段与另一个基因的 3′- 随机长度的片段随机融合，产生杂合基因文库（图 6-9）。该技术可以在无同源性或低同源性的 2 个基因间产生重组，突破了 DNA 改组仅能在高同源基因间重组的限制。渐进式切割产生杂合酶技术产生的杂和基因库是由基因 *A* 的氨基端和基因 *B* 的羧基端单杂交而成，没有任何区域偏好，文库片段大小从 0 到亲本基因长度总和不等。尽管渐进式切割产生杂合酶技术引入的移码突变降低了文库的平均活性，但外切核酸酶渐进式切割产生 DNA 片段突变的原理被广泛应用。

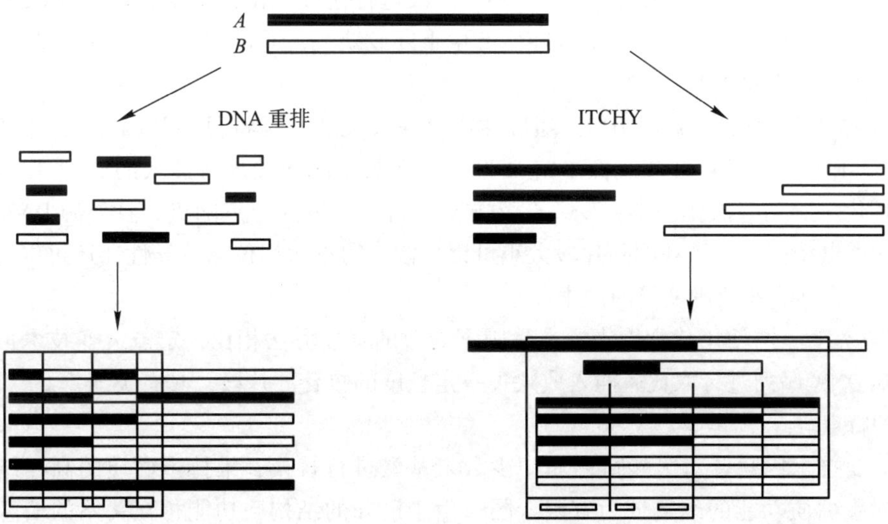

图 6-9 DNA 重排和 ITCHY 示意

该方法的缺点是操作较为繁琐，因为需要先制备一系列只缺失一个碱基的 DNA 片段，再将一个基因的 5′ 端与另一个基因的 3′ 端相连产生杂合基因库。因此，又提出了改进方法 Thio-ITCHY 技术：即在在同一载体上串联两段基因，经 PCR 延伸、酶切、连接后即可获得突变文库。

b. SCRATCHY 文库：SCRATCHY 是在渐进式切割产生杂合酶和 DNA 改组技术基础上发展起来的一种突变方法，首先使用渐进式切割产生杂合酶技术在 4 个低同源性基因间建立广泛的杂合基因文库，随后将该文库作为亲本基因进行 DNA 改组。该方法的特点是不依赖基因序列的同源性而产生多个 DNA 杂交位点。SCRATCHY 突破了单一 DNA 改组较高同源性要求的限制，可在低同源性基因间产生多次交叉重组，比单一 DNA 改组有更广阔的应用范围。

c. 随机多重组 PCR（RM-PCR）：随机多重组 PCR 是将需要重组的 DNA 片段进行随机平末端连接，再用一组特异引物扩增 DNA 片段二聚体，二聚体混合物经过一次无引物 PCR，连接成不同长度的 DNA 分子，最后电泳回收所需长度的片段。它实现了多个非同源 DNA 片段的随机重组，并通过对二聚体混合物的选择限定，建立了 2 个不同的基因文库。随机改组文库实现了 DNA 片段的随机组合，而选择拼接文库在不改变 DNA 片段排列次序情况下产生了片段的随机缺失。

d. 限制性酶切 - 再连接介导的基因重组：利用限制性内切酶对欲重组的 2 个以上 DNA 序列进行酶切，然后在连接酶作用下随机重新连接起来，实现 DNA 分子间的重组。实验证明，简单的酶切 - 再连接可进一步提高对硝基苯酯酶的活性，但如果 2 个正突变处于同一段限制性酶切片段上，则无法将它们重组于同一序列中。

e. 非同源性蛋白质重组（SHIPREC）：渐进式切割产生杂合酶技术虽能实现不依赖于同源性序列重组，但只有当融合发生在结构相似的部位时才能获得高比例的功能性杂合子，亦即重组发生的前提是 2 个基因片段有足够的相似性。为了使序列特征低的 2 个同源基因重组所产生文库的功能性杂交最大化，需要选择大小适当的镶嵌体以保持父本基因的长度，为此创建了非同源性蛋白质重组法。

⑤ 基于 DNA 长度改变的随机突变　易错 PCR 以及基因重组产生的随机突变并没有充分模拟自然进化过程中的全部变异类型，因此，基于 DNA 片段长度改变的基因突变方法也成为蛋白质定向进化技术的重要补充。

a. DNA 片段的随机重复与缺失：利用质粒为载体，外切核酸酶对同一基因的 3′ 端和 5′ 端分别进行渐进式切割，然后将 2 组随机长度 DNA 片段进行连接，在连接点上产生 DNA 片段的重复或缺失。该方法可以在基因全长范围内随机产生重复或缺失，通过调整切割程度，还可以理性地控制变异区段的大小和位点。

b. 随机插入 P 缺失突变（RID）：随机插入 P 缺失突变，是将目的基因环化并降解为单链，用 Ce（Ⅳ）-EDTA 随机切开成线性单链 DNA，并在其一端连接准备插入的 DNA 片段，PCR 扩增后再经环化、酶切等操作获得突变库。该方法的特点是删除位点随机，且外源 DNA 片段插入位点和删除位点相同，插入和删除片段大小可以控制。通过酶切位点特异性，还可以对特定部位进行突变，非常适合小范围变异的产生。

⑥ 定点突变　与使用化学因素、自然因素导致的突变方法相比，定点突变技术可以随心所欲地对已知 DNA 序列进行取代、插入或缺失一定长度的核苷酸片段，具有突变率高、简单易行、重复性好的特点。

定点突变技术因只针对天然蛋白质中少数氨基酸进行替换，维持蛋白质的高级结构基本不变，因而对蛋白质功能的改造较为有限。同时由于已知的结构 - 功能相互关系的信息远远不能满足人们对蛋白质新功能的要求，因此目前通过体外分子定向进化方法来研究改造蛋白质越来越多，并已取得了令人瞩目的成就。

随着分子生物学研究方法的不断发展，构建多样性文库的方法也不断涌现，如合成改组、突变和单方向重新装配、基于结构的重组蛋白质工程、以寡核苷酸为基础的最大随机化过程、设计寡核苷酸的组装等。近几年又出现了许多有应用价值的方法，例如，随机插入删除链交换突变、噬菌体辅助连续进化、用户友好 DNA 重组技术等。这些新方法的出现，为蛋白质定向改造的深入研究提供了坚实的技术基础。

（3）定向进化文库的筛选策略

在突变体文库产生之后，则筛选条件确定蛋白质预期特征的进化方向，因此，建立简单、高效、灵敏的文库筛选方法，则成为定向进化成功与否的关键。一般筛选过程包括：首先将突变基因进行分离并尽可能多地表达成蛋白质，然后将蛋白质活性通过亲和、催化或报告基因等表现为可检测形式，最后将符合要求的蛋白质分离出来。

确立突变文库筛选方法应满足以下条件：定向进化第一定律须针对目标的特性；具有高灵敏的检测方法；一种高通量方式。目前常用筛选方法可归为平板筛选、基于荧光或显色反应筛选、表面展示技术 3 种。

平板筛选方法最为简便，在固体平板培养基中加入底物，通过与底物反应形成透明圈或其他特征来筛选宿主表达的突变酶，或利用有关缺陷株作为宿主，直接将突变体与宿主的生长联系起来。但平板筛选只局限于某些突变方向的筛选，例如提高酶活性、改变作用底物等，对于改变最适 pH 和最适温度等突变方向，需要以可测定的酶促反应结果来筛选。

采用荧光或显色反应的筛选方法需要酶与底物作用后可以产生具有荧光基团的产物，通过测定荧光信号或在特定波长下的吸收值来筛选突变体。目前，这种方法已广泛结合 96 孔板、机械手臂、酶标仪等设备以提高自动化程度和工作效率。

近些年，在高通量和超高通量筛选技术方面取得了令人瞩目的成就，其中在体外无细胞翻译体系中进行的核糖体展示技术与 mRNA 展示技术，不受细胞转化效率的限制大幅提高了文库容量和筛选通量。其他高通量筛选方法还有细胞表面展示技术和噬菌体表面展示技术、靶活力与转录信号偶联的三杂交体系等。

① 传统筛选方法　传统的突变库筛选是根据表型观察进行的，主要通过对细胞生长率、生存率或底物消耗、产物生成速率等的观测筛选出目的菌株，是一类利用活体表达外源基因的方法。

a. 酶检测方法：在大多数筛选中，酶的浓度低、反应能力相对很弱，所以最好采用特异酶促反应进行，通过观察酶促反应时的现象或检测释放的能量、中间产物、抑制剂等，用来筛选高活力目的酶。可以利用酶促反应特征、加入显色试剂指示或者同位素标记底物与产物的降解与生成等方法来筛选理想的突变体菌株。

b. 信号探测：在信号探测方法中，很多信号都可以通过分光光度计、气相色谱、液相色谱、质谱、核磁共振等常用手段或者几种方法偶联而探测得到。当很多活跃的克隆距离较近或者整个群体活性都较高时，定量分析特定克隆的活性尤为重要。通过发展各种数字成像系统与显微镜结合的筛选技术，可以在相对较小的区域内检测大数量的克隆。

② 蛋白质定向进化的高通量筛选方法　目前，传统筛选方法主要是针对表达蛋白的特殊化学性质，方法虽然简单，但不能定量且对性状的微小变化不灵敏，在很大程度上限制了突变体库容及筛选能达到的通量，而后续发展的各类表面展示技术及流式细胞分选技术则克服了传统方法的缺点，大幅提高了筛选通量。

a. 表面展示技术：展示技术具有高效、灵敏等特点，为蛋白质突变体库高通量筛选提供了很好的选择，各类展示技术的普遍原理，是将表达的多肽以融合蛋白形式展现在核糖体、病毒或细胞表面，并使其保持相对独立的空间结构和生物活性，借以研究多肽的性质、相互识别和作用，筛选特定功能的多肽结构，实现蛋白质定向进化。

目前，噬菌体表面展示技术、核糖体和 mRNA 展示技术、细菌细胞表面展示技术等一系列表面展示技术已经发展起来，为蛋白质突变体库高通量筛选提供了更多选择。

● 噬菌体展示技术：噬菌体展示技术是一种用于筛选和改造功能性多肽的生物技术，它是将编码外源多肽的 DNA 片段插入噬菌体或噬菌粒的基因组中，以融合形式与噬菌体的外壳蛋白共同表达于噬菌体表面，经过“吸附 – 洗脱 – 扩增”过程筛选并富集外源肽，从而筛选出目的片段。在使用噬菌粒展示系统时，需要辅助噬菌体提供 P Ⅷ蛋白以维持噬菌体衣壳蛋白的完整性，插入的 DNA 片段应对噬菌体生物学特性不产生大的影响。当使用噬菌体展示系统对酶活进行筛选时，需要解决如何将酶与催化所得产物联系起来的问题。目前已开发的噬菌体展示系统有噬粒、λ 噬菌体、T4 噬菌体、T7 噬菌体以及一些真核病毒，这些展示系统各有各的优势，但最常用的还是 M13 噬菌体。

噬菌体展示技术与传统方法相比，具备库容量大、表达无偏差、筛选简便等优点，并实现了物质的基因型和表型之间的转化，使人们容易对其进行一系列的生化和遗传操作，从而得到广泛的应用，如筛选酶抑制剂、构建噬菌体抗体库、构建 cDNA 文库和对蛋白质功能性表位的图谱分析及酶进化研究，成功的案例如碱性磷酸酶、β- 内酰胺酶、谷胱甘肽转移酶、溶菌酶、核苷酸转移酶以及抗体酶等。

● 细胞表面展示技术：细胞表面展示是将目的蛋白与细胞表面结构蛋白进行基因融合后导入宿主细胞表达后，利用细胞内蛋白质转运机制将目的蛋白转移至细胞表面并锚定于细胞膜上的一种技术，主要用于研究细胞表面结构、细胞表面蛋白识别和相互作用，是一类筛选蛋白质突变体库的高通量筛选方法。为了在细胞表面实现外源蛋白的功能展示，必须具有分泌和定位到细胞表面的机制，且不干扰细胞的正常功能。革兰氏阴性大肠杆菌中的多种外膜蛋白、鞭毛蛋白、菌毛蛋白、脂蛋白等已经成功用于外源蛋白展示的体系；在革兰氏阳性菌葡萄球菌表达系统中，借助葡萄球菌蛋白 A 的信号肽和细胞表面结合区，可将外源肽输送到细胞表面的外侧，链球菌系统中的原纤维 M 蛋白的类似区域，也可使重组受体暴露在细胞表面；在酵母表达体系中，将目的蛋白与 α- 凝集素融合可表达于细胞表面。

虽然细胞表面展示技术发展很快，但也存在一些问题，如表达体系仅能表达单链多肽而对多亚基蛋白质不适合、融合目的蛋白常伴随细胞表面变化而导致生长缺陷、外源蛋白对细胞表面天然蛋白质功能的作用等，这些问题有待进一步发展与完善。

● 核糖体展示技术：核糖体展示技术是在早期多肽多聚核糖体展示技术基础上发展起来的一种体外筛选完整功能蛋白质的技术，其原理很简单：在具有偶联转录 / 翻译的无细胞翻译体系中，通过核糖体对编码蛋白质的 DNA 文库在体外进行转录与翻译，由于对 DNA 进行了特殊的加工与修饰，去掉了 3′ 端终止密码子，翻译过程中核糖体会停留在 mRNA 的 3′ 端，亦即肽段已经翻译并折叠成三级结构、但末端还在核糖体中（最后一个氨基酸还与肽酰 -tRNA 连接着），从而形成以非共价键连接的“mRNA- 核糖体 - 蛋白质”三元复合体，最后利用 mRNA 的可复制性使靶基因（蛋白质）得到有效富集，在合适的条件下复合体的稳定性能保持 10 天以上。由于受核糖体表面与大小的影响，在核糖体大分子与被展示的小分子之间可能发生一些不可预测的变化，而导致一些高亲和力的目标分子丢失（图 6-10）。

噬菌体或细胞表面展示系统都需要活细胞参与，因此转化效率会造成突变库多样性的损失，而且某些候选蛋白质的表达可能抑制宿主菌的生长或者由于其毒性作用而不能生长，导致筛选偏差。核糖体展示技术完全在体外无细胞翻译体系中进行，利用 mRNA 的可复制性使靶基因（蛋白质）得到有效富集，不受细胞转化效率限制，显著增加库容量及分子多样性，其中库容量比噬菌体展示文库提高了 $10^4 \sim 10^6$ 倍，而且能够增加表达蛋白质的溶解度。由于核糖体展示技术采用的是体外无细胞系统，可用于任何有细胞毒性分子的筛选，而且，蛋白质表达环境在体外核糖体展示系统中可精确控制，更有利于目标蛋白的展示。所以，大部分不能用体内展示的序列，都可利用核糖体展示技术进行筛选，目前核糖体展示技术已广泛用于多肽、蛋白质、疫苗、抗体等的筛选。

● mRNA- 多肽融合技术：mRNA- 多肽融合技术与核糖体展示技术相似，也是在体外以 mRNA 和多肽复合体作为筛选的基本单元，区别在于 mRNA- 多肽融合技术的复合体中 mRNA 与蛋白质通过一个小分子衔接子（如嘌呤霉素）共价连接，且该复合体的产生完全在体外，很容易构建大型突变文库。核糖体展示和mRNA–多肽融合技术是目前筛选大型文库和获取分子进化的强有力方法，但仍然存在一些机制问题有待解决：核糖体展示和mRNA–多肽融合技术需要核糖体将蛋白质翻译完全以使其能够正确折叠，但在体外翻译时，虽然大部分新生肽在离开核糖体之前已经翻译完全并正确折叠，但还有少部分会引入不正确的折叠产物、限制靶标分子的富集或增加筛选的非特异性。

mRNA–多肽融合技术的基本原理是：在mRNA的3′端连入一个嘌呤霉素标记的DNA连接片段，嘌呤霉素是一种模拟tRNA末端氨酰基的抗生素，通过进入核糖体A位点，接纳由核糖体的肽酰转移酶作用产生的新生肽，从而抑制蛋白质的翻译，形成具有稳定酰胺键的肽酰嘌呤霉素复合物，在体外翻译时核糖体会停在DNA连接片段与mRNA之间的连接处。当多肽–嘌呤霉素–mRNA复合物与核糖体解离后，可直接用于筛选。由于是利用嘌呤霉素将mRNA与多肽以共价键形式联系起来，避免了核糖体展示中因缺少稳定共价键而使得核糖体三元复合物不稳定的问题，更适合于严谨条件下靶标分子的筛选（图6–10）。

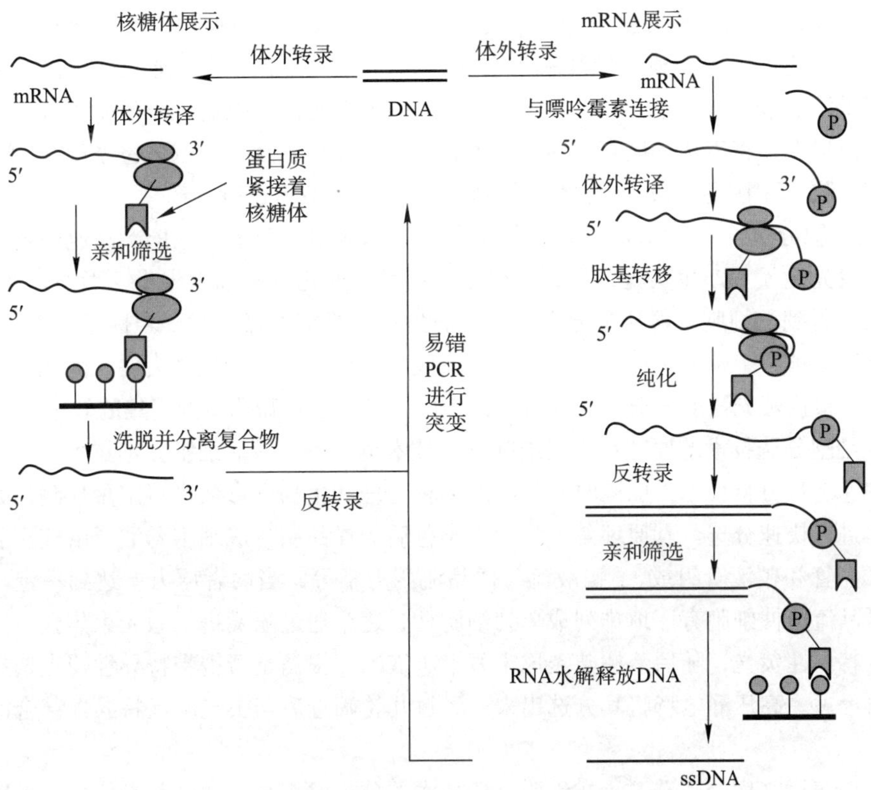

图6–10　核糖体展示与mRNA展示步骤

● 基因作用机制筛选：利用分泌蛋白必须经过高尔基体的特性，将目的蛋白与高尔基体膜附着蛋白通过连接蛋白链相连接，而底物特异性表现在连接蛋白链的氨基酸序列上，将突变基因转入酵母体内，如果表达的蛋白酶突变体能特异性识别该序列，目的蛋白就会从高尔基体膜上切除下来，分泌到胞外；如果蛋白质突变体不能识别并切断该序列，则该酵母细胞在蔗糖培养基上不能生长（图6–11）。

● 体外区室化（IVC）：体外区室化是一种“仿细胞”的体外表面展示技术，基本原理是：将突变基因库的水溶液和转录翻译系统混入（或均质化）到一个油 - 表面活性剂体系中，产生油包水型乳浊液，突变基因和表达系统被包含在这种乳浊液的小液滴中，表达的蛋白质和催化活性不能离开小液滴，使基因和表型联系起来而进行基因文库筛选。每个液滴的体积只容许单个 DNA 分子进行转录、翻译及酶分子检测。体外区室化技术具有超过 10^{10}/mL 的高容量，周围的油相（惰性）限制了基因和蛋白质在不同区室间的扩散，其高容量、易制备和在各种温度下的稳定性使体外区室化技术在酶的高通量筛选体系中具有重要作用。

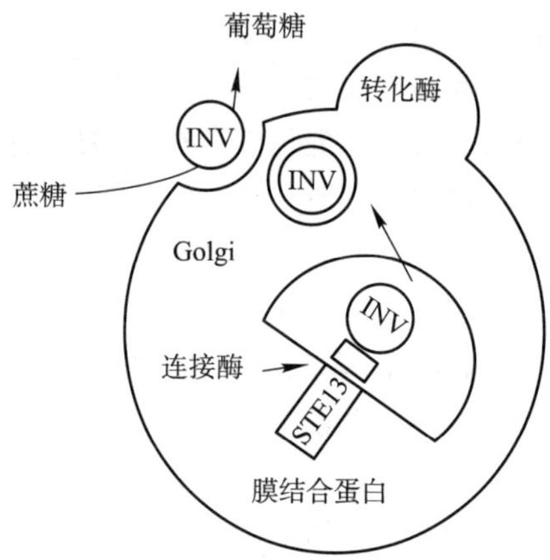

图 6–11 利用酵母筛选模型选择突变体

为了使体外区室化技术实现筛选功能，必须在不影响蛋白质表达的前提下，将适合蛋白质表达的环境转变为适合催化反应的环境。最初的策略是让酶编码基因直接作为酶底物，再对经过催化的基因进行提取和检测以分析酶活性；随后又提出了两步区室化策略，即先在一个区室中表达蛋白质后，将其提取出来并重新乳化到新区室中进行催化反应，然后通过亲和吸附或流式细胞荧光分选技术（FACS）进行分选；还有一种一步区室化策略方法，是在翻译完成后通过对油相中传递疏水底物、用酸降低液滴 pH 和底物光激活以及纳米输送系统等向区室中输送或改变成分，在不破坏液滴完整性的前提下，将表达环境直接转变为催化环境；而最新建立的双区室系统（“水包油包水”系统），则实现了基因、酶和荧光底物的共区室并可通过 FACS 进行分选。

知识拓展 6–6
两步区室化选择策略

b. 流式细胞分选技术（FCM）：流式细胞分选技术能够实现单细胞依次高速通过激光聚焦监测点，经激发光激发后产生荧光信号，可根据光信号的变化判断细胞大小、形态以及荧光强度，并可以将需要得到的细胞亚群从中分选出来。而且在流式细胞筛选时，若标记底物与文库结合，则相应的细胞就被带上荧光标记，未结合的荧光底物则可通过多次洗涤去除，因此流式细胞分选技术不仅可以根据荧光强度分选出目标蛋白，还可以经过多轮筛选达到富集的效果。

- 流式细胞分选技术的原理：流式细胞分选技术也称荧光激活细胞分选技术，是对细胞或微生物颗粒快速定量分析技术，能同时对样品的多种物理和生物学参数进行定量检测，并实现对特定细胞群体进行快速分选。其原理是：将荧光染色后的样品制备成细胞悬液，由气压装置送入流动室（由样品管和鞘液管组成），鞘液流与样品流压力不等，当两者压力差达到一定程度时，鞘液裹挟着样品流迫使细胞有序地排列成单列细胞柱，逐个通过喷嘴进入激光聚焦区。荧光素经激光照射激发特异性荧光，随后液柱破裂成千万个小液滴。根据是否携带特异性荧光选择其荷电或不荷电，再经过一高压静电场将其分选出来。经过几轮筛选后与荧光配基特异性结合的克隆得到极大富集。

- 胞质中表达文库的筛选：流式细胞分选技术的分析效率高，通过荧光信号可灵敏地检测和筛选多种酶活性。精心设计荧光标记底物，使得将胞质中表达的文库与标记底物分子进行孵育，当标记底物与文库结合时，标记底物就被阻滞在胞内，相应的细胞就带上荧光标记，而未结合的荧光底物可自由通过细胞膜，通过多次洗涤过程可被去除。然后用流式细胞仪进行筛选和定量分析，经过几轮筛选后与标记底物特异性结合的克隆就得到极大富集。

- 微生物细胞表面展示文库的筛选：因为流式细胞分选技术强大的分选功能，展示在微生物细胞表面的蛋白质可以通过加入荧光性配基或底物，并与荧光共振能量转移相结合，利用特殊合成的底物进行高通量筛选。研究者设计合成了酶的荧光共振能量转移底物，包括荧光基团、带有 3 个正电荷的多阳离子尾巴、含有酶特异性作用位点的链以及淬灭基团。由于细菌的表面带负电，荧光共振能量转移底物可通过所带 3 个正电荷结合到细菌表面，而细菌表面的酶剪切淬灭基团，从而使荧光基团产生相应的荧光，然后通过流式细胞进行检测。该方法能够定量分析酶活性，同时测定多个参数，并对每个观察到的克隆进行记录。

随着分子生物技术的发展，蛋白质定向进化高通量筛选技术研究和应用有了巨大进步，不仅成功用于多种酶的改造，还成功用于 DNA 进化、酶分子以外蛋白质进化等。但是，目前并没有一种通用的筛选方法可适用于所有的改组蛋白，所以需要设计针对目的改造特征的筛选方法。要想将基因与酶产物间建立起直接联系依然需要针对不同酶、不同反应和不同底物进行设计。

6.1.2.3　定向进化技术的应用

定向进化技术可以将自然界漫长的蛋白质改造过程缩短到数年、数月甚至数天，目前已成功用于酶活力提高、药物蛋白特性改进、新代谢途径获取等众多领域，对工农业生产、医药卫生、环境工程等行业有重要意义。

（1）体外定向进化

体外定向进化作为后基因组时代一个重要技术平台正得到日益广泛的重视，通过定向进化对蛋白质进行改造，在提高蛋白质稳定性、改变或创造蛋白质活性、改变底物特异性等方面得到了广泛应用。

① 提高酶的催化活性

提高酶的催化活性是进行蛋白质改造最基本的愿望之一，定向进化技术对于提高酶的催化活性起到了很好的效果。麦芽寡糖基海藻糖合成酶是生产海藻糖的关键酶，研究者通过两轮易错 PCR 构建突变文库并对其进行筛选，获得了催化效率为天然酶 2.33 倍，摇瓶发酵酶活为天然酶 2.40 倍的突变体。源自解淀粉芽孢杆菌的 α- 淀粉酶是一种重要的食品工业用酶，研究人员利用易错 PCR 构建突变文库并进行筛选，得到了相比天然酶催化效率提高 43% 和 61%，比活力提高 40% 和 62% 的突变体。

通过对酶活力提高与稳定性提高之间关系的研究发现，酶活力提高与稳定性提高并不是相互孤立的，可以通过优选定向进化策略得到酶活力和稳定性同时提高的突变体酶。酮还原酶 LbCR 能用于合成降低胆固醇药物阿托伐他汀的手性中间体，具有重要的应用价值。研究者组合利用易错 PCR 和 DNA 改组技术并结合筛选，分别获得了热稳定性和催化活性提高的突变体酶，之后将有益突变组合，获得了同时具有高热稳定性和催化效率的突变体酶。相比天然酶，最佳突变体在 40℃下的半衰期提高了 1944 倍，催化效率提高了 3.2 倍。IsPETase 是一种用于 PET 塑料循环利用的水解酶，研究人员以高温下的催化活性作为筛选压力对 IsPETase 进行定向进化，得到了一种 T_m 达到 82.5℃的热稳定性 IsPETase 突变体。普鲁兰酶是一类重要的淀粉脱支酶，广泛用于糖化过程中与糖化酶协同作用提高酶解效率和减少糖化反应时间，在食品、制药和材料等领域有重要价值。研究者对源自长野芽孢杆菌的普鲁兰酶催化口袋活性位点进行饱和突变，筛选到的有益突变体不仅具有更高的耐酸性，而且比活力达到天然酶的 1.5 倍，k_{cat}/K_m 为天然酶的 1.7 倍。D- 阿洛酮糖 3- 差向异构酶是天然甜味剂 D- 阿洛酮糖的制备用酶，研究人员通过构建随机突变文库并结合基于生物传感器的超高通量筛选，获得了催化活性提升至野生型 2.24 倍的优势突变体，该突变体的热稳定性相较于野生型显著提升，其在 60℃的半衰期为野生型的 13.45 倍。

利用易错 PCR、DNA 改组并结合高通量筛选方法，提高 D- 泛解酸内酯水解酶的活性和稳定性，经过 3 轮筛选，获得一突变株，其酶活力是野生型酶的 10.5 倍，而且该酶在较低 pH 环境中仍能保持 85% 的活力，具有较好的 pH 稳定性和工业应用潜力。

通过对自养型假诺卡菌中 VD_3 羟化酶的定向进化研究发现，由随机突变引入的氨基酸置换可以增加底物结合部位或催化剂的其他相关区域的适应性，进而提高其 VD3 羟化酶活性，使比酶活比野生型菌株提高了 6 倍。

② 提高酶的稳定性

酶的稳定性是工业生产中运用酶催化反应经常遇到的难题，特别是在高温、极端 pH 和非水相体系中进行的催化反应，更要求提高酶的稳定性，为了解决这一问题，众多科学家采用定向进化技术改造蛋白质，期望提高其稳定性。

a. 热稳定性　在工业生产和科学研究中提高某一特定反应温度是必要的，因为提高温度可以提高底物的可溶性，进而提高反应速率并可有效降低介质的黏度等，然而较高的反应温度对酶的热稳定性是一个严峻的考验。许多研究者通过分子定向进化方法，在提高酶的热稳定性方面做了大量工作。

研究者以序列比对结果为指导进行定点突变，得到突变体的 T_m 值提高了 6℃，同时在不影响原有催化活性的基础上，在 45℃时的半衰期比原酶提高了 23 倍。为了适应生产需要，综合了随机突变、定点饱和突变和 DNA 改组方法后，将第 11 家族木聚糖酶进行改造以提高其热稳定性，最终得到突变体的半热变性温度从 58℃提高到 68℃，最适温度从 55℃升到了 65℃，同时在 60℃的热稳定性也明显增强。

易错 PCR 是提高生物催化剂热稳定性的有效方法之一，科学家通过易错 PCR 和 DNA 改组方法使无根根霉菌产生突变，以提高其脂肪酶的热稳定性。实验获得一个含有 3 个氨基酸置换的突变株，其最适温度比野生型菌株提高了 10℃，在 50℃时的半衰期比野生型提高了 12 倍。4,6-α-葡萄糖基转移酶可将淀粉 / 麦芽低聚糖转化为含有 α,1-6 键的 α- 葡聚糖，在食品、医疗等产业中具有应用价值，但由于其热稳定性较差，无法满足高温条件下的应用需求。研究人员通过定向进化、序列比对和计算机辅助设计，对发酵乳杆菌来源的 4,6-α- 葡萄糖基转移酶的环状结构进行了改造，最终获得了优势突变体 CM9，其 T_m 提高了 5.76℃，50℃下半衰期延长了 11.95 倍。

b. pH 稳定性　为了适应工业化生产，有时需要改变其 pH 反应范围，甚至需要考虑极端 pH 条件下的酶稳定性。木聚糖酶是一种应用于食品和造纸工业的关键酶，但大部分源自野生菌的木聚糖酶的 pH 稳定性较差。研究者利用易错 PCR 技术对源自短小芽孢杆菌的木聚糖酶进行定向进化，通过功能筛选得到了比活力为天然酶 2.8 倍，pH 稳定性相比天然酶显著提升的突变体酶，其在 pH 5.0 ~ 8.5 范围内孵育 12 h 后保留超过 60% 的残余酶活。科学家通过 DNA 改组方法提高链霉菌木聚糖酶的热和 pH 稳定性。经过 3 轮 DNA 改组，在碱性缓冲液中筛选得到的阳性突变株表现出显著的热稳定性，在 70℃可稳定存在 360 min，而野生型仅 3 min 就会损失 50% 的活性。该突变株在 pH 9.0 的碱性缓冲液中的稳定性也有所提高。

关联实例 6-1
易错 PCR 技术改造葡聚糖内切酶Ⅲ

c. 非水相稳定性　酶的非水相催化反应在各领域得到了广泛应用，已成为酶学研究的主要内容之一，但是，酶经常会在有机溶剂和水 - 有机溶剂混合溶液中失去原有的催化活性，所以，有机化学合成中酶的开发与应用越来越引起人们的重视。酶的分子定向进化技术对有机合成酶性能的改造，不仅提高了非水相反应体系中酶的稳定性，也发展和完善了酶分子定向进化的技术水平，并进一步拓展了其应用范围。有人采用随机突变技术对枯草芽孢杆菌蛋白 E 进行定向进化后，获得一株能够在 60% 二甲基甲酰胺溶液中具有和在水溶液中相等酶活的突变株。同样，通过随机突变和基因重组将对 p- 硝基苯酯酶在 30% 二甲基甲酰胺水溶液中的酶活提高了 100 倍以上。研究者利用易错 PCR 和组合突变对源于土霉菌属的 ω- 转氨酶进行定向进化，得到的最佳突变体相比于天然酶，在 DMSO 中具有更好的稳定性和更高的催化效率。

磷脂酶 A1 在有机溶剂中的稳定性和活力较低，因此，研究者通过采用易错 PCR、DNA 改组与筛选方法相结合以提高其稳定性，二次突变库用50%的DMSO处理36 h后，获得3个突变株（SA8、SA17、SA20）它们的半衰期提高了4倍，而在有机溶剂中的稳定性与野生菌相比也有明显提高。

③ 改变酶的底物特异性

底物与酶的结合效率受到酶的底物特异性影响，从而影响催化过程的反应速率。在大肠杆菌酮糖转移酶对非磷酸化底物特异性的研究中，以酶的天然底物或底物类似物为基础筛选突变体文库，针对羟基丙酮酸（HPA）和羟乙醛（GA）转化成L-赤藓酮糖来构建基因库，并将突变株与天然序列进行比较。基因库中的许多突变体的底物的特异性是野生型的3倍，并且发现与野生型不同的突变氨基酸。与磷酸基相互作用的保守残基在自然替换的突变株中对非磷酸化残基的底物特异性提高了5倍，说明变异残基的种类对调节天然底物和结构类似物活性起着至关重要的作用，通过饱和突变与底物无相互作用的保守残基可以有效提高酶活。

④ 改变对映异构体特异性

利用酶分子定向进化技术提高生物催化剂的对映体选择性是目前解决手性物质光学纯度低的一个方法。乙内酰脲酶的特异性随着底物上的5′端取代物而变化，说明该酶的对映体特异性不强，这是导致其不能大规模生产手性纯L-氨基酸的主要原因之一。利用定向进化改造酶的分子来提高乙内酰脲酶的对映体选择性成为首选方法，在筛选不到立体选择性强的乙内酰脲酶时。突变2个有效氨基酸残基，该酶表现出显著的选择性差异：一个L-型突变体在对映体过量率为40%时，产生20%相反的对映体产物，而另一个突变体可以催化产生对映体过量率为90%D-型对映体。科学家选用易错PCR和饱和突变方法，成功地使一株倾向于D-型底物的乙内酰脲酶的立体选择性发生转变成为倾向催化L-型底物，经过研究分析这种转变仅仅突变了一个氨基酸。

⑤ 提高蛋白质产量

a. 优化启动子　目的蛋白过表达启动子是由RNA聚合酶特异性识别的一段DNA序列，其强弱直接影响外源基因表达的有效性，筛选强启动子对于提高蛋白质产量具有一定的促进作用。科学家采用易错PCR结合核苷酸类似物突变技术对TEF1启动子进行定向进化改造，获得一个长度不同的启动子突变体库，从中筛选出不同特性的启动子突变体以提高特定产物的表达量。

除了提高启动子结合蛋白（RNA聚合酶）活性、单纯的启动子改造等方法，增强目的基因转录对于提高蛋白质产量也具有重要影响。采用噬菌体辅助的持续进化技术对启动子结合蛋白（T7聚合酶）进行定向进化，获得一株比野生型RNA聚合酶活性高几百倍的突变体，使得报告基因产物的产量提高了100倍。

b. 蛋白质生物合成途径的调控　在宿主中插入或构建异源代谢途径来实现大规模生产目的蛋白具有一定的应用前景，但目前异源途径的代谢通量需要进行优化，以避免因过表达特定基因引发代谢负荷，同时还要避免因相关产物积累导致宿主细胞的生长抑制。平衡代谢通量的常用方法是对过表达代谢途径中的关键基因、删除竞争性途径、利用定向进化技术提高限速酶的活性等。

（2）体内连续定向进化

传统定向进化策略通常需要在体外构建突变文库，然后再进行体内筛选。然而，体内连续进化技术可以在微生物细胞内完成突变，并且在筛选压力下，有益突变随着细胞增殖不断积累，从而显著加速进化筛选过程。由David R. Liu团队开发的噬菌体辅助连续进化系统（phage-assisted continuous evolution，PACE）将生物分子进化与噬菌体增殖相偶联，实现了其他定向进化手段难以企及的快速迭代，显著提升了进化效率，在定向进化领域具有里程碑意义。该系统将目的蛋白编码基因插入噬菌体基因组，在侵染大肠杆菌后利用细胞内的易错体系产生突变体文库。通过设计筛选条件，使符合预期进化方向的突变体被保留并且继续侵染大肠杆菌，同时利用液路系统使上述过程不断重复进行，从而实现进化与筛选自动循环，最终获得理想突变体。目前利用 PACE 系统已经成功实现了 T7 RNA 聚合酶、TALEN、SpCas9 等蛋白质的工程化改造。

（3）机器学习指导定向进化

虽然经典的易错 PCR 和 DNA 改组等技术能够在数月甚至数周内完成定向进化，但该过程仍需要大量的计算和筛选工作。近年来，机器学习（machine learning，ML）已成为指导蛋白质定向进化的新手段。机器学习的目的是建立输入值与变量相关的输出值之间的数学模型，从而预测特定输入值所对应的输出值。机器学习通过虚拟设计和筛选指导突变文库构建并且对拟改造位点进行预测，从而显著减少实验工作量。Manfred Reetz 团队与 Herschel Rabitz 团队合作，将 CAST/ISM 策略与自适应取代重排算法（adaptive substituent reordering algorithm，ASRA）相结合，成功预测了源于黑曲霉的环氧化物水解酶潜在突变体的对映体选择性。此外，Manfred Reetz 团队还与 Frederic Cadet 团队合作，利用创新序列 - 活性关系方法（innovative sequence-activity relationship，Innov' SAR）在有限序列和突变信息条件下成功预测了环氧化物水解酶高对映体选择性突变体。由于蛋白质定向进化产生的大量不同特征的数据可用于训练，因此机器学习指导的定向进化将在蛋白质分子改造领域发挥越来越大的作用。

6.1.3 基因融合技术

蛋白质的结构常常可以允许某个结构域的插入与融合，而 DNA 重组技术的发展与应用使不同基因或基因片段的融合可以方便地进行。基因融合技术是将编码一种蛋白质的部分基因移植到另一种蛋白质基因上或将不同蛋白质基因的片段组合在一起，经合适的表达系统表达即可获得由不同功能蛋白质拼合在一起而形成的新型多功能蛋白质，这种方法可以将不同蛋白质的特性集中在一种蛋白质上。例如，IP10-scFv 是一种新型融合蛋白，是由小鼠体内具有趋化因子功能的 γ-干扰素诱导蛋白（IP-10）和针对酸性异铁蛋白（AIF）的单链 Fv 片段（scFv）中特定区域融合而成，当导入小鼠的骨髓瘤细胞中进行表达时，它具有肿瘤细胞特异性抗体和 IP-10 趋化因子的双生物学功能。

根据构成融合基因的种类，可以将融合基因分为 4 大类：① 由报告基因和功能基因构成的融合基因，常用的报告基因有 *lacZ*、*GFP*、*GUS* 基因和虫荧光素酶基因等，其主要为标记功能基因；② 由信号肽或担体蛋白序列与功能基因构成的融合基因，主要利用信号肽或担体序列携带目的基因高效表达，从而提取纯化目的蛋白；③ 功能基因与功能基因的融合，可分为相同功能基因融合以增强基因功能、扩大基因应用范围，以及不同功能基因融合以符合特殊需要；④ 报告基因与抗药性基因融合用于构建融合载体，以利插入大片段的 cDNA 或作为双功能标记。

6.1.3.1 基因融合技术原理

基因融合技术是通过 DNA 重组技术，将不同的基因编码区在载体上首尾相连构成融合基因，并在宿主菌中进行转录或翻译的方法。基因融合技术的目的是将一个产物容易被测定的基因置于另一个目的基因的调控系统的控制下进行表达，从而使目的基因的表达调控，可以用易测基因产物来进行标定。

构建融合基因的基本原则是：将第一个蛋白质编码基因的终止密码子删除，再接上带有终止密码子的第二个蛋白质编码基因，实现 2 个基因的融合表达。通过基因融合技术构建融合蛋白时，可以选择插入融合策略或端对端融合策略。

插入策略在构建融合蛋白时将融合蛋白插入目标蛋白质的序列中间从而得到表达。使用插入策略通常可用于对膜蛋白的拓扑学研究、随机蛋白质文库的展示和蛋白质生物传感器的设计和构建。插入策略的缺点在于目标蛋白的表达和结构会受到所插入的融合标签的大小和插入的位置的影响。

端对端策略在构建融合蛋白时，将融合蛋白的 N 端连接到目标蛋白的 C 端，或者将融合蛋白的 C 端连接到目标蛋白的 N 端，因而融合蛋白和目标蛋白的表达相对独立，功能活性不会受到影响。利用端对端策略构建融合蛋白，如果怀疑融合蛋白的引入会影响目标蛋白的表达、结构和功能，以及后续的研究，可以考虑在融合蛋白和目标蛋白之间引入蛋白酶识别位点，以便于在合适的时机切除融合蛋白。

融合蛋白除了具有衍生因子的双重活性外，其各自活性可能会发生如下变化。

① 一些融合蛋白的活性要低于各自野生型。例如 HBsAg 和小鼠 IL-18 融合蛋白诱导 BALB/c 小鼠免疫应答的能力时，融合表达质粒不能增强免疫应答，反而降低了机体的免疫应答水平。

② 融合蛋白活性与野生型因子的叠加作用一致。例如将 3 种 IL-3 和促红细胞生成素不同组合方式的融合蛋白在 CHO 细胞表达，经过受体结合实验及生物活性分析表明，IL-3 和促红细胞生成素融合蛋白的活性并不比两种因子联合使用的活性高。

③ 融合蛋白活性高于衍生因子的相加活性。例如用 IL-2 和单纯疱疹病毒胞膜糖蛋白 D 构建的重组融合分子研究表明，融合蛋白在体内具有协同与增强作用。

④ 人工构建的新蛋白质衍生出新活性。例如生物活性分析结果显示，*E. coli* 表达的 IL-6 和 IL-2 融合蛋白 CH925，不但可以提高不同级别的红系祖细胞的增殖，还能提高 LAK 细胞的体外增殖。

6.1.3.2 基因融合策略与方法

实现基因融合的手段主要有 2 类：将功能基因直接首尾相连后置于同一个表达盒内，或利用连接肽将两功能基因连接起来后置于同一表达盒里。

（1）基因融合策略

① 直接融合　最简单的基因融合是在除去第一个酶终止密码子的前提下，直接将 2 个酶的编码基因首尾相连，构成融合酶基因，继而在合适的宿主中进行蛋白质表达得到融合酶。因为新得到的融合酶分子的一级序列包含融合前各个酶的一级序列，因此应该具有被融合酶所具有的功能。然而，直接融合产生的融合酶，往往会导致酶功能丧失或表达失败，因为：a. 融合基因翻译后多肽链上各个氨基酸残基之间的相互作用比各自蛋白质复杂得多，编码不同结构域的多肽片段上的氨基酸残基相互干扰，有可能打破某个结构域正确折叠过程，导致该结构域乃至整个融合酶的折叠失败；b. 融合表达时各个结构域的 N 端和 C 端首尾相连，这与单独表达时每个酶的 N 端和 C 端处于自由状态不同，会影响各个结构域在这些区域的折叠和天然构象，导致功能受影响；c. 直接融合将导致结构域自由度减少，在催化过程中蛋白质需要在构象上有一定程度的变化和运动，阻碍这种运动进行，从而使酶催化能力下降；d. 某个结构域和底物的结合可能在空间上受到其他结构域的屏蔽和阻碍，导致酶 - 底物亲和性下降。因此，直接融合策略已逐渐被其他融合策略所取代（图 6-12A）。

② 连接肽融合　连接肽融合是为了解决直接融合遇到的问题所提出的一种策略，是通过在 2 个酶蛋白之间引入 1 个连接肽实现融合。连接肽是 2 个被融合酶或结构域之间存在的一段多肽，天然酶分子中 2 个结构域之间也发现有连接肽存在，表明连接肽融合是自然进化过程的一种策略。连接肽的主要作用是将 2 个酶或结构域适当地分开，从而避免不同结构域在折叠、催化过程中的相互干扰（图 6-12B）。

a. 柔性连接肽：柔性连接肽是指没有形成特定二级结构能力的连接肽，在空间上一般是以无

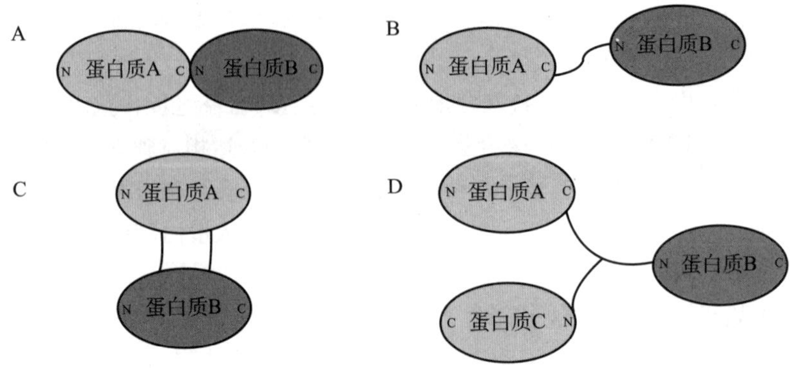

图 6-12　几种融合酶的分子设计策略示意

A. 直接融合；B. 通过连接肽的融合；C. 插入融合；D. 分枝融合

规则卷曲形式存在。聚甘氨酸或者富含甘氨酸的连接肽是典型的柔性连接肽，这种连接肽能增加蛋白质的可溶性，抗蛋白酶降解，并能提供催化过程中蛋白质所需要的柔性，使各个结构域不相互干扰。最典型的柔性连接肽是（GGGGS）$_n$（n 的最大值一般为 6），但这种连接肽容易被蛋白酶降解，对 2 个结构域的隔离效果不稳定，在一些体系中会导致融合酶表达和催化失败。

b. α 螺旋连接肽：α 螺旋连接肽是指能形成 α 螺旋的多肽，最初起源于葡萄球菌蛋白 A 的 α 集束结构域。虽然 α 集束能有效隔开 2 个蛋白质或结构域，但作为连接肽对融合酶来说太大，会增加蛋白质表达的负担和风险，以此，设计了一种能形成 α 螺旋结构的肽（EAAAK）$_n$。与（GGGGS）$_n$ 相比，（EAAAK）$_n$ 的优势在于能形成相对稳定的二级结构，为 2 个相连的结构域提供相对稳定且可控的隔离效果；而（GGGGS）$_n$ 类型的连接肽，其结构域间的距离变化不受到增加其重复单元数目的影响，且（GGGGS）$_n$ 提供的隔离效果在不同体系中变化较大。在蛋白质稳定性方面，因为（EAAAK）$_n$ 不是舒展构象，一定程度上减少了蛋白酶攻击的可能性，使融合蛋白较为稳定；而（GGGGS）$_n$ 的舒展构象有可能使其成为蛋白酶切割位点，导致融合蛋白不稳定。

c. 抗蛋白酶降解连接肽：连接肽具有抗蛋白酶降解的重要特性，对于融合蛋白的稳定表达和催化有着重要意义。富含脯氨酸的多肽［特别是 Pro-Thr（PT）$_n$P 重复序列］经常被用作连接肽的一个原因，就是其具有明显的抗蛋白酶降解性，而且也经常出现在天然多结构域蛋白中作为连接肽。有研究者在 CBM-GFP 融合体系中，比较了常见的（GGGGS）$_n$、天然的（PT）$_n$P 和计算机辅助设计产生的 S3N10 等连接肽，发现 S3N10 和（PT）$_n$P 均有很好的抗蛋白酶降解作用，而（GGGGS）$_n$ 上有不少位点受到了蛋白酶的切割。

③ 插入融合　插入融合是指一个客体结构域编码基因被插入到一个主体结构域编码基因内部形成融合基因的一种策略。插入融合在酶催化调控上有着其他融合方式所不具备的优势，并逐渐被作为一种新的功能整合方式应用在不同场合。插入融合的设计较顺序融合困难，因为需要考虑融合后 2 个结构域的相互空间结构。插入融合需要满足 2 方面的条件：客体结构域在天然构象中其 C 端和 N 端在空间上要足够靠近，主体结构域能承受由于客体的插入导致其结构域不连续所带来的影响。实际上，基于 PDB 数据库中已知结构蛋白的分析，约 50% 的蛋白质均具有靠近的 C 端和 N 端（距离小于 0.5 nm），能满足被插入的空间要求，而且不连续结构域（结构域的线性序列被另一结构域序列插入其中）在自然界的蛋白质中很常见（图 6-12C）。

（2）基因融合的常用方法

① 添加连接肽　添加连接序列是基因融合技术的常用方法，通过一段适当的核苷酸序列将不同目的基因连接起来，使之在适当的生物体内表达成为一条单一的肽链，其中起连接作用的氨

基酸序列称为连接肽。

连接肽的设计必须使各功能蛋白满足以下 2 个条件：第一，两者的多肽链应相互之间不受到影响并且不会折叠缠绕在一起，使彼此的活性丧失；第二，两者的活性中心要彼此远离，不会形成空间位阻而影响活性的表现，更不能使活性相互影响甚至抑制。设计连接肽接头时应考虑以下几个因素。

a. 连接肽的长度：连接肽不能太长，否则 2 个蛋白质的协同作用可能减弱，较长的连接肽也有可能使 2 个功能蛋白折叠缠绕在一起而使彼此的活性丧失；也不能太短，否则可能会形成空间位阻而影响蛋白质活性，一般应控制在 10 ~ 15 个氨基酸之间。由于在重组蛋白的生产过程中对蛋白质裂解比较敏感，若使用的连接肽较长，可能会导致融合蛋白产量的降低。同时又涉及免疫原性的问题，因连接肽序列本身就是新的抗原。应用较短的连接肽虽可克服蛋白酶分解的问题，但可能使 2 个分子相距太近，影响两种蛋白质高级结构的折叠，从而相互干扰，导致蛋白质功能丧失。

b. 连接肽的整体折叠：研究发现，连接肽序列的组成对融合蛋白的稳定折叠有重大影响。连接肽序列有太多的 α 螺旋或 β 角结构时，会限制融合蛋白的伸缩性，结果影响到融合蛋白的功能活性，因此，设计连接肽序列时需要仔细分析，以避免二级结构的产生。为此，有研究者开发了软件 LINKER，可以根据输入的参数自动生成一系列连接肽序列。这个程序再结合 X 衍射晶体结构或 NMR 质谱结构推测，适于更广范围地确定融合蛋白中的连接肽序列。

c. 连接肽中常见的氨基酸：要结构简单，具有构象的广泛性，有利于运动的特点。非极性的疏水氨基酸如 Gly 和 Ser，常出现在蛋白质中运动性大的区域，如铰链区，且体积小的特点又使其利于堆积，不易产生碰撞。有人用 2 个 Pro 作中间连接肽，具有较好柔韧性，在表达 hIL-2/mGM-CSF 融合蛋白中获得较理想的结果。

d. 连接肽内部核苷酸序列调整连接肽序列：(GGGGS)$_n$ 的核苷酸组成，虽未改变原连接肽的氨基酸序列，结果却发现重组融合蛋白在 mRNA 水平上显著增加 30 倍，产生高水平转染克隆更稳定。

② 利用融合佐剂分子　将目的基因与佐剂分子相融合，可以使其在生物体内大量表达，便于分离纯化或增强功能。例如，将编码抗菌肽 CA-MA 的基因与 ubi 融合后克隆至表达载体，得到的融合蛋白 (His)$_6$-UBI-CA-MA 可以通过组氨酸标签提高纯化效率，又可以通过 UBI 与 CA-MA 间的酶切位点得到和自然界一样的抗菌肽 CA-MA。又如，为了分离纯化解旋聚合酶，将 *Thermoanaerobaeter tengcongensis* 产 U-vrD 解旋酶 TteUvrD 和 *Bacillus stearothermophilus* 产 DNA 聚合酶大片段 Bstp01 分别与 WZA2 和 WZBl 通过接头序列 L1 相连接，其中，TteUvr 是易溶的，而融合后的 WZA2-L1-TteUvrD 不可溶，但将融合蛋白 WZA2-L1-TteUvrD 与佐剂分子 MBP 相融合后就变得可溶，而融合蛋白 WZBl-L1-Bstpol 和组氨酸标签相连而变得易于纯化。

③ 重叠延伸 PCR 融合基因　为了克服酶切位点融合基因方法的缺陷，开发了以聚合酶链反应为基础的基因片段拼接技术——重叠 PCR 技术（图 6-13）。重叠延伸 PCR 技术是根据目的基因设计出具有互补末端引物，分段进行合成有重叠的各核苷酸序列片段，再利用片段间重叠的部

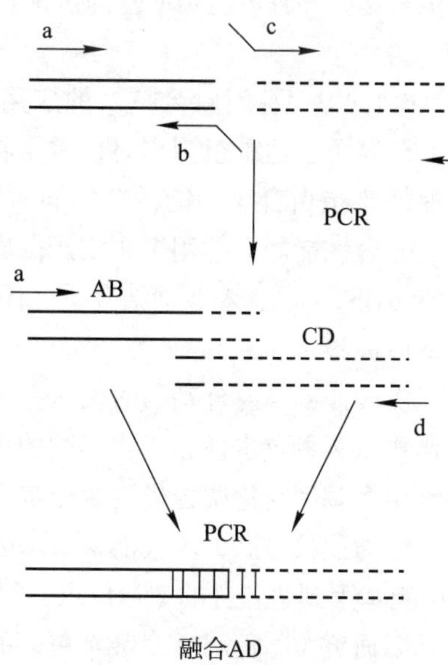

图 6-13　重叠 PCR 原理

分互相搭桥、互为模板，使 PCR 产物形成重叠链，从而在随后的扩增反应中通过重叠链的延伸，将相同或不同来源的扩增片段重叠拼接起来。重叠 PCR 不需要酶切位点，避免了在基因序列中引入不需要的碱基序列。

该技术从建立开始就备受关注，经过多年的实践与革新，在基因的定点突变、长片段基因合成、基因敲除、目的基因扩增、基因体外分子进化以及融合基因构建等方面有着广泛而独特的应用。特别是在融合基因构建方面，此技术可简单迅速地将 2 个甚至 2 个以上 DNA 片段连在一起，且不需要内切酶消化和连接酶处理。比如，GLP-l 是人体 L 细胞在摄入营养时分泌的由 30 个氨基酸残基组成的短肽，利用 PCR 重叠延伸方法融合来自 GLP-1 突变体的（$GLP\text{-}1_{A2G}$）$_2$ 基因和编码人血清蛋白 HAS 的基因，在 *Pichia pastoris* 中，融合基因（$GLP\text{-}l_{A2G}$）$_2$-HAS 在启动子 AOXI 和 Matα 信号肽控制下表达。此方法中被融合的两基因连接端未利用连接肽序列，故不用引入不必要的氨基酸残基。但该方法也存在明显的不足，对于 PCR 扩增过程中的变性、退火和延伸温度准确性控制的差异或其他因素的干扰，容易产生非特异性扩增片段，如果扩增过程中采用具有高保真性能的热稳定聚合酶，以及优化反应条件等，则可以适当减缓错配的发生。

④ 获得双价基因融合蛋白的方法　使用一套调控序列将不同功能的基因连接成融合基因并构建到同一表达载体上，并导入植物体后发挥不同蛋白质的功能。不但可以让多个功能基因同步表达，而且减少了启动子数目，降低基因沉默的概率。同时，将多个基因置于一套调控元件控制之下，也便于对外源多基因进行时空表达的调控。

a. 杂交：在授粉时将含有不同功能转基因植物的植株进行杂交，从而使后代含有 2 个功能的融合基因。杂交是目前聚合 2 个基因最简便的方法，在多种作物育种中广泛应用，但缺点是费时及操作繁琐，含有不同基因的亲本需要 2～3 代才能达到纯合，若需要聚合 3～4 个基因，则需要 4～6 代，甚至更长的时间。

b. 二次转化：将 2 个不同功能的基因构建在不同的表达载体上，通过 2 次转化导入同一株植物中。二次转化对于一些不适用于杂交方法获得双价基因的植物是一种很好的方法，但二次转化需要引入第二个选择筛选标记基因。

c. 连锁基因转化：将不同功能的基因构建在同一个表达载体上，各自使用单独的调控序列，经一次转化就可以获得具有 2 个或多个功能基因的转基因植株，但双价载体可能造成 2 基因的不同步表达，并且可能引起基因沉默。

知识拓展 6-7
DNA 自组装及 DNA 折纸技术

6.1.3.3　基因融合技术的应用

在异源表达重组蛋白时，常常将具有不同功能特性的短肽或蛋白质标签与靶蛋白直接融合，在保持靶蛋白自身功能活性的同时赋予其新的特性。如增强靶蛋白的表达水平、稳定性、溶解性、分离性能等。常用短肽或蛋白质标签主要有组氨酸标签（6×His tag）、谷胱甘肽巯基转移酶标签（GST tag）、麦芽糖结合蛋白标签（MBP tag）、小泛素相关修饰物标签（SUMO tag）、抗生物素蛋白标签（Strep tag）等。

实践证明，混合基因的表达在转基因植物中具有明显优势，如多种毒素蛋白基因的表达可提高作物持久的抗虫性，或将不同的抗病、抗虫、抗除草剂基因融合可获得多功能转基因植株，以及利用多基因转化调控代谢途径实现植物复杂性状的有效改良等。

作为连接多肽，不仅能将 2 基因融合起来，消除以往双价转基因方法的弊端，而且还可以使 2 功能基因到达各自的靶标位点，行使自己的功能。2A 和 LP4 已经成功地用在人类、昆虫、植物转基因研究上，但将 2 个甚至更多的功能基因连接起来还是比较少的。有研究者将杀虫基因 *Cryl Ah* 及草甘膦抗性基因 *aroA-mg2* 通过 LP4 及 2A 连接起来，通过农杆菌侵染法转化烟草，经 GUS

组织化学分析和蛋白质印迹及核酸印迹分析，目的基因已整合到烟草的基因组中，并正确翻译后正常剪切，抗虫性和草甘膦耐受性与单一基因的转化植株没有区别。

基因融合技术可用于研究基因的表达调控，通过鉴别、纯化目的产物而达到对基因表达量的检测。例如，*lux* 基因来自费氏弧菌，表达产物可以发光。科学家将存在于同一个操纵子上的 luxCDABE 插入至 sspB 启动子后，得到报道质粒 psspBp-lux。在这个质粒中，*lux* 与其自身的启动子分离，与目的基因融合，如果目的基因转录，*lux* 也转录表达而发光，从而可以通过对其发光值的测定来衡量目的基因的表达，测定方法简单灵敏。

将目的基因嵌合在报告基因的下游，随着报告基因的表达变化，目的基因的表达量也会变化，从而可以通过改变目的基因的表达量改变它的某些生物功能。在 *E. coli* 中常用的 2 种融合蛋白表达系统是利用 pUR 载体系列的 LacZ 融合系统以及利用 pATH 载体系列的 TrypE 融合系统，可以使外源基因在 *E. coli* 中得到高效地表达，用于生产有用的融合蛋白。

研究发现，融合基因 OVA-linker-beta2m 能够增加肿瘤细胞表面特异性组分的形成，增加抗原决定簇的数量而更易与 T 细胞结合。因此，为了开发一种能同时利用 CD80 和 IL21 的抗肿瘤融合基因，而构建了 2 个可以共同表达的载体 pGL3-CD80-OVA-linker-beta2m 和 pGL3-IL21-OVA-linker-beta2m，在体内外含有这 2 种质粒的细胞 B16/CD80-OVA 和 B16/IL21-OVA 都比瘤细胞 B16 生长缓慢，证明融合基因表达产物能显著降低恶性肿瘤的癌变。

随着聚对苯二甲酸乙二醇酯（PET）塑料制品产量的增加，PET 废弃物的污染问题日益严峻。酶法降解因其环保性和可持续性而引起关注。角质酶具有降解 PET 的潜力，为了进一步提高角质酶的 PET 降解活性，研究人员筛选了不同来源的 PET 结合结构域，如碳水化合物结合模块、锚定肽和疏水蛋白等，从中选择 PET 结合效果较好的短肽 Dermaseptin SI 并将其与角质酶突变体 D204C/E253C（Tfuc2）进行融合，该融合蛋白在 70℃下的 PET 降解率是 Tfuc2 的 22.7 倍。蛋白质融合为 PET 酶法降解提供了有效策略。

6.2 蛋白质分子改造设计

蛋白质理性设计与定向进化有着本质区别，但两者的结合似乎有着更强大的威力。随着晶体 X 射线衍射及核磁共振技术的发展，结合计算机辅助设计，人们已有相当能力对蛋白质进行理性改造，理性设计的思想也逐渐融入蛋白质定向进化之中。

非同源重组基因文库的建立多数是以蛋白质结构同源性为依据的，需要依靠更多的理性设计为指导（例如外显子改组技术，可以通过对参与改组的外显子进行理性筛选、对嵌合引物进行理性设计等，以控制突变库的特性）。一些高丰度、低水平突变库的筛选会受到相应筛选技术通量的限制，但通过分析及计算蛋白质结构，可以区分有利于进化的可能位点，有目的地进行突变，从而大大降低文库丰度，减轻筛选工作量。

蛋白质分子理性设计不但对于揭示蛋白质的结构与功能关系，而且对于创造具有性质和功能改善的人工蛋白，都是一个功能强大的分子改造策略。随着蛋白质结构与功能等结构生物学资讯的不断积累，海量信息处理技术的不断出现和成熟，蛋白质分子设计必然会成为提高酶蛋白性质的重要手段。常见的蛋白质分子改造包括提高蛋白质的热（酸）稳定性、增加活性、降低副作用、提高专一性以进行结构 - 功能关系研究等。

蛋白质理性设计所面临的问题主要有 2 个方面：第一是过大的搜索空间，如果是对一个由 n 个氨基酸组成的蛋白质结构进行设计，可能的氨基酸序列数目为 20^n，这是一个几乎不可能遍历的数目；第二是如何构建评价体系，针对不同体系应该有不同评价标准。如针对蛋白质全序列设计，其目标函数应该具有能很好地评价序列折叠成目标结构的倾向性，而针对蛋白质功能设计，其目标函数就应该可以评价其对目标功能特点的符合程度。为此，人们制定了蛋白质序列设计的一般策略：不管是针对功能的设计或基于结构的全序列设计，都可以简化成一个优化问题通过一定的物理模型，所以基本的设计策略和一般的优化问题一样，通过打分函数对每种候选序列进行评价，然后在可能的序列空间中搜索，找到评价最好的序列作为最后的结果输出。

6.2.1 蛋白质结构预测

蛋白质的生物学功能在很大程度上取决于蛋白质分子的空间结构，研究蛋白质分子空间结构是深入了解蛋白质行使生物学功能的先决条件。随着结构生物学的发展，虽然蛋白质空间结构的测定速度越来越快，但还远远赶不上蛋白质序列增长的速度，因此蛋白质结构预测成为了解蛋白质结构信息的一个非常有效的实际手段。

（1）蛋白质空间结构预测

蛋白质分子结构的一个显著特征是结构的层次性，一般用一级、二级、三级和四级结构来表示蛋白质分子的不同结构层次。一级结构指的是一条多肽链中氨基酸残基的排列顺序；二级结构指的是多肽主链骨架中的某些肽段借助氢键的维系而形成的沿一个方向具有周期性的构象，主要包括 α 螺旋和 β 折叠。二级结构不涉及氨基酸残基侧链基团的构象，在可溶性球蛋白分子中 α 螺旋、β 折叠和无规则卷曲三种构象出现的百分比大约为 30%、20% 和 50%；三级结构指的是一条多肽链在二级结构的基础上，由于蛋白质分子中顺序上相隔较远的氨基酸残基侧链基团之间以及它们与溶剂的相互作用而形成的特定的球状结构，实际上是指一条多肽链中所有原子的空间排布；四级结构是指寡聚蛋白质各亚基之间在空间上的相互关系和结合方式。

预测蛋白质空间结构的方法大致可以分为两大类。第一类是在假定一个蛋白质分子的天然构象是热力学上最稳定的、自由能最低的构象的基础上，采用分子力学与分子动力学方法计算蛋白质分子的空间结构。从理论上说，如果正确地考虑了一个蛋白质分子中所有原子间的相互作用以及蛋白质分子与溶剂的相互作用，应用能量极小化方法就可以在计算机上确定一个蛋白质分子的天然构象。事实上，这类方法还将面临 3 个主要问题：① 目前关于系统能量函数的了解还仅仅处于半定量阶段，而在计算蛋白质分子空间结构时需要精确知道描述蛋白质－溶剂系统的力场和能量函数；② 由于蛋白质－溶剂系统的势能函数极为复杂，存在着大量的局部极小点，而能量极小化方法在数学中属于最优化理论的范畴，从数学上还没有有效的解决方法；③ 所有的研究结果都仅仅表明了每个蛋白质分子在一定条件下具有特定的、有生物功能的构象，而并没有证明这一天然构象就是全局自由能最小的构象。

第二类是通过对已知空间结构的蛋白质进行研究和分析，找出蛋白质一级结构和空间结构之间的联系，总结出一定的规律并建立一些经验规则，亦即基于知识的预测方法。根据蛋白质结构的层次性，可将其拆分为如下步骤：① 根据蛋白质分子的一级结构预测其二级结构；② 根据所预测的二级结构建立可能的蛋白质分子的三维模型；③ 根据一定的经验规则，将一些不合理的模型排除；④ 根据能量最低原理，用分子力学或分子动力学方法对所得到的模型进行修正。

根据已知空间结构蛋白质分子的研究结果发现，二级结构具有一定的保守性，其组装而形成一定空间结构的方式是相当有限的，因此，蛋白质的二级结构可以联系一级结构和三维空间结构的纽带，而且，蛋白质二级结构预测也是解决由蛋白质一级结构预测空间结构的关键步骤。一般认为，如果二级结构的预测准确率能够达到 80%，就可以基本准确预测一个蛋白质的三维空间结构。科学家们已经提出很多预测蛋白质二级结构的方法，在这些方法中，几乎都假定蛋白质二级结构主要是由邻近残基间的短程相互作用决定的，然后通过对一些已知空间结构的蛋白质分子进行分析、归纳，制定出一套预测规则，并根据这些规则对其他已知或未知结构蛋白质二级结构进行预测。

第一类方法的问题是会在数学上遇到难以解决的多重极小值问题，第二类方法也会受到了蛋白质二级结构预测精度的限制。目前科学家提出一种新预测蛋白质三维结构的策略：Threading 方法或折叠类型识别方法。这种方法是基于假定被预测蛋白质的折叠类型与某已知结构蛋白的折叠类型相同，蛋白质结构预测就可以转变为在已知空间结构的蛋白质中选取一种被预测序列最可能采取的折叠类型。此方法可以大大减少预测蛋白质结构的难度。该方法已被应用在实际中，成功预测了一些蛋白质的空间结构。目前预测大多数蛋白质的三维结构，在很大程度上取决于自然界中存在的蛋白质折叠类型的数目。采用严格的统计学方法，对 3 个不同蛋白质数据库的分析结果表明：① 除了大约 40 种折叠类型外，大多数蛋白质的折叠类型所包含的蛋白质家族数目是相等的；② 各种类型的水溶性蛋白质分子的结晶化和结构测定完全是随机的；③ 自然界中存在的蛋白质折叠类型有 650 种左右；④ 自然界中大约存在有 50 个蛋白质超家族。

知识拓展 6-8
从蛋白质一级结构直接预测空间结构

（2）同源模建预测蛋白质结构

利用同源模建技术也可以预测蛋白质的三维结构，并且可以绕过二级结构预测这一棘手步骤，由一级序列直接预测蛋白质的三维结构。其主要的理论依据为蛋白质三级结构比一级结构更为保守，一些氨基酸序列差异性较大的蛋白质，其可以折叠成类似的三维结构，有着相似的活性功能。但同源模建的前提为要模建的目标蛋白必须有 1 个或多个已知结构的蛋白质与之同源；同时目标蛋白与同源蛋白的序列相似性也要达到 30% 以上，一般 50% 以上的同源性能够得到比较合理的构象。

同源模建的大致步骤如下：

① 参考蛋白质确定　通过序列比对，在已知结构蛋白质中寻找未知结构蛋白质的同源蛋白，作为预测结构的模板，一般是利用程序在蛋白质结构数据库中搜索。

② 确定结构保守区　如果目标蛋白质有多个已知结构的同源蛋白，可以利用模板蛋白之间的三维结构叠加以确定结构保守区。如果目标蛋白质只能找到一个参考蛋白，就必须将目标蛋白所在蛋白质家族其他成员的序列进行多重序列对比以能确定结构保守区。

③ 蛋白质主链结构的模建　结构保守区的主链可以直接由模板蛋白质的相应区域拷贝下来，主链结构预测的关键在于环区的预测，主要有 2 条途径：一个是片段搜索，即根据待模建环区的端点距离、两端的结构保守区的主链构象等因素在数据库内搜索，然后选择最佳的作为模板进行环区主链结构模建；另一个是自动生成法，即通过随机产生的环区的二面角数值来确定环区合适的构象，但只适合很小环区的模建。

④ 蛋白质侧链结构的模建　在蛋白质分子结构中，氨基酸残基的侧链取向不是杂乱无章的，一个残基的侧链构象可以归纳为几种分立的构象，这些构象形成一个转子文库，通过在转子文库中搜索，可以得到最佳的侧链构象组合。

⑤ 模建的结构优化　利用理论方法如分子力学、分子动力学、立体化学手段等对模建的蛋白质结构中不合理的部分进行优化。

（3）机器学习用于蛋白质结构预测

蛋白质结构预测是蛋白质分子设计领域中的一个极具挑战性的课题。近年来，机器学习在蛋白质结构预测中的应用是蛋白质分子设计领域的重要进步。机器学习的优势在于能够从数据集中进行挖掘学习，包括有监督学习（supervised learning）、无监督学习（unsupervised learning）和半监督学习（semi-supervised learning）三种策略。其中，有监督学习应用最为广泛，已成功用于预测蛋白质的结构、功能和稳定性。由 Google 旗下人工智能企业 DeepMind 开发的 AlphaFold2 是一种基于序列的深度学习算法，AlphaFold2 在蛋白质结构预测大赛 CASP14 中表现出色，以远超同类模型的准确率，实现了对蛋白质结构的原子级别精度预测，为蛋白质结构预测领域树立了一个新的里程碑。RoseTTAFold 是另一种基于深度学习的蛋白质结构预测工具，不仅展现了极高的准确率和效率，还具备较快的处理速度。随着计算能力的增强和算法的持续迭代进步，可以预期机器学习算法将会实现更高精度的预测结果，并且在蛋白质结构预测领域起到越来越重要的作用。

6.2.2 蛋白质分子理性设计策略

6.2.2.1 蛋白质分子理性设计流程

由于在蛋白质工程、结晶学和光谱学方面的进展，已知结构蛋白的数量呈几何级数递增，在已知结构蛋白中能够发现与新测定蛋白质具有相似结构的概率也在增加。因此，人们以蛋白质分子的结构规律及其与生物功能的关系为基础，可以设计新型蛋白质、多肽或其他代谢分子，并最终生产出性能比天然蛋白质更加优良、符合人类社会需要的新型蛋白质。

蛋白质分子的理性设计是以研究生物分子多样性为核心的方法学为基础，综合应用结构生物学和生物信息学、计算机科学和基因工程学等一系列新技术开展新型蛋白质创新研究。蛋白质分子理性设计可概括为如下 5 个步骤：

① 通过生物信息学收集所研究对象的蛋白质一级结构、立体结构、功能结构域及与相关蛋白质同源性等相关数据，为蛋白质分子设计提供依据和蓝本。

② 通过研究已知蛋白质的晶体结构、类似物的结构模建或其他预测方法分析所研究对象的蛋白质结构模型，掌握其立体结构中影响生物活性、稳定性的关键部位。

③ 进行蛋白质分子设计，根据蛋白质分子改造的程度可以分为小范围改造、较大程度改造和从头设计 3 类。蛋白质的从头设计是指从蛋白质分子一级结构出发，设计制造自然界中不存在的全新蛋白质，使之具有特定的空间结构和预期的生物功能。

④ 通过基因工程手段改造得到设计产物，并进行相关实验验证。

⑤ 根据验证结果进一步修正原初设计，并对设计的分子进行结构与功能的评价。

6.2.2.2 针对蛋白质功能设计的策略

（1）蛋白质热稳定性改造的理性设计

蛋白质改造的理性设计是基于对蛋白质结构和功能关系的认识，通过定点或定点饱和突变技术等改造蛋白质的一种方法。因此，进行蛋白质改造理性设计意味着在突变之前，需要根据对蛋白质的结构信息选择特定位点进行突变。所以进行蛋白质改造理性设计的前提是要求有蛋白质三维结构，并且要对蛋白质的催化机制、结构和功能关系以及酶的热稳定性机制等有深入了解。

① 热稳定性类型及其影响因素

a. 蛋白质热稳定性的类型：蛋白质热稳定性通常包括热动力学稳定性和动力学稳定性 2 类，热动力学稳定性是用于描述蛋白质解折叠的一种趋势，一般用解折叠自由能、解折叠平衡常数和蛋白质解折叠 50%时的温度表示，可通过差示热量扫描仪、圆二色光谱仪、荧光分光光度计等测定；动力学稳定性是指蛋白质在经历不可逆变性时，维持其部分活性所需要的时间或温度，一般用蛋白质活性损失一半时所需要的时间、蛋白质活性损失一半时所需要的温度、最适反应温度以及代谢产物转换数等表示，可通过测定酶在不同环境下的催化反应来确定。尽管在某些时候蛋白质结构的解折叠和蛋白质的失活是相关的，但两者指的是不同的过程且有本质的区别。

b. 影响蛋白质热稳定性的因素

● 疏水相互作用：在水介质中，球状蛋白质的折叠总是倾向于把疏水残基埋藏在分子内部，这一现象称为疏水相互作用。疏水相互作用并不是疏水基团之间的吸引力，而是疏水基团或疏水侧链出于避开水的需要而被迫接近，主要影响蛋白质的构象熵，是蛋白质三级结构形成和稳定的最重要因素。疏水相互作用是蛋白质折叠过程中最重要的驱动力，在众多影响蛋白质热稳定性因素中，疏水相互作用的影响最大。

● 氢键：氢键是指氢供体和氢受体之间距离不超过 0.3 nm，且氢供体与氢受体之间的夹角小于 90° 时所形成的非共价键。蛋白质主链与其氨基酸侧链基团含有很多氢（质子）供体和受体，蛋白质周围的水分子也含有很多氢供体与氢受体，因此在多肽链内以及蛋白质与周围的水介质之间都可以形成氢键。研究发现，不同来源的 3- 磷酸甘油醛脱氢酶的热稳定性与它们所包含的氢键（带电残基的侧链原子和任意残基的主链原子或中性残基侧链原子之间形成的氢键）数量有着很强的正相关；嗜中温微生物与嗜热微生物的 α- 淀粉酶的结构比较发现，后者比前者在三维结构上多了 9 个氢键，使其获得较好的热稳定性。

● 离子键：离子键或盐键是指带有相反电荷的氨基酸残基之间的静电力，对蛋白质的热稳定性具有非常重要的作用。研究发现，嗜热菌中的蛋白质以及蛋白质的 α 螺旋区含有的 3 种带电荷氨基酸（Glu、Lys 和 Arg）的数量明显高于中温菌，可以在螺旋内部或在螺旋之间形成更多的盐键，对于维系嗜热蛋白质的稳定性起到非常关键的作用。

● 芳香环的相互作用：芳香环相互作用主要包括阳离子和芳香环之间以及芳香环与芳香环之间的相互作用，这种相互作用较离子键的能量高 2 倍。研究表明，超过 70% 的精氨酸残基侧链附近都有芳香族氨基酸侧链存在，而位于蛋白质表面的色氨酸有大约 30% 都与阳离子有相互作用。在嗜热蛋白质结构中的阳离子与芳香环间相互作用出现的频率远远高于中温蛋白质，可以提高蛋白质对热的适应性；芳香环间的相互作用是指两个芳香类氨基酸苯环中心的距离不超过 0.7 nm 时产生的相互作用，这些芳香类氨基酸通常被包埋或部分包埋在蛋白质的疏水核心，对蛋白质的热稳定性产生重要影响。研究发现，嗜热丝氨酸蛋白酶中能产生芳香环与芳香环间相互作用的氨基酸明显多于中温同源丝氨酸蛋白酶，这些额外的芳香环与芳香环间相互作用和嗜热酶的热稳定性有密切关系。当在木聚糖酶的 N 端添加一对芳香族氨基酸后发现，突变体的热稳定温度较野生型蛋白质提高了约 9℃，表明在合适的位置添加芳香环与芳香环之间的相互作用能够提高蛋白质的热稳定性。

● 二硫键：二硫键可通过降低蛋白质解折叠状态的熵值以稳定蛋白质结构，也是影响蛋白质热稳定性的关键因素。当在酶分子中的合适位置引入二硫键时，可以显著提高蛋白质的热稳定性。

② 影响热稳定性的序列及结构特征　蛋白质的刚性是蛋白质维持其热稳定必不可少的条件，其强度与热稳定性呈正相关。嗜热蛋白质为了在较高温度环境中发挥功能并形成较强的刚性结构，逐渐进化出一系列特殊的序列及结构特征。

a. 氨基酸组成倾向性对热稳定性的影响：蛋白质的氨基酸组成与其热稳定性有关，研究者通过对嗜热蛋白和中温蛋白的氨基酸组成进行统计学分析发现：与中温蛋白质相比，嗜热蛋白的氨基酸序列中有着 Gly → Ala、Lys → Arg 替换趋势；在嗜热蛋白中含有更多的 Ala，可能是由于其是较容易形成 α 螺旋的氨基酸，当用 Ala 替换 Gly 时，蛋白质的结构会更加稳定；相对于 Lys，Arg 也有许多优势，如 Arg 的胍基较大，能够为电荷相互作用提供更大的接触面积，能够参与更多其他非共价的相互作用；一些带电荷的氨基酸残基如 Arg、Glu 和 Lys 等，在嗜热菌的蛋白质中出现的频率要高于中温菌，它们多暴露在蛋白质表面，通过形成静电相互作用以维持蛋白质结构的稳定，例如脂肪族类氨基酸如异亮氨酸、缬氨酸等，能够通过疏水相互作用维持蛋白质内部的稳定，这些氨基酸在嗜热菌蛋白质中出现的频率也明显高于中温菌，尤其是 Val 的含量较野生型高 1.7%；芳香族氨基酸尤其是酪氨酸含量在嗜热菌蛋白质中出现的频率高于中温菌，因为芳香族氨基酸可以与带正电荷的氨基酸形成阳离子 – 芳香环相互作用以稳定蛋白质结构。

b. 高丰度及稳定的 α 螺旋结构：α 螺旋是蛋白质三维结构的基本单元，所有氨基酸都沿着螺旋轴向同一方向排布，因此，所有氢键都指向同一方向。通过比较研究发现，嗜热菌蛋白质中有 32.0% 的氨基酸参与形成 α 螺旋结构，而在中温菌蛋白质中仅有 25.4% 氨基酸参与形成 α 螺旋结构。丰富的 α 螺旋有助于蛋白质形成较好的热稳定性，其中 Cys、His、Arg 在这嗜热和中温蛋白质的 α 螺旋上出现的频率存在显著差异：嗜热蛋白质 α 螺旋中更偏好使用 Arg，而不偏好使用 Cys 和 His。相对于中温蛋白质，嗜热蛋白质 α 螺旋结构中含有较多的离子对，认为可能与嗜热蛋白质特有的较高热稳定性密切相关。研究表明，通过增加 α 螺旋偶极子的稳定性可提高蛋白质的稳定性。由于 α 螺旋常产生瞬间偶极子，在 N 端带有 0.5 ~ 0.7 的正电荷，而在 C 端常带 0.5 ~ 0.7 的负电荷，这样的偶极子不利于 α 螺旋及结构的稳定。因此在 α 螺旋的 N 端引入带负电荷的氨基酸残基，C 端引入带正电荷的氨基酸残基，可以稳定 α 螺旋的结构，进而改善蛋白质的热稳定性。

c. 包装效率：蛋白质包装效率可用蛋白质表面中的疏水表面积与其总表面积的比率表示，通过减少蛋白质的疏水表面积能够有效提高蛋白质热稳定性。通过分析蛋白质结构发现，嗜热蛋白质通常具有较高蛋白质包装效率。*Sulfolobus acidocaldarius* 产嗜热超氧化物歧化酶的疏水表面只占其全部表面积的 18%，而与其类似的中温超氧化物的疏水表面积占总表面积的比例达到 26.8%。研究发现，许多嗜热蛋白质都采用减少疏水表面积的方式维持其热稳定性，通过将野生型蛋白质表面的疏水氨基酸突变为亲水氨基酸以减少其疏水表面积时，可以显著提高该蛋白质的热稳定性。

d. 寡聚化：相对于同源中温蛋白质而言，很多嗜热和极端嗜热蛋白质都以寡聚化形式存在，因此，寡聚化也通常被认为是与嗜热和极端嗜热蛋白质的热稳定有关。将嗜热蛋白 Phosphoribosyl–anthranilate isomerase（PAl）来自 *Thermmoga maritbn* 中二聚体之间的氨基酸进行突变，将其二聚体状态转变为单体，实验结果发现这些突变仍能保持与野生型相似的结构以及功能，但热稳定性都比野生型有明显降低。在蛋白质 N 端和 C 端设计亮氨酸拉链结构，以使蛋白质的单体间能相互聚合在一起，其热稳定性有明显增高。嗜热菌 *Pyrococcus fuosus* 产谷氨酸脱氢酶通过离子键形成多聚体，并利用同源模建及结构比对的方法，将这些离子键加入到与其序列相似度高达 87% 的 *Therraococcus litoralis* 产谷氨酸脱氢酶的表面，结果谷氨酸脱氢酶来自 *Thermococcus litorali* 的热稳定性较野生酶提高了 4 倍。

③ 理性设计提高热稳定性的策略

a. 增加蛋白质分子刚性：蛋白质分子内基团间的相互作用在受热情况下，天然构象向热力学上熵值高的方向变化，即从紧密有序趋于随机松散，折叠结构打开，最终导致蛋白质功能丧失。因此，为了提高蛋白质热稳定性，可以采用改变蛋白质分子刚性的策略。

● 增加分子刚性的“二硫桥”：根据蛋白质分子的结构信息数据，在特定的位置设计引入二硫桥，以便通过增加分子内的二硫桥稳定其天然构象，达到提高蛋白质热稳定性目的。通过降低蛋白质解折叠状态的熵值，特定位置上的二硫键对蛋白质热稳定性起到至关重要的作用。但是，并不是所有的二硫键都能提高热稳定性，需要通过计算分析预测合适构建二硫键的可能残基对，并经实验验证才能确定。有研究人员通过分析研究二硫键中各个原子间的距离及键角等相关信息，发现在蛋白质的二硫键中，$C_\beta—S_\gamma$ 以及 $S_\gamma1—S_\gamma2$ 间的键长分别为 0.181 nm 和 0.204 nm，

C_β—S_γ—S_γ 之间的键角为 104.15°，据此设计了二硫键设计软件 Disulfide by Design，用于分析蛋白质结构中哪些氨基酸之间可能形成二硫键。

- 增加分子刚性的关键氨基酸：脯氨酸包含 1 个亚氨基、1 个羧基和 1 个吡咯烷环侧链，由于其 N 原子位于吡咯烷环上，所以脯氨酸的 N—C_α 旋转受到吡咯烷环的束缚，因而具有更小的构象自由度，且限定其前面氨基酸到有限的构象空间，所以，脯氨酸的引入可以降低蛋白质去折叠时的骨架熵，即增加蛋白质的刚性。研究表明，在蛋白质构象不稳定的区段如 β 转角或无规卷曲中引入脯氨酸，可以提高蛋白质热稳定性。但是，并非所有的脯氨酸置换都会改善热稳定性，只有在合适的位点进行脯氨酸置换才能真正提高蛋白质的热稳定性。与脯氨酸相对应的氨基酸为甘氨酸，由于该氨基酸没有侧链，具有灵活构象，可增加蛋白质的柔性。

b. 改变关键位点氨基酸极性：通过同源建模和同源序列比较发现 *Streptomyces olivaceoviridis* 产高比活木聚糖酶 XYNB 的特点：第 11 族木聚糖酶的催化结构域在 β 折叠股 A3 和 B3 之间存在一个保守的氨基酸位点 Asn，与木聚糖酶的 pH 特性有关。实验设计将 XYNB 的 46 位 Asn 定点突变为 Asp。结果表明，其最适 pH 由 5.2 下降到 4.2，pH 稳定性也向酸性偏移，同时，热稳定性和最适温度也有一定的提高，但酶的比活性显著下降。

c. 蛋白质表面电荷的优化：蛋白质通常是在内部形成一个疏水核心，而在其表面分布着一些带电荷的氨基酸，这些分布在蛋白质表面的带电荷氨基酸之间可以通过电荷之间的相互作用，给蛋白质形成一个保护网，增加蛋白质对高温的抗性，因此，通过对蛋白质表面带电荷的氨基酸进行重新设计优化，使其表面的电荷分布更加合理，增加蛋白质表面带电荷氨基酸之间的相互作用，以提高蛋白质稳定性。蛋白质表面电荷分布状况分析已有专门软件提供，但其适用性与应用范围还有待于进一步改善。

d. 结构融合表达：通过分析不同来源蛋白质结构，选择具有高比活功能部分与高稳定性相关部分的基因片段进行融合，构建新的基因工程蛋白，使其兼具多种催化活性和高稳定性。

e. 肽链截短表达：酶蛋白编码基因的某些区域并非酶活性所必需，随机或特定的截短基因的改造方法可以用来提高酶的表达量或改善酶的性质。截短位点既可以是单一的，也可以是多位点的。

当将 *Thermoanaerobacter ethanolicus* 产支链淀粉酶的 C 端截短 100 个氨基酸残基，所表达的蛋白 TetApuR855 保留了全长酶的活性，且热稳定性大大提高，但若继续截短，则所得到的突变体热稳定性却并没有提高，反而下降了。

f. 基于一致性序列的（半）理性设计：一致性设计是将已知酶的氨基酸序列放在一起进行比较，借助计算机从中选择对每一个氨基酸位点最保守的残基，拼成序列，并将最后确定的氨基酸序列翻译成相应的 DNA 序列，选用合适的表达系统对该人造目的基因进行表达。

g. 基于蛋白质解折叠自由能的设计：蛋白质解折叠自由能是反应蛋白质热稳定性的一个通用指标，也是蛋白质热动力学参数中最重要的参数，因此目前研究蛋白质热稳定性的大都是利用生物信息学方法模拟突变对蛋白质解折叠自由能的影响，当其差值大于零时，表明该突变对蛋白质的热稳定性有正效应，反之为有负效应。

用来预测突变对蛋白质解折叠自由能影响的计算机算法有很多，主要包括：① 利用统计数据进行分析预测，其主要是先利用一些统计学手段对蛋白质突变体数据进行分析，得到一些统计学规律，并以此判断突变对解折叠自由能变化的影响；② 直接从蛋白质结构预测蛋白质的解折叠自由能，主要是通过利用一些经验数据或方法分析蛋白质突变前后，结构或能量的变化，进而推断其对蛋白质的解折叠自由能的影响；③ 机器学习方法，通常是利用蛋白质序列或结构特征直接从数据入手而建立计算模型，预测解折叠自由能的变化。

h. 基于温度因子的设计策略：温度因子的概念起源于晶体研究，是用来体现晶体中原子构象状态的一种“模糊度”，它实际上反映了蛋白质分子在晶体中的构象状态。温度因子越高，模糊度越大，相应部位的构象就越不稳定或柔性越强。在晶体学数据中，温度因子一般是以原子为单位给出的，通常将其换算成相应氨基酸残基的温度因子，从而可以分析氨基酸残基的构象稳定性或其柔性。研究发现，将蛋白质结构中温度因子值较高的氨基酸突变后，部分突变体的热稳定性可以得到明显的提高。

i. SCHEMA 模拟法：根据 DNA 重组技术可以将多个有益突变融合起来以形成一个更加完美实用分子的思路，SCHEMA 模拟法通过对蛋白质结构进行分析，将蛋白质分成若干个独立的小模块，使小模块之间的相互影响减少到最小，并利用该信息来确定蛋白质之间可以进行重组的位点。通过该方法可以将嗜热蛋白质中和嗜热相关的模块引入到中温蛋白质，进而改善蛋白质的热稳定性。

j. 同源比对：由于中温蛋白质与同源的嗜热蛋白质之间往往具有较高的相似性。因此可以通过序列比对，找出与热稳定性相关的氨基酸，然后对其进行突变，进而可以提高中温蛋白质的热稳定性。其中嗜热蛋白质可以来源于已测定热稳定性的同源蛋白或是来源于嗜热菌基因组中编码的同源蛋白质。这是因为嗜热蛋白质的熔化温度 T_m 值往往和其生存的环境温度有关，可以用以下公式进行近似计算：

$$T_m \approx 42.9℃ + 0.62 \times T_{env}$$

由于影响蛋白质热稳定性的因素众多，并且其相互之间具有各种联系，现阶段蛋白质热稳定性的相关数据仍然掌握地很少。因此当对蛋白质结构的认知一旦出现偏差，就很难获得理想的突变体，到目前为止，研究人员还没有提出一个公认的适合于所有蛋白质的理性设计策略，这也是现代计算生物学家及蛋白质工程学家们努力研究的一个重要方向。

（2）蛋白质催化性能改造理性设计

酶的催化性能与酶的活性中心构象密切相关，通过改变酶活性中心内的相关氨基酸残基可以对催化性能产生很大影响，甚至获得新的催化活性。目前主要有定点突变、loop 改造和催化金属离子替换三种方式。

① 定点突变　活性中心是指含有可以结合底物和提供反应基团的关键氨基酸残基。根据酶的空间结构和催化机制，定点突变这些关键氨基酸，可以在一定程度上改变酶的催化性质。因此，大部分氨基酸突变点都会选在靠近活性中心的位置。尽管远离活性中心的突变有时也会对活性及热稳定性进行微调，但靠近活性中心位置的氨基酸突变更容易引入新的催化活性以及改变酶的专一性。

关联实例 6-2
定点突变

a. 引入新的催化活性：利用初始酶活性中心的底物结合位点引入新催化活性。突变相关的催化氨基酸，使酶的活性发生改变。例如甘露醇脱氢酶活性中心为 Asn191 和 Asn300，其对于底物的稳定作用是催化过程的关键步骤，突变其中任何一个 Asn 为 Asp 都将阻碍催化残基 Lys295 对甘露醇的去质子化作用，并促使底物羰基极化，导致反应平衡向羰基还原方向移动。

b. 改变酶的专一性：专一性作为酶分子的一大特点与其催化高效性一样被广泛应用，通过理性设计可以获得选择性更强、底物谱更广的酶。根据来自 *Pseudomonas fluorescens* 的酯酶晶体结构，对活性中心入口处的四个侧链体积较大的疏水氨基酸残基（Phe126、Phe144、Phe159、Ile225）进行定点突变，实验结果为底物的立体选择性得到了扩大并改善。根据 *Pseudomonas* 产甲酸脱氢酶的结构建立了 *Candida methylica* 产甲酸脱氢酶（cmFDH）的同源模型，数据分析发现 Asp195 与 NAD^+ 的腺嘌呤之间的相互作用可以决定甲酸脱氢酶的辅酶特异性，对 Asp195 突变成 Ser 后甲酸脱氢酶所结合的辅酶从 NAD^+ 转变为 NADH。乙酰胆碱转移酶的活性中心结构中有

5 个氨基酸残基会影响到底物选择性，对其进行定点突变该酶的底物选择性得到改变。

c. 增加非特异性催化：一个酶的活性中心可以催化多个化学反应的特性称为酶的非特异性催化，这些反应在酶与底物结合的活性位点和催化机制上都可能会存在差异性。因此，突变酶活性中心可能会提高酶的非特异性催化。例如人源碳酐酸酶Ⅱ可以催化一系列酯类底物水解，利用过渡态类似物与人源碳酐酸酶Ⅱ活性中心对接可以有效预测关键氨基酸残基 V121/V143/T200。实验结果定点突变活性中心的突变体由于扩大了活性中心疏水口袋的尺寸并且消除了过渡态结合的空间位阻，从而导致人源碳酐酸酶Ⅱ可以催化体积更大的苯甲酸酯的水解反应。

② loop 改造 在蛋白质空间结构中，loop 通常以特定构象存在并对蛋白质功能起着关键作用，许多酶催化反应的关键氨基酸残基都定位于 loop 区。同时，loop 的构象变化也经常参与许多酶反应通道的调节。因此，对关键 loop 进行改造可以直接影响活性中心的结构以及关键氨基酸残基的分布。例如卤链烷脱卤酶中的一个 7 肽 loop 区在该酶的对映体选择性中起关键的作用，通过改变 loop 区关键氨基酸 His139 的构象可以删除该片段，从而改变活性中心的形状和大小，使底物与活性中心的结合方式和亲核进攻的方向发生改变，造成该酶从 R- 选择性转变为 S- 选择性。

③ 金属离子替换 在金属酶中，辅因子金属离子的替换可以对酶的活性和立体选择性等催化特性有着重要影响。当将碳酐酸酶活性中心中的 Zn^{2+} 替换为 Mn^{2+} 时，则导致酶有了环氧化物合成酶的新催化活性；如果通过透析方法将 Zn^{2+} 置换为 Rh^{2+} 时，则碳酐酸酶可以直接利用氢气而不需要其他辅酶催化还原反应。

知识拓展 6-9
酶的计算机辅助技术

6.2.2.3 针对蛋白质 - 小分子结合特异性的设计策略

作为细胞接受外界环境信息的方式之一，蛋白质和小分子的相互识别是很多代谢途径的开关，保持其相互作用的特异性是非常重要的。同时，外界环境信息在细胞内的传递直接由蛋白质和小分子复合物的浓度决定，而浓度本身又受蛋白质、小分子各自浓度，蛋白质和小分子结合强度及结合特异性的影响。所以，为了保证外界信息和细胞内信息的准确传输，蛋白质和小分子结合的稳定性和特异性在结合过程中是非常必要的。为此，在蛋白质设计过程中，可以通过正向设计以优化蛋白质和小分子结合的稳定性，通过负向设计以减弱蛋白质与其他小分子结合的稳定性，从而实现间接加强蛋白质和小分子结合的特异性。

在针对蛋白质 - 小分子结合特异性的设计过程中，除了基于结构的序列设计，还有很多以功能为目的的局部序列设计，包括蛋白质和小分子相互作用界面设计、蛋白质和蛋白质相互作用界面的设计、蛋白质和金属位点结合界面设计，甚至还有酶的设计。然而，蛋白质设计还远没有成为一个完整的、相对成熟的方法，还有一些基本的问题没有解决，其中的一个问题就是评估体系。

一种常用的评估方式是分别计算水溶液环境下可能影响蛋白质和小分子间各种不同类型的相互作用，包括静电相互作用、氢键、范德华相互作用、疏水相互作用以及基于广义波恩模型的极性相互作用等，然后分配给每个能量项一个权重，以加权和的形式对候选蛋白进行评估。每个能量项的权重，是通过对已有数据库的训练给出的，其中一种训练目标是使每个位点天然氨基酸的能量最低。但这种方式对蛋白质和小分子相互作用界面的设计并不合适，原因为：第一，从数据库出发得到的结果会严重依赖于数据库本身，会对蛋白质小分子相互作用界面设计的应用范围有一定的限制；第二，从蛋白质数据库（protein databank）中看到的蛋白质和小分子的结构，其中大部分为人工引入小分子，即这些结构只能说明小分子可以与这样的蛋白质界面相结合，但不能保证这样的蛋白质界面是最适合小分子结构的，同时参数优化的目标本身也存在问题。另外，这样的打分函数本身也是针对蛋白质和小分子结合稳定性进行的评估。在估算自由能的过程中所有能量项的权重都为 1.0，而在蛋白质设计过程中使用的能量函数是可以根据设计的实际情况进行优化，这与计算蛋白质小分子结合自由能是不同的。所以，这种方法仅仅考虑了蛋白质和小分子的结合稳定性，而并没有考虑结合的特异性。通常情况下，蛋白质－小分子结合的稳定性和特异性不是同时优化的，有时甚至是对立的，亦即提高蛋白质和小分子结合的稳定性是在一定程度上牺牲其结合的特异性。

从自由能上面看蛋白质和小分子结合的能量差，就是在水溶液中蛋白质和小分子复合物自由能减去其分别在水溶液中的自由能。其中范德华相互作用对结合自由能的影响较小，因为结合前蛋白质和小分子分别与水分子之间存在范德华相互作用，而结合后变成了蛋白质与小分子之间的相互作用和与水分子之间的范德华相互作用，两者之间的差异主要在氧原子和碳原子的范德华半径不同即计算能量的参数不同，只要小分子的位置合适并不与蛋白质产生原子冲突，对于总的溶液体系，结合前后的范德华相互作用变化不大。同样，氢键相互作用和静电相互作用在蛋白质与小分子结合前后的状态与范德华相互作用类似，也变化不大。对蛋白质与小分子结合影响最大的是疏水相互作用，实质上是熵的贡献。在水溶液中非极性分子聚集可使溶质的总疏水表面积减少，同时水分子可活动的表面积增大，因为导致熵的增加和自由能下降。作为蛋白质折叠的主要驱动力，这种相互作用也促使蛋白质和小分子之间、蛋白质和蛋白质之间的相互识别和结合。所以，在蛋白质和小分子相互作用界面设计中，在满足形状互补条件下增加非极性氨基酸比例，对提高蛋白质和小分子结合形成的复合物的稳定性是非常有利的。

然而在天然的复合物结构中，其整个界面并不是都由非极性氨基酸组成，因为由非极性氨基酸形成的界面会在一定程度上影响蛋白质对小分子的选择性。因为在水溶液中非极性氨基酸容易为避开水分子被覆盖而相互聚集，无论覆盖界面的是什么样的分子，这种蛋白质就可以与任何分子黏在一起。为了保证蛋白质对小分子特异性选择，极性氨基酸残基被进化选择出来放在相互作用的界面上，通过极性相互作用（例如氢键或盐键）保证特异性识别。

从蛋白质与小分子间形成氢键的能量上看，结合前是界面分子与水分子分别相互作用形成氢键，结合后界面分子之间形成 1 对氢键、水分子间形成 1 对氢键，没有证据证明结合前后的氢键能量是有显著差异的。如果界面的极性原子间没有形成氢键，则结合稳定性会下降很多。由于氢键有很好的方向性和饱和性，其作用强度很高，一个氢键的键能是一对范德华相互作用的几十倍，这样的氢键一旦形成就不容易被破坏。极性相互作用保证了与蛋白质相互作用的小分子的结构，甚至结合的方式，因此，疏水相互作用和极性相互作用两者之间是不能互相取代的，因为它们在蛋白质和小分子结合的过程中扮演了不同的角色，分别用于维持复合物的稳定性以及识别的特异性。所以，如何平衡 2 种相互作用在界面上的比例，是保证蛋白质和小分子相互作用稳定性和特异性的关键。

知识拓展 6-10
我国天然药物市场简况

6.2.3 蛋白质设计实例

在实际应用中，天然酶在生物体内存在的环境与酶的实际应用环境往往存在极大差别，因此，只有具备某些优良性质的酶才能得到良好的应用效果。理想的酶是酶活力和稳定性越高越好，这样可以加快反应速度、提高酶的利用率和降低反应成本。

随着酶蛋白在各领域的广泛应用，对已知酶进行改造以适应实际需要将变得越来越重要。通过结构生物学、计算化学、分子生物学和蛋白质工程等各个学科、各种技术的渗透结合，形成更为完善全面的理性分子设计策略与方法，将会设计出更符合实际需要、更为“完美”的酶蛋白。

由一个血红素辅基和 153 个氨基酸组成的肌红蛋白，长期以来备受研究者的青睐。因其具有相对分子质量小、稳定性高、易通过基因工程和蛋白质工程获得高纯度蛋白质等优点，被广泛作为蛋白质分子框架，用于研究蛋白质特别是血红蛋白结构与功能关系。

肌红蛋白的生物功能是贮存和运输氧分子，在蛋白质分子内分布有一定体积的空穴（图6-14），形成气体小分子迁移途径，同时也为肌红蛋白结合其他有机物或药物小分子提供了可能。

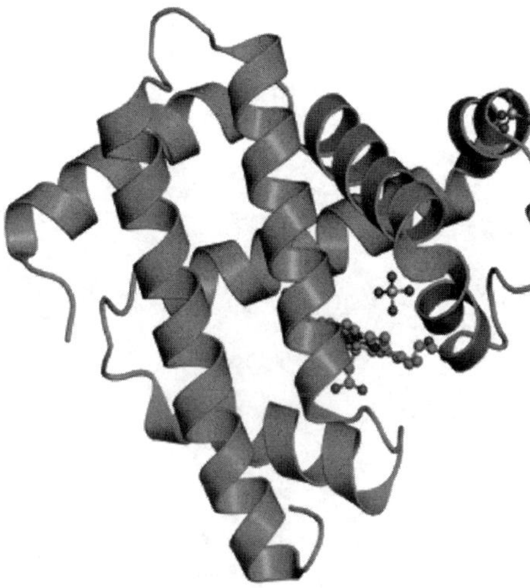

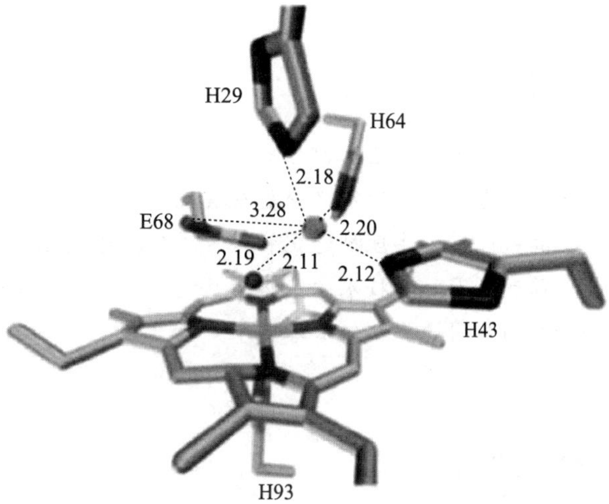

A　　　　B

图 6-14　基于肌红蛋白理性设计的蛋白质分子模型及天然一氧化氮还原酶 NOR

A. 肌红蛋白分子内空穴（蛋白质数据库编码 1JP6）；B. 肌红蛋白血红素活性中心结构

基于肌红蛋白的蛋白质分子设计研究主要包括：①通过对肌红蛋白活性中心进行适当的修饰与调整（如氨基酸定点突变）以改变其微环境，可以实现肌红蛋白由氧载体蛋白向具有生物催化功能的血红素蛋白转变，如过氧化物酶、过氧化氢酶、血红素加氧酶和细胞色素 P450 等；②通过定点突变活性中心氨基酸技术与血红素化学修饰相结合，特别是血红素辅基丙酸根的化学修饰，其在一定程度上提高肌红蛋白的催化效率和对底物分子的选择性，以及对肌红蛋白进行分子自组装；③通过引入与血红素辅基化学结构类似的金属配合物（如 M-salen/salophen），与脱辅基肌红蛋白进行体外重组，构建催化性能优越的人工金属蛋白酶分子；④通过人工金属结合位点的理性设计，实现肌红蛋白向其他类型的血红素蛋白酶，如锰过氧化物酶和血红素 - 铜氧化酶结构及功能的转变等。

血红素 - 铜氧化酶活性中心除了具有血红素辅基外，还有与 3 个组氨酸进行配位的铜离子，形成 Fe-Cu 双金属中心，其功能是将 O_2 还原为 H_2O，在呼吸中起关键作用。如何利用蛋白质分子框架，设计这样的活性中心结构，无疑具有一定的挑战性。科学家通过将抹香鲸肌红蛋白的活性中心（图 6-14B）与血红素 - 铜氧化酶结构比较，进而通过计算机模拟及实验研究发现，若将肌红蛋白活性中心的 Leu29 和 Phe43 突变成 His，再加之血红素辅基本身的远端配体 His64，在所得到的突变体 L29H/F43H 分子中，活性中心即存在 3 个 His。

开放讨论题

1. 如何合理、有效地应用蛋白质分子改造原理对某蛋白质的热稳定性进行设计和改造？说说你的思路。

2. 蛋白质定向进化的科学意义和应用价值分别是什么？
3. 如何合理设计和选取蛋白质定向进化的高通量筛选方法？
4. 如何利用蛋白质分子改造技术研究蛋白质的结构与功能？

思考题

1. 基因突变的方法如何分类？
2. 试述定向进化的策略分类及其应用。
3. 随机进化、半理性进化和理性进化三者的区别是什么？
4. 简述基因融合技术的策略。
5. 蛋白质同源模拟的基本要求是什么？

推荐阅读

1. 黄耀江 . 蛋白质工程原理及应用 . 北京：中央民族大学出版社，2007.

点评：该书比较详细介绍了蛋白质结构、蛋白质组学、蛋白质生物信息学、蛋白质的分子模拟与药物设计、蛋白质表达、蛋白质分离纯化工程等内容。

2. 梅乐和 . 蛋白质化学与蛋白质工程基础 . 北京：化学工业出版社，2013.

点评：该书系统介绍了蛋白质化学与蛋白质工程的基础知识、主要方法和技术以及一些具有典型意义研究实例，主要为蛋白质化学基础、蛋白质分子结构基础、蛋白质结构的测定与预测、蛋白质的化学修饰、蛋白质的分子设计、蛋白质分子的生物学改造及重组蛋白的表达、蛋白质工程的应用实例。

数字课程学习

◆本章小结　◆教学课件　◆参考文献

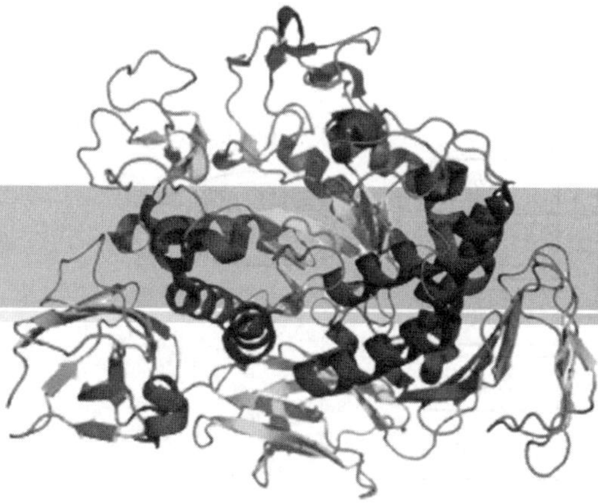

7 蛋白质分子全新设计

- **7.1　蛋白质分子设计原理**

  蛋白质分子设计概述；分类和原则；蛋白质分子设计的程序

- **7.2　全新设计**

  全新蛋白质的设计方案；结构的从头设计；功能的从头设计；蛋白质计算设计

蛋白质分子设计是指从分子、电子水平上，通过大量实验数据分析，结合计算机图形学技术等设计新的蛋白质分子。要设计一个全新的蛋白质，其关键问题是能给出一个可以形成稳定及独特三级结构的序列，在这一过程中，实际上需要解决线性聚合链的构象熵问题。新的蛋白质结构从头设计过程中，最简单也是最直接的一种策略是合成一些二级结构单元片段，以这些肽段作为结构单元模块，在溶液中使模块内部及模块间产生相互作用，自行折叠并组装获得有序的结构。

人们设计一个全新蛋白质时，往往不仅希望该蛋白质具备一定的结构，通常更期望该蛋白质具备特定的功能，尤其是期望获得天然蛋白质所不具备的新功能。功能设计主要涉及键合及催化作用等。

通过本章学习，可以掌握以下知识：

1. 蛋白质分子设计的概念及其分类和原则
2. 蛋白质分子设计流程
3. 蛋白质分子设计方法
4. 蛋白质结构从头设计原理及方法
5. 了解蛋白质分子设计的成功实例

知识导图

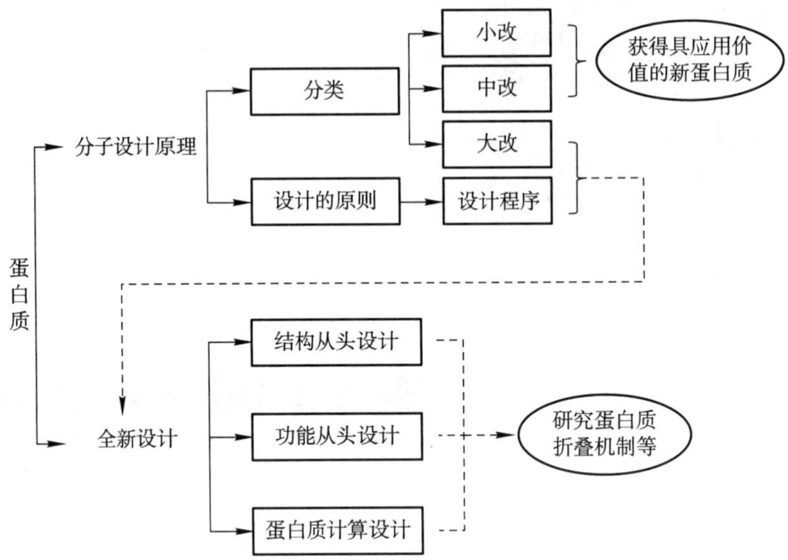

关键词

蛋白质结构　分子设计　计算机模拟

7.1　蛋白质分子设计原理

7.1.1　蛋白质分子设计概述

（1）蛋白质分子设计的必要性

蛋白质在生物体内具有重要作用，如抗体参与机体防御、酶用于催化代谢反应、激素作为传递信号等，因此，蛋白质已应用于药物、食品等领域。此外，由于酶的专一性催化特性，又使之在化学合成、废弃物降解、新能源再生、生物传感器等领域具有广阔的应用前景。酶作为催化剂与化学催化剂相比，具有反应可在常温常压进行、能耗低、专一性强、副反应少、环境中可降解等优点，但是也具有蛋白质相对分子质量大、稳定性较差、应用范围受环境限制等缺点，因此天然蛋白质尽管高效，但无法满足多种多样的应用需求，人们对蛋白质进行改造和设计，甚至是从头设计（de novo design）具有特定功能的全新蛋白质。

知识拓展 7–1
蛋白质随机改造中的难点

分子生物学的迅速发展极大地促进了蛋白质的研究和应用，如基因工程技术的出现使蛋白质的大规模生产成为可能，定点突变技术及 DNA 改组技术的发展加速了蛋白质的改造，促进了蛋白质工程的发展。尽管从 20 世纪 80 年代起，人们通过蛋白质工程技术修饰改造蛋白质取得了不少激动人心的成果，经过改造后获得新性质的蛋白质已在药品、食品等领域被使用，但是通过设计一个全新的蛋白质，并使之具有预期的结构和性质并不是一件容易的事。幸运的是，随着蛋白质序列及结构数据的积累，以大数据驱动的技术如深度学习、人工智能等，在蛋白质设计领域已崭露头角，大幅度提高了设计的成功率，预示着数字化计算时代即将到来。

（2）蛋白质分子设计的概念

蛋白质分子设计是指从分子、电子水平上，通过大量实验数据分析，结合计算机图形学技术等设计新的蛋白质分子。蛋白质分子设计是一门新兴的研究领域，涉及材料科学、化学、生物学、物理和计算机科学等，设计的蛋白质不仅限于20种天然氨基酸，也包括非天然氨基酸以及修饰的氨基酸等，其用途之一是可为蛋白质改造提供指导信息，如可通过设计和分子改造提高蛋白质的热稳定性及对酸碱的稳定性，提高其活性或者降低副作用等；之二是可用于研究蛋白质的折叠过程，如从头设计简单的蛋白质骨架，可用于研究蛋白质内的相互作用，也可作为模型，用以寻找蛋白质折叠过程中定性及定量的规律。

目前，蛋白质分子设计存在的问题主要有：①相比于天然的蛋白质，人工全新设计的蛋白质没有独特的结构，其功能也没有明显的优越性；②通常全新设计的蛋白质三级结构稳定性不如天然蛋白质。虽然，目前设计出具有预期结构和功能的新蛋白质分子还存在不少困难，但在相关领域的其他许多方面，人们已取得了令人鼓舞的进展，如人们通过分子设计提高蛋白质的热稳定性并工业化应用，设计获得了自然界不存在的新型催化蛋白等。

知识拓展 7-2
酶的理性设计

7.1.2 分类和原则

蛋白质分子设计根据结构是否已知，可分为：①在已知立体结构基础上进行的设计，通过将立体结构信息与蛋白质的功能相关联而进行的工作；②在立体结构未知的情况下，借助蛋白质一级序列信息及生物化学性质而进行的分子设计工作。但不管是哪一类型的改造，认识蛋白质结构和功能之间的关系对成功设计蛋白质分子是非常重要的。即使蛋白质的三维结构已知，要选择一个合适的突变体仍是十分困难的，在这一过程中需要多个学科的相互配合，并不断通过理论、实践，再到理论的循环过程才可能成功。

图 7-1 显示了蛋白质设计循环过程。

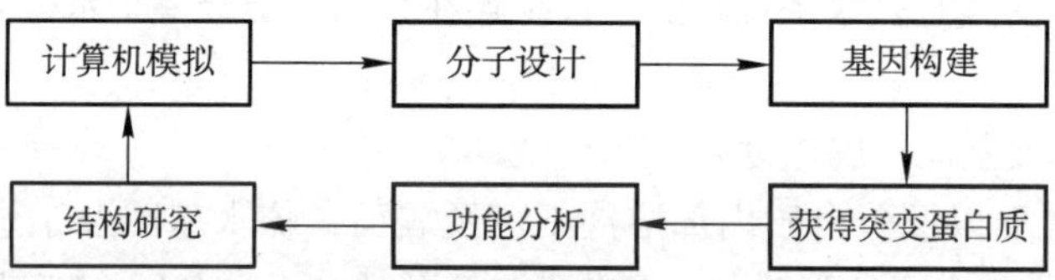

图 7-1 蛋白质设计循环过程

蛋白质的分子设计还可根据改造部位的数量分成3类。

（1）"小改"，指对蛋白质中的少数几个残基进行替换或修饰

这一方法在蛋白质工程中使用最为广泛。其主要通过定点突变技术或者盒式替换技术有目的地改变个别氨基酸残基，来改善蛋白质的性质和功能。蛋白质突变体设计相关内容在第6章已有详细叙述，本章不再重复。

关联实例 7-1
速效胰岛素的设计

（2）"中改"，包括将不同蛋白质的结构域进行拼接以构成新的蛋白质等

蛋白质的立体结构可视为结构元件（结构域）组装而成，因此可以将结构元件成段地替换到其他蛋白质上，以将相应的功能转移到新的蛋白质中，或者获得新的特性。如在抗体分子的改造中，将鼠源性抗体的可变区（*V* 区）基因与人抗体的恒定区（*C* 区）基因拼接为嵌合基因（图 7-2a），或将鼠源抗体互补决定区（CDR 区）移植到人抗体对应区域获得人源化抗体（图 7-2b）；将针对不同抗原的抗体手臂构建在一起形成双功能或多功能抗体；以及在CAR-T细胞疗法中将靶向特定抗原的单链抗体与T细胞杀伤激活信号连接在一起，形成嵌合抗原受体（CAR）等。

（3）“大改”，指全新蛋白质的从头设计（*de novo* protein design）

蛋白质分子的从头设计是为了实现预期的结构和功能，设计全新的蛋白质序列，并通过基因工程技术表达该序列，使之折叠成特定空间结构并具备预期的功能，从而得到全新的蛋白质。该技术又可称为反向折叠技术，即针对某一特定构象或功能，需要确定相应的氨基酸序列。对于全新蛋白质分子设计将在下一节详细介绍。

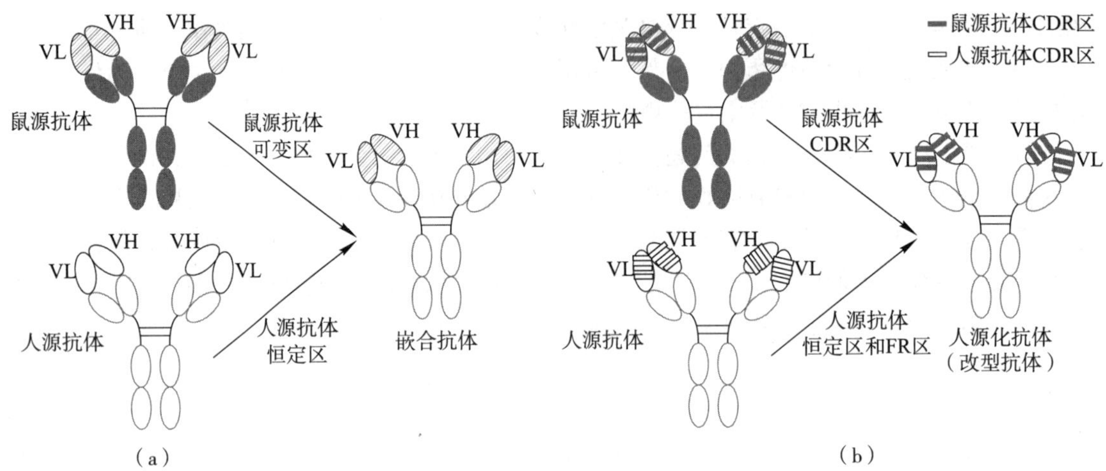

图 7-2　嵌合抗体（a）和人源化抗体（b）示意

在蛋白质设计时，需遵循以下原则：

① 内核假设。所谓内核是指蛋白质在进化中保守的内部区域，蛋白质能够折叠成特定的折叠形式，是由其内核中一些关键残基的相互作用而决定的。通常内核是由一些二级结构单元通过氢键等相互作用堆积而成。

② 在蛋白质内部的残基是紧密堆积的，很少存在大到可结合一个水分子或惰性气体的空穴，并且残基间没有重叠。

③ 尽可能使内部残基间形成氢键。

④ 在溶剂可及表面以及蛋白质内部溶剂不可及表面，疏水基团及亲水基团是合理分布的。这种分布以疏水效应作为主要的驱动力，但并不是简单的亲水性基团全部暴露在表面，疏水性基团全部埋藏在内部，而是在表面也有少量的疏水性残基，在内部也有少量的亲水性残基。

⑤ 在设计金属蛋白中的配位残基时，在空间结构上需要满足金属配位的几何要求。需要将合适数目的蛋白质侧链或溶剂分子围绕金属中心安置，并使之具有适当的键长、键角以及符合要求的整体的几何类型。

⑥ 需考虑氨基酸侧链的最优排列方式。主要有 2 个空间立体因素决定了蛋白质侧链的构象：一个是该氨基酸在主链结构中的位置，另一个是侧链旋转的立体势垒。

⑦ 需考虑结构与功能的专一性问题，这是当前蛋白质设计中最难解决的问题。因为蛋白质是一个复杂的大分子，要准确预测其空间结构仍是十分困难的，设计时所希望达成的折叠结构在实际折叠过程常存在偏差，如可能采取一个能量与所希望状态相近，但却又不同的另一个构象。因此在设计时需要考虑一些特定的相互作用，以稳定希望达到的构象，并使不希望的构象稳定性更差些，但要实现这一点并非易事。

目前要成功设计一个全新蛋白质分子是非常困难的，它需要大量的实验，经由多次“设计循环”（也就是需要进行设计—构筑—实验验证—再设计等），才有可能达成。蛋白质分子越大，残基修改得越多，其设计越复杂，循环的次数就会越多。相信随着技术的发展，实践经验的积累，蛋白质结构预测及计算精度的提高，蛋白质分子设计的成功率也将不断提高。

7.1.3 蛋白质分子设计的程序

蛋白质分子设计的流程如图 7-3 所示。

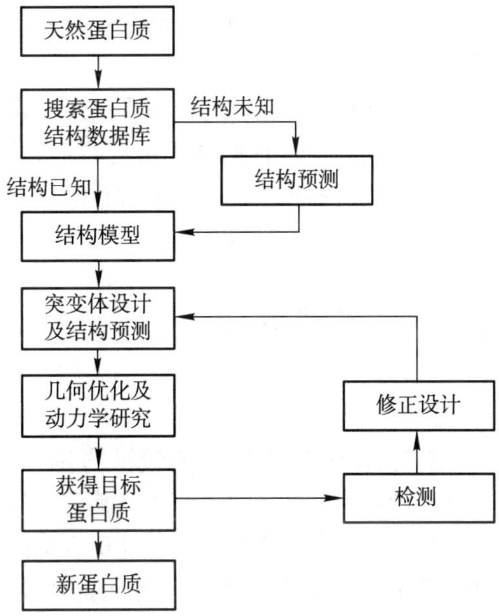

图 7-3 蛋白质分子设计流程

（1）收集相关蛋白质的结构信息

蛋白质三维结构知识对于蛋白质分子设计是必不可少的。在设计初期，需收集待研究蛋白质的一级结构、立体结构、功能结构域以及与之相关的同源蛋白质等相关数据，为蛋白质分子设计提供依据和参考。

（2）建立所研究蛋白质的结构模型

如果所研究蛋白质的结构在 PDB 中没有收录又未见文献报道，可通过实验方法如 X 射线衍射等方法获得结构信息，或通过结构预测的方法获得其结构模型。近年来，人工智能应用于蛋白质结构预测取得了突破性进展，如使用 AlphaFlod2 可以快速预测出具有较高准确度的蛋白质结构，推动了蛋白质工程和改造技术的发展。

（3）结构模型的生物信息分析

分析确定其三维结构的特点、功能活性区域以及分布、结构中存在的二硫键数目和位置等，为选择设计目标提供依据。

（4）选定需修改的残基

根据所要构建的三级结构，分析确定对拟获得的性质有重要影响的区域及残基位点。在当前的研究中，选定的目标通常残基数量不多，结构相对简单，并且在结构上常具有一定的对称性。

（5）设计一级序列

设计的序列应尽可能与天然结构中的序列不同。在设计时要考虑各个氨基酸残基在形成二级结构上的倾向性，选择易形成预期二级结构的残基。

（6）对结构进行预测

使用理论方法预测设计序列的二级结构和高级结构，对设计的正确与否进行初步判定，检查设计序列的模型与预期目标是否符合，在此基础上进行序列的调整和修改，使设计的序列能获得预期的目标结构。

（7）蛋白质分子的获得

残基数目较少的多肽或蛋白质，常使用多肽化学合成的方法来制备并获得，随着多肽自动合成技术的发展，一些较长较复杂的多肽或修饰的多肽分子亦可快速地合成，这为蛋白质分子设计提供了方便；对于残基数目较多的蛋白质分子，可以通过基因工程手段，通过合成或改造合成原蛋白质的基因，来实现对蛋白质分子的改造，然后将基因导入合适的宿主进行表达，将表达产物分离纯化后获得目标蛋白质分子，为进行新蛋白质结构和功能的检验提供材料。

（8）设计结果的检验

对设计获得的新蛋白质进行检验，通常至少包括 3 个方面内容：一是考察该蛋白质是否会形成多聚体状态；二是验证该蛋白质分子的二级结构是否符合预期的设计；三是检测其三级结构是否符合预期的设计和目标。如果设计的蛋白质分子具有特定的功能，则还需检验新蛋白质的功能活性是否达到设计目标。

（9）设计的修正，完成新蛋白质设计

通过实验对设计的结果进行验证和评价，并根据实验结果对设计进行修改，再进行实验验证，这样经由多轮反复设计及试验的过程，直至最终达到目标。

7.2 全新设计

7.2.1 全新蛋白质的设计方案

要设计一个全新的蛋白质，其关键问题是给出一个能形成稳定及独特三级结构的序列，在这一过程中，实际上需要解决线性聚合链的构象熵问题。例如，假设某蛋白质含有 100 个氨基酸残基，其中每个残基可以从 10 个可能构象中选择 1 个构象，那么从理论上看，这条链要折叠成某一确定的三维构象所需要消耗的熵为 $RT\ln 10^{100}$=568.48 kJ/mol。因此，要使之折叠成为特定的构象，必须要克服这一构象熵，这实际上是借助于各种相互作用来完成的，如疏水作用、氢键、盐键、与金属离子间的配合作用等，通过设计合适的相互作用，并使相互作用能超过构象熵，才能使一个序列可稳定折叠成某一确定的三级结构。

知识拓展 7-3 氨基酸残基的二级结构倾向性

在减少构象熵以稳定目标构象上，可采取 2 种方法：一种是借助于非共价的相互作用，包括疏水作用、氢键作用等，并通过设计使目标构象中这些相互作用的强度和数目达到最大，人们可通过对已知结构的蛋白质中残基间相互作用进行分析，研究天然蛋白质中二级结构折叠成为超二级结构时的长程相互作用等，总结和归纳一些规律应用于设计；另一种是通过共价交连的方法，通过形成二硫键等方式来减少折叠的构象熵，使蛋白质的三级结构能在预期的目标构象上稳定。

（1）设计方法

在设计时，通常以某一蛋白质或多肽的主链骨架结构为目标，例如较为简单的 α 螺旋束、β 折叠桶等，或者是较为复杂的酶的催化结构域等，然后寻找能折叠成该结构的各种氨基酸组合方式，这一过程实际上就是全新蛋白质设计中的“逆折叠”（inverse folding）过程。在“逆折叠”过程中，要从众多可能的氨基酸组合中确定特定的氨基酸序列，具体可使用穷举法、死端排除法、序列最简化方法、模板组装合成法及自动设计法等。

一种最直接也是最容易得到的方法是穷举法，考虑在合适长度范围内的每种氨基酸组合情况，分析预测各种组合序列所能形成的构象，然后从中选出能形成目标构象的氨基酸序列。但实际上穷举法几乎是不可能实现的，尤其当设计的分子较大时，一条多肽或蛋白质分子所能形成的构象组合数量是非常庞大的，例如要设计一个相对比较小的仅 100 个残基的肽链，每个残基可以从 20 种天然氨酸中任选一个，从一级序列上看，得到的氨基酸组合就有 20^{100}（超过 10^{130}）种，而在三级结构上，每个残基又都存在许多可能的构象，最终可能采取的构象数目将是巨大的天文数字，实际中是无法进行处理和计算的。

要减少氨基酸组合的数量，通常采取的方法是先考虑各个氨基酸残基的二级结构倾向性，在特定位置上并不是每个氨基酸都合适的，参考这些特性后，每个位置可选的氨基酸数量就少了许多。对于残基构象上的多样性，人们常采用基于“转子库”（rotamerlibrary）的方法，该方法是通过对已知结构的蛋白质分析得到的，统计结果表明，特定氨基酸侧链的旋转主要集中在某些角度上，将这些构象的集合归集成转子库，在设计时仅需搜索库中有限数目的构象即可。

然而即使考虑了二级结构倾向性并使用转子库的方法，可能的构象组合数仍然是非常庞大的。如果每个残基仅考虑从10个转子构象中选择1个，对于25个残基的短肽，其构象数目仍达到10^{25}种，而当残基数增加时，这一数字还将以几何级数倍增，因此要穷举所有构象逐一计算仍然是不可能的。一种常用的简化方法是“死端排除法”（DEE，dead end elimination），即在计算过程中考虑蛋白质整体的能量，以蛋白质的天然构象是能量最小的为标准，将一些不可能获得整体能量最小的构象去除，从而将组合数减小到可计算的范围内，进行搜索计算。搜索完毕后，通常按照某种打分函数对得到的结果进行打分排序，从而列出一个合适组合的排序单，结合经验从中选择出一些进行实验验证。

（2）设计过程中应考虑的因素

首先要充分考虑各个氨基酸残基形成某种二级结构的倾向性。例如，在设计α螺旋结构时，首选Glu、Leu等容易折叠成α螺旋的残基；如果设计β折叠结构时，则需选Ile、Val等容易折叠成β折叠片层结构的残基；而在设计转角结构时，通常会选择Pro-Asn这一残基对，因为以这个残基对作为中心，极易形成转角结构。

在选择和排列残基时，还需要充分考虑残基间的各种相互作用，包括疏水相互作用、氢键、电荷相互作用以及螺旋的偶极稳定作用等，正确地布置适合目标结构的“二元模式”（即亲水及疏水残基的排布模式），并选择合适的转角连接二级结构，考虑恰当的“帽”结构以终止螺旋等，从而尽可能地使设计的序列有利于折叠成预期的二级结构。另外，在设计中还需要考虑残基间的“互补堆积”，因为在天然蛋白质的内核中，氨基酸侧链是相互镶嵌地密集堆积在一起，几乎不留出空隙，这种堆积作用使得疏水作用尽可能大，但又不会导致残基间的拥挤或重叠。因此，在设计时对侧链的大小以及形状都是有一些要求的。

在序列设计好后，需通过模拟计算的方法对所设计序列的二级结构和高级结构进行预测，初步判断设计的序列是否能成功折叠为预期结构，一些理论计算方法如分子动力学模拟等也常被用于评估设计结果的稳定性。在计算的基础上，对初始设计序列进行调整和修改，使设计模型尽可能达到预期的目标。

（3）设计所面临的困难

从头设计的蛋白质虽然通常可具备预期的二级结构，结构单元间的连接也符合拓扑学要求，并具有合理的热力学稳定性，但是与天然蛋白质相比，缺少残基间高度堆积形成的特异构象，往往会形成一种熔球状态，或者说序列仅部分折叠。难以对蛋白质局部细节进行精确设计，这是当前从头设计最大的困难和挑战。

7.2.2 结构的从头设计

（1）二级结构单元模块的自组装

新的蛋白质结构从头设计过程中，最简单也最直接的一种策略是合成一些二级结构单元片段，如可形成α螺旋或者β折叠多肽片段，以这些肽段作为结构单元模块，在溶液中模块内部及模块间产生相互作用，自行折叠并组装获得有序的结构。通常这些结构单元具有两亲性，通过片段间相互作用，将疏水残基埋藏在内部，形成紧密的α螺旋或β折叠二聚体（或多聚体）结构（图7-4）。

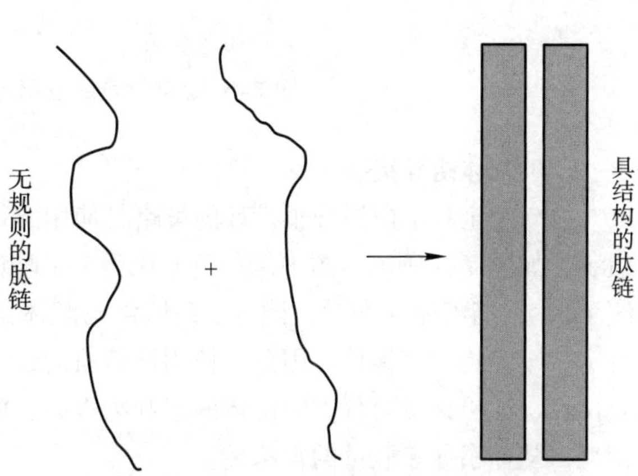

图7-4 两条肽链自组装为二聚体结构

该方法设计简单，合成较方便，因为使用片段自组装成寡聚体，在片段间没有使用转角结构或loop环连接，设计时不需要选择适当的转角结构和loop环，同时短的多肽片段目前可通过多肽自动合成的方法大量获得。但其缺点是多肽聚合体的稳定性差，非共价连接的肽链自组装涉及的熵消耗大于单个肽链折叠的熵消耗。另外，多肽链分子间的相互作用以及聚合与多肽浓度有关，使得该方法难以成为蛋白质分子设计的常用方法。

虽然存在上述缺点，但是模块设计方法能模拟天然蛋白质共同的结构与热力学特征，因此仍不失为蛋白质从头设计的一个重要手段。

由于α螺旋是通过分子内氢键达到结构稳定的，单条α螺旋链可稳定存在于溶液中，因此α螺旋是一个最早被用于蛋白质设计的结构模块。获得稳定的α螺旋可使用以下策略：① 使用形成α螺旋倾向性大的残基，如亮氨酸、谷氨酸或赖氨酸等；② 为稳定α螺旋，常需要在其N端加一个N帽，形成N帽的氨基酸残基有Gly、Asn、Met等，在其C端加一个C帽，形成C帽的氨基酸有Gly、Ser、Arg、Gln等；③ 使用极化或带电荷的氨基酸引入稳定的氢键，或在螺旋中相隔一圈残基间引入离子相互作用；④ 在设计两亲性的α螺旋时，为使结构形成一个亲水面和一个疏水面，疏水性氨基酸残基应按3或4间隔排列。

对于β折叠片的设计原则主要是选择形成β折叠倾向性较大的氨基酸残基，并使亲水性残基和疏水性残基相间排列。因为β折叠结构在溶液中不如α螺旋结构稳定，所以与α螺旋相比是较少利用的模块。

在自然界观察到的最简单的α螺旋堆积结构是coiled-coil结构，它是由2～4个α螺旋彼此以平行或反平行结构堆积在一起，螺旋的交叉角接近20°。该结构最初是通过模板自组装方法设计成功的。如Hodges等设计的由简单7肽重复组成的coiled-coil结构（图7-5），其中2位和5位的疏水性亮氨酸提供一个疏水界面，在1位的赖氨酸和6位的谷氨酸用于提供两条螺旋间的离子相互作用，可起到稳定二聚体的作用。

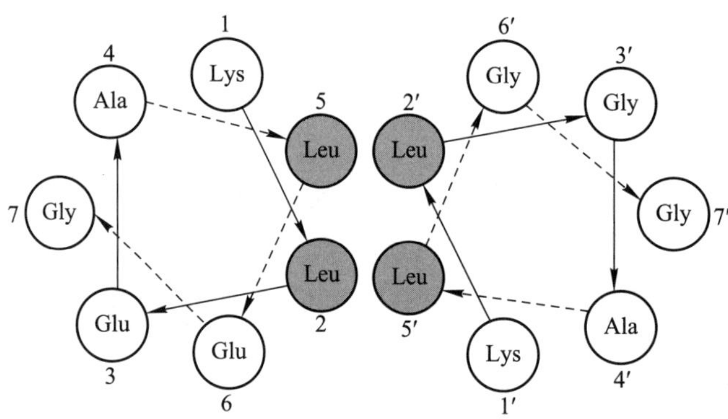

图7-5 2条平行的α螺旋形成的coiled-coil结构

（2）配体诱导组装

另一个全新蛋白质分子设计的策略是使用配体，例如使用金属离子，来诱导模块单元之间的组装，如图7-6所示。图中深灰色方块为一个配体，在肽链的一端具有一个配体结合区（以短横线示例），当配体存在时，诱导3条肽链与配体结合，同时肽链间发生相互作用，从而形成具有特定二级结构的三聚体。因此，使用该策略的设计要点是需在相互作用界面处设计适当的配体结合位点，如果该结合位点对配体的亲和力很高，则与结合配体的自由能可抵消肽链聚合需要的熵消耗，从而引导多肽链的自组装。

关联实例7-2
配体诱导组装实例

（3）以共价交连进行肽的组装

如果几条肽链之间没有共价键的连接，仅靠疏水、氢键等相互作用进行自组装时，是较难克服熵势垒的。引入共价键将肽链进行交叉连接，可以有效地减少构象熵，促进多肽链聚合和自组装，因此在全新蛋白质设计中，通过共价连接的方法是设计获得预期结构的一种重要手段，如图 7-7 所示。图中在多肽链的一端引入了可形成共价键的基团，通过将 2 条肽链末端共价交连实现肽链的组装。

关联实例 7-3
共价交叉连接组装实例

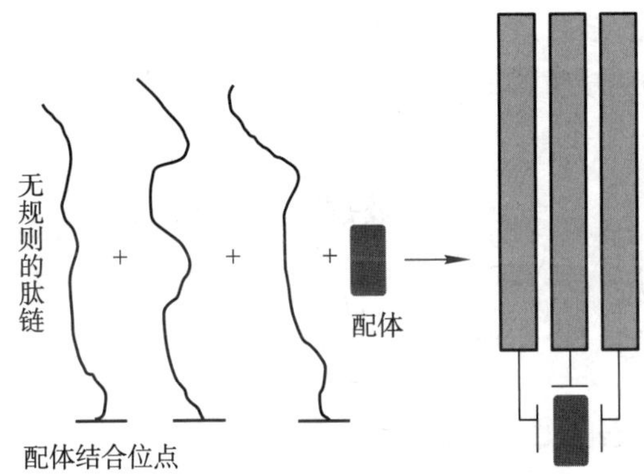

图 7-6 配体诱导组装示意

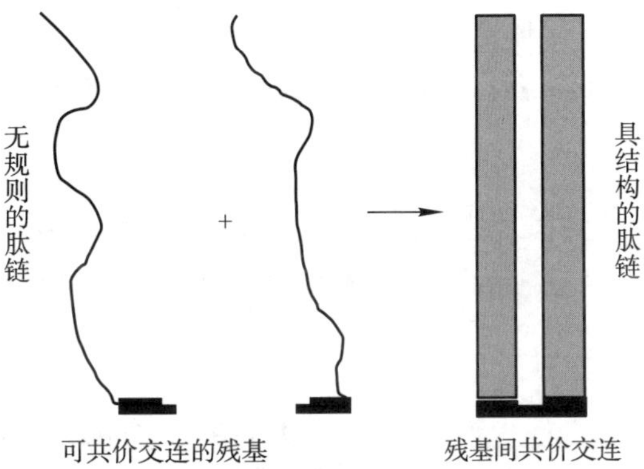

图 7-7 共价交叉连接组装示意

在自然界中用于交叉连接的是半胱氨酸残基，2 个半胱氨酸残基间形成二硫键，对蛋白质结构起到稳定作用。在人工设计的蛋白质中，除了可使用二硫键外，还可以使用其他种类的残基交连方式。例如赖氨酸的侧链基团可与谷氨酸或天冬氨酸的侧链羧酸间形成氢键，也能与主链 C 端形成肽键，因此也被用于设计肽链间的连接。

（4）在合成模板上完成肽的组装

这一方法的特点是使用人工合成的模板，代替天然结构中连接二级结构的单元。模板可以为寡肽，如一个典型的例子是使用环十肽为模板，序列为 CKAKPGKAKC，其中的 Pro-Gly 形成转折，使该十肽折叠为反平行的 β 折叠链，两端的 2 个 Cys 形成二硫键构成环结构，序列中的 4 个 Lys 侧链上的 ε- 氨基可作为二级结构单元的连接位点（图 7-8）。图中方框示意为环十肽，上面 4 个带圆球的短棒示意 Lys 残基，该残基侧链上的氨基可以与多肽链碳端的羧基形成肽键，从而将 4 条肽链组装成具有二级结构的聚合体。

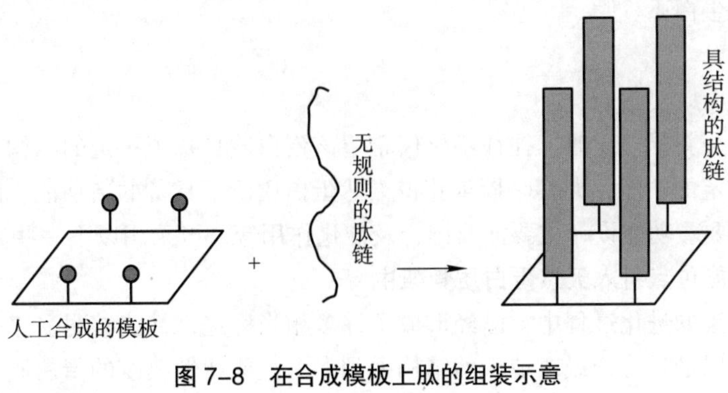

图 7-8 在合成模板上肽的组装示意

（5）将线性多肽折叠为球状结构

为研究蛋白质折叠机制，蛋白质分子设计的目标是不使用模板或交叉连接，直接用线性多肽折叠成具有特定结构的蛋白质分子。这方面的首个例子是DeGrado等设计完成的α4结构（图7-9）。他们于1986年完成了一个四聚体α螺旋捆结构，每个单体含16残基，其中亮氨酸作为疏水残基，放在螺旋的内侧，而极性残基赖氨酸和谷氨酸置于螺旋的外侧，α螺旋的C端为甘氨酸，该残基可作为环区设计和改造的基础；此后，该小组设计loop环将单体连接起来，开始时设计的是Pro-Arg作为loop，用来将两个反平行的α螺旋连接起来，但是结果发现得到的产物不是预期的二聚体（含有4个α螺旋），而是三聚体（含有6个α螺旋），因此他们又将连接的loop环改成Pro-Arg-Arg，才得到了预期的二聚体结构。在第三步中，他们再次使用Pro-Arg-Arg将2个二聚体连接起来，形成一条完整的含74个残基的多肽链，并成功折叠为预期的四螺旋束结构。这是蛋白质分子设计发展历程中被誉为里程碑的一项重要成就。

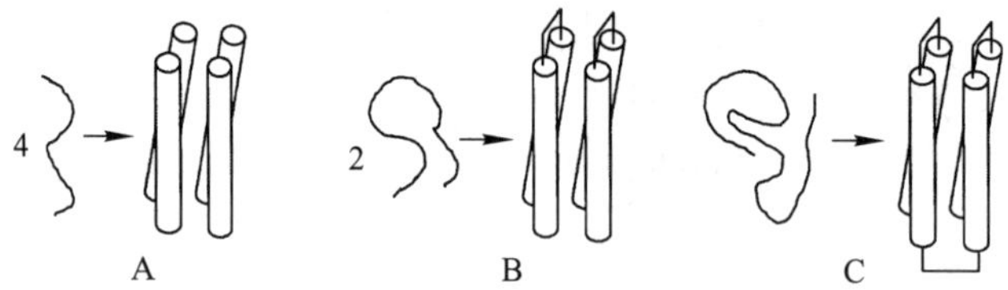

图7-9　DeGrado等用模块法设计的四螺旋束蛋白

A. 16个残基的肽形成的四聚体（α1）；B. 32个残基的肽形成二聚体（α2）；
C. 74个残基的蛋白质形成的分子内四螺旋束（α4）

（6）基于组合库的全新蛋白质设计

根据遗传密码子，利用基因工程的方法可以直接设计表达目的蛋白。如果在合成基因时加入N（N为4种碱基的混合）代替某些碱基，而后将合成的基因在细菌中表达，则可以制备组合库，产生多样化的蛋白质。考虑到所有氨基酸序列是一个天文数字，其中只有少量可形成独特的三维结构，因此组合库的构筑需要在考虑多样性的同时，利用合理设计以减少序列的数目。

一个常用的方法是基于所谓的“二元模式”，即仅考虑极性氨基酸残基（P）和非极性氨基酸残基（N）。由于α螺旋中每一圈含3.6个残基，如果拟使设计的α螺旋结构一面为极性残基、另一面为非极性残基，则其序列顺序可以采用P-N-P-P-N-N-P-P-N；β折叠结构中拟使一面疏水、一面亲水，则可采用P-N-P-N的交替序列。非极性残基如Phe、Leu、Ile、Met及Val等可由DNA密码子NTN编码；极性氨基酸残基如His、Gln、Asn、Lys、Asp及Glu等可由DNA密码子VAN编码（V为C、A、G的混合），通过组合库表达蛋白质，并进行纯化和表征，可以得到预期结构的全新蛋白质。

7.2.3　功能的从头设计

人们设计一个全新蛋白质时，往往不仅仅希望该蛋白质具备了一定的结构，通常更期望的是该蛋白质能具备特定的功能，尤其是期望获得天然蛋白质所不具备的新功能。因此，蛋白质分子的功能设计十分重要。功能设计主要涉及键合及催化作用等，可采用以下一些方法。

（1）将新的功能位点引入天然蛋白质骨架中

在自然界亿万年的进化过程中，已经形成了许多相当稳定，并能够耐受序列修饰或改变的蛋白质结构骨架，可以通过修饰或改造天然结构得到专一性或活性改变的蛋白质，在这一领域已经有不少成功的例子，以下仅举几个例子来说明。

① 引入新的催化活性　例如Kazlauskas等报道的新型羟腈裂合酶的设计工作。他们对比了羟腈裂合酶HbHNL和酯酶SABP2的晶体结构，发现两者活性中心的结构具有极高的相似度，主要

的不同之处在于 HbHNL 的活性中心有一个关键的 Thr11 残基，起到开关氧负离子穴作用；另一个关键残基是 Lys236，可与腈化物形成氢键，对底物结合及定位有重要作用。因此，他们选择酯酶上空间位置与这两个关键残基相对应的残基作为突变点，图 7-10B 中的 Gly12 和 Mse239。结合能筛选评估表明酯酶 SABP2 的 Gly12Thr 和 Mse239Lys 双突变体为最佳，该突变体能水解扁桃腈，活性比突变前提高 13 000 倍。

② 酶的专一性设计　酶作为催化剂的显著特点是具有高效性和专一性，通过分子设计除了可以提高酶的催化活性外，还可以改变酶的底物谱，使之具备更强的专一性，或者减小选择性以扩大底物谱。例如 Bornscheuer 等基于 *Pseudomonas fluorescens* 酯酶 PFE I 的结构，通过改变活性中心入口处残基侧链大小，如将入口处的 Phe126、Phe144、Phe159、Ile225 这 4 个侧链体积较大的残基进行突变，可以改变对底物的立体选择性。

③ 设计金属离子结合位点　例如将溶菌酶 Gln86 以及 Ala92 用天冬酰胺残基替代，可以引入钙离子的结合位点，形成新的金属溶菌酶，其活性和热稳定性都比天然的溶菌酶有所提升。

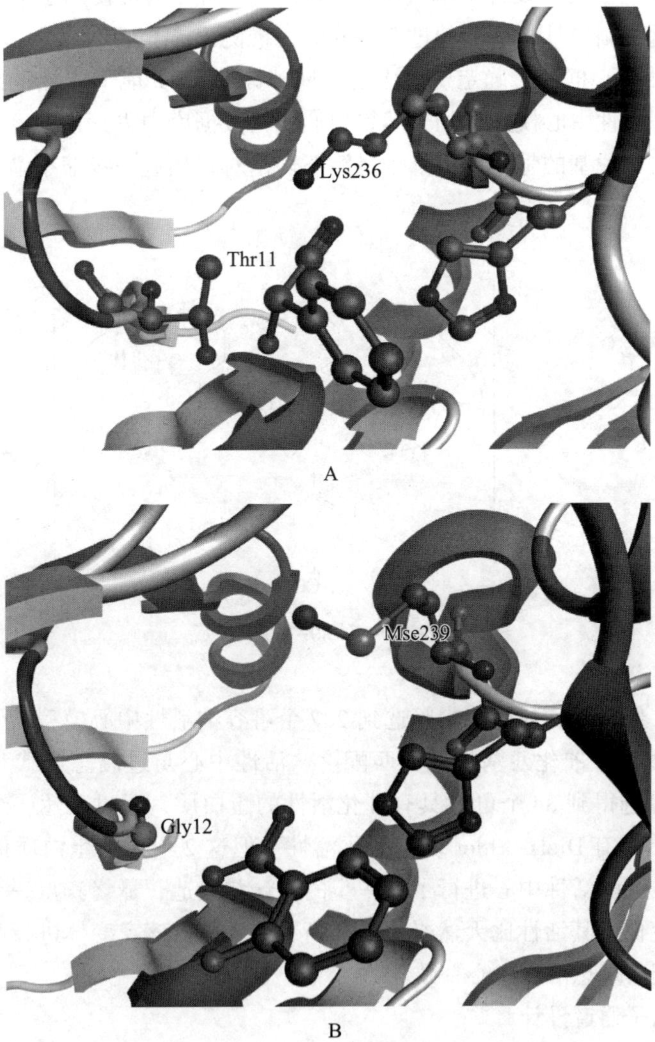

图 7-10　羟腈裂合酶 HbHNL（A）和酯酶 SABP2（B）的活性中心

（2）在设计的全新结构中引入功能位点

在结构的从头设计过程中获得的新蛋白质除了能折叠成预想的结构外，还可以添加新的功能位点使之具备特定的功能。如 DeGrado 研究组在设计和合成 α4 后，通过修饰 α4 序列引入了 Zn^{2+} 的结合位点。在设计时他们参照碳酸酐酶中 Zn^{2+} 的结合位点，以 3 个 His 残基作为金属离子配位四面体的 3 个顶点，其中 2 个 His 残基在同一个螺旋中，另一个 His 残基侧链来自邻近的螺旋，四面体的第 4 个顶点为溶剂分子。实验结果表明，结合金属离子后该蛋白质二级结构没有明显的变化。

（3）催化活性的从头设计

蛋白质分子设计的最终目标，莫过于设计获得自然界不存在或尚未被发现的新功能蛋白质。例如，虽然酶能以高度的专一性和效率催化化学反应过程，但是从自然界中发现的天然酶种类是有限的，尚有大量的化学反应尚无法用酶催化完成。要从头设计一个具备新的催化活性的蛋白质并非易事，需要对催化机制的深入研究以及对酶催化中心的精确模拟，幸运的是在这一领域已经有一些成功的例子，并累积了一些经验。

如催化 Diels-Alder 反应的酶的设计，这是一个双分子成环反应（图 7-11），自然界中尚未发现天然酶可催化该反应。为了设计该酶，Baker 实验室的研究人员使用了类似于骨架匹配的一种方法，首先根据催化机制设计出可能的过渡态模型，推测出能与底物结合，具有催化位点并能容纳过渡态分子的活性中心框架，确定框架中的一些“锚点”，如能形成氢键或能与底物相互作用的位点，然后用这一活性中心模型，到天然蛋白质结构数据库中去筛选能容纳该活性中心，并能匹配“锚点”处的关键残基的骨架，再依据过渡态理论对骨架进一步缩小筛选范围，然后以实验进行验证。

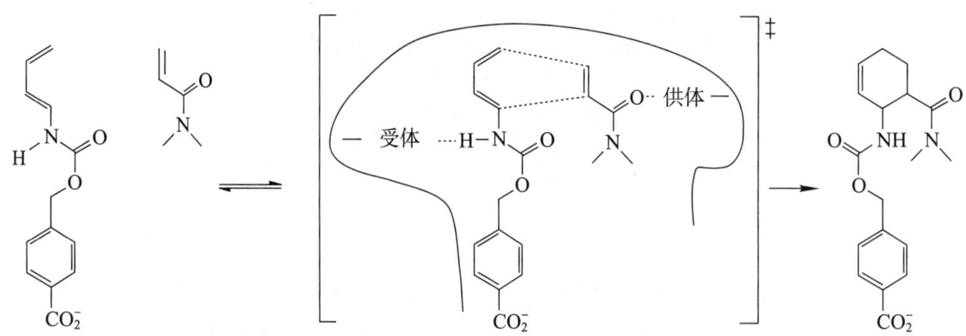

图 7-11 Diels-Alder 反应

利用这一方法，他们先从数据库中筛选到 207 个可容纳活性中心模型的天然蛋白质骨架，然后以过渡态结合自由能、催化残基位置的匹配度、活性中心与过渡态形状互补性等作为评估指标，对模型进一步筛选得到 84 个可能具有催化活性的蛋白质，通过表达、纯化、活性鉴定等实验确定有 2 个蛋白质具有 Diels-Alder 反应催化活性。但这 2 个天然蛋白质催化活性极低，因此他们对这 2 个蛋白质的酶活性中心进行了进一步的设计和改造，最终获得一个具较高底物选择性和立体选择性的突变体，其活性比天然蛋白质提高了 100 倍。该突变体进行晶体结构分析后，证实其活性中心与预期的理想活性中心一致。

（4）膜蛋白及离子通道设计

膜蛋白在许多生物过程中起重要作用，但由于膜蛋白结构形成的驱动力与可溶的蛋白质是不同的，其设计及合成中所遇到的困难也是不同的。例如对于可溶的球状蛋白，疏水效应要求在溶液环境中非极性残基在内部，极性残基在外面，但对处于非极性环境中的膜蛋白就完全不同。膜蛋白在体内表达或在体外合成会形成不溶解的包涵体，一个全新的膜蛋白从一种不溶于水的聚集体形式转换为膜环境中分散的形式，需要进行构象变化。

尽管存在很大困难，在全新膜蛋白设计领域仍取得了重大进展，如 Montal 等利用模板辅助的方法，将 4 条相同的 23 肽 α 螺旋固定在载体模板上，并且互相平行，非极性残基侧链形成外亲脂表面，能与脂质双层相互作用，同时螺旋的极性侧链形成中心孔，实验表明新蛋白质形成了离子通道。

7.2.4 蛋白质计算设计

蛋白质计算设计（computational protein design）是指使用计算机工具进行完整的目标蛋白设计，其理想状态是指用户提出所需要的结构或功能，由计算机自动计算生成满足用户要求的序列，通过表达或合成对应序列的蛋白质，得到目标蛋白质。近 20 年来计算方法不断优化，尤其是大数据和人工智能技术的快速发展与应用，在蛋白质设计中的能量函数、主链设计、侧链优化等算法都取得了重大进展，尤其是在蛋白质结构预测领域，AlphaFold2 使用人工智能直接从一维序列预测原子坐标，与实验模型的全原子均方根偏差降低到了约 1.5 Å，由此由序列预测天然稳定结构的问题基本得以解决，预期在不远的将来，人们即可实现由计算机直接给出所需功能蛋白质的序列。

在多肽设计领域，随着大数据和深度学习方法的应用，人们已开发出诸如 Dep-AmPEP、ACEP 等软件用于预测给定多肽序列是否具有抗菌或抗肿瘤活性等，利用这些模型可以快速筛选出抗菌或抗肿瘤肽。在此基础上，使用对抗生成网络等方法，可由计算机自行生成多肽并迭代筛选，获得所需功能多肽，如 PepGAN、PepVAE 等。

而蛋白质计算设计的发展和应用仍然是新兴的前沿交叉领域，还存在诸多挑战。一方面，对于蛋白质主链结构的设计算法还有很大提升空间，当前的能量函数还不能完全做到主链的全自动从头设计，主链的柔性变化也使得计算空间维度过高，力场的误差被进一步放大；另一方面，蛋白质的功能需要通过与其他生物分子相互作用来实现，如酶催化过程中底物分子的结合和转化，这一过程还受到细胞内外环境（如 pH，辅助因子，溶剂）等影响，当前的计算设计往往将蛋白质周围环境进行简化估计，同时将蛋白质或小分子作为刚体进行对接，因而功能预测的精度也存在挑战。近年来随着多组学研究的深入，蛋白质序列、结构及功能方面大数据的积累，以深度学习为代表的人工智能技术取得了极大进展。深度学习建立在大量数据统计学习的基础上，从大数据中直接提取蛋白质序列、结构和功能之间的关系，从而可以避免复杂的空间能量计算，加速蛋白质的设计和改造。

应用人工智能进行蛋白质设计计算是当前研究的热点领域，涌现出一批新的算法和软件，且不断更新迭代，这里仅简单介绍一些代表性的例子。如中国科学技术大学刘海燕团队开发的 ABACUS 和 SCUBA，在 ABACUS 中，通过对已知结构蛋白质进行分析，统计出特定结构中某个氨基酸的概率，以及某两个氨基酸的联合概率，并结合能量形成判别式。对于初始随机的蛋白质序列进行突变，ABACUS 以能量函数的变化来判断是否保留每一步的突变，经过多轮突变计算后，得到符合要求的序列；而 SCUBA 使用神经网络能量项来反映结构和几何结构参数间的相互关系，从而对高可设计性主链结构进行采样和优化，推动功能蛋白设计的发展。

UniRep 由哈佛大学 George Church 领导的团队开发，它通过对 2 400 多万条序列进行学习，提取序列 – 功能特征，从而可以指导对特定功能蛋白质的设计和改造；ProteinGAN 由 EMBL 的 Aleksej Zelezniak 等人开发，是一种自注意力机制的生成式对抗网络模型，它从功能性蛋白的大量氨基酸序列中，学习蛋白质序列的进化关系，用以生成具有天然生化性质的新蛋白质序列，获得训练数据中不存在的高度多样性的序列；ProteinMPNN 由美国华盛顿大学 David Baker 开发，是基于深度学习的蛋白质设计方法，作者的测试表明在一组从头设计的骨架中，用 Rosetta 生成的原始设计序列只有 2.7% 被预测折叠为设计的目标结构，而使用 ProteinMPNN 重新设计之后，有 54.1% 被预测折叠为接近目标结构，这可以促进这些骨架在设计小分子结合口袋和酶功能方面的应用。

2023 年 Baker 实验室在 *Nature* 上报道了使用深度学习方法从头设计新型荧光素酶。传统方法先根据酶活性口袋的立体空间需求，在蛋白质数据库中搜索合适的骨架，然后将其催化作用的活性中心移植到天然蛋白质骨架上，经过优化获得新酶。与传统的酶设计方法不同，新型荧光素酶使用了称为“family-wide hallucination”的方法，基于该实验室 2021 年报道的幻想（hallucination），通过神经网络生成全新的蛋白质骨架结构，然后研究人员根据荧光素酶可能的反应机制和反应过渡态，设计了催化位点，引入到 family-wide hallucination 生成的骨架中，借助 Rosetta 软件对这些组装的蛋白结构、功能进行预测和优化，在大肠埃希菌中表达这些候选蛋白，从中获得了新型荧光素酶 LuxSit，比已有任何荧光素酶都小，仅有 117 个氨基酸残基（13.9 kDa），在大肠埃希菌中可高效表达，显示出比天然荧光素酶更好的活性和稳定性。这表明基于深度学习和人工智能的蛋白质功能从头设计方法已逐步走向成熟。

随着微流控筛选、荧光激活的细胞分选、噬菌体辅助连续进化等筛选技术的突破，以及二代测序技术的成熟，会有越来越多的蛋白质突变及功能信息被累积，为人工智能辅助的蛋白质设计提供优质的数据，将为蛋白质工程领域带来翻天覆地的变革。

开放讨论题

目前通过蛋白质分子设计或者改造是否获得了一些天然蛋白质所不具备的新功能？请举例说明。

思考题

1. 蛋白质分子设计的种类有哪些，各自有哪些特点？
2. 蛋白质分子设计的目的是什么？
3. 蛋白质分子设计的程序是怎样的？
4. 实施蛋白质设计须遵循哪些原则？

推荐阅读

1. 王大成 . 蛋白质工程 . 北京：化学工业出版社，2002.

点评：该书着重介绍蛋白质工程的相关基础知识、主要方法和技术以及一些具有典型意义的研究实例，力图使读者掌握蛋白质工程的基本原理，了解蛋白质工程的实际过程，熟悉蛋白质工程的重要方法。

2. 郑珩，王非 . 药物生物信息学 . 北京：化学工业出版社，2004.

点评：该书涵盖了生物信息概述、必备的信息技术基础、常用的生物信息及医药信息资源、序列比对及数据库搜索基本方法、核酸序列分析方法等内容。

3. 李荣秀，魏冬青，冯燕，等．蛋白质结构模拟与分子设计．北京：化学工业出版社，2011.

点评：该书在扼要回顾蛋白质结构研究中的重要历史事件及概述蛋白质结构基础理论基础上，阐述蛋白质结构预测、蛋白质结构模拟、锌指核酸酶的构建、诱导多能干细胞的关键转录因子 Oct4 结构模拟与设计、蛋白质（酶）进化工程等内容。书中部分素材来源于作者自身研究成果和经验，内容较新。

4. ILAN SAMIS. Computational Protein Design. New York: Humana Press，2017.

点评：这是第一本以《计算蛋白质设计》命名的书，它介绍了蛋白质计算设计的一般方法和过程、成功案例以及所面临的困难，侧重讲解蛋白质计算设计相关的软件和应用程序，并介绍了该领域的前沿进展，以及蛋白质设计在食品及医药工业领域的应用。

数字课程学习

◆本章小结　　◆教学课件　　◆参考文献

8

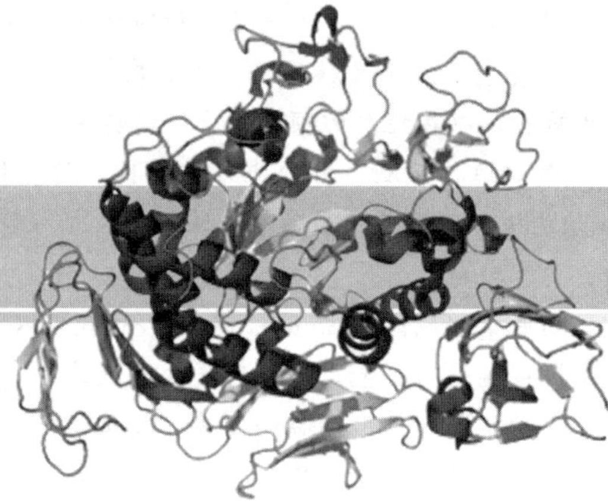

蛋白质工程的应用

- **8.1　蛋白质工程在医药工业中的应用**

  蛋白质工程在抗体生产中的应用；蛋白质工程在病毒疫苗中的应用；蛋白质工程在药用蛋白质中的应用

- **8.2　蛋白质工程在食品工业中的应用**

  蛋白质工程在食品原料品质改良中的应用；蛋白质工程在食品生产工艺改进中的应用；蛋白质工程在食品添加剂生产中的应用；农作物品质改良与转基因食品

- **8.3　蛋白质工程在轻工业中的应用**

  蛋白质工程在酿造与发酵中的应用；蛋白质工程在纺织与日化中的应用；蛋白质工程在环保与监测中的应用

随着研究的不断深入，蛋白质工程技术在各个领域中的应用越来越广泛。蛋白质工程药物是指利用基因工程手段，将重组 DNA 导入大肠杆菌、酵母或动物细胞，并在其中表达产生新型药物，包括细胞因子、激素、溶血栓药物、疫苗、抗体、反义 RNA 及基因治疗药物等。利用蛋白质工程技术不仅可以改造食品原料，还能改进传统工艺，改良食品品质，提高产品加工深度，增加食品包装功能并将其产业化，而且还可以赋予食品多种功能，优化生产工艺和开发新型功能性食品。蛋白质工程技术在轻工行业中的主要应用为：减少生产中有害物的排放，使反应更加温和、环保、安全；开发新型纺织纤维；赋予化妆品一定的功效性。蛋白质工程为环境污染的生物防治开辟了更加广阔的途径。转基因作物也减少了农药对环境的污染。

通过本章学习，可以掌握以下知识：

1. 了解蛋白质工程在医药工业中的应用及实例
2. 了解蛋白质工程在食品工业中的应用及实例
3. 了解蛋白质工程在轻工业中的应用及实例

知识导图

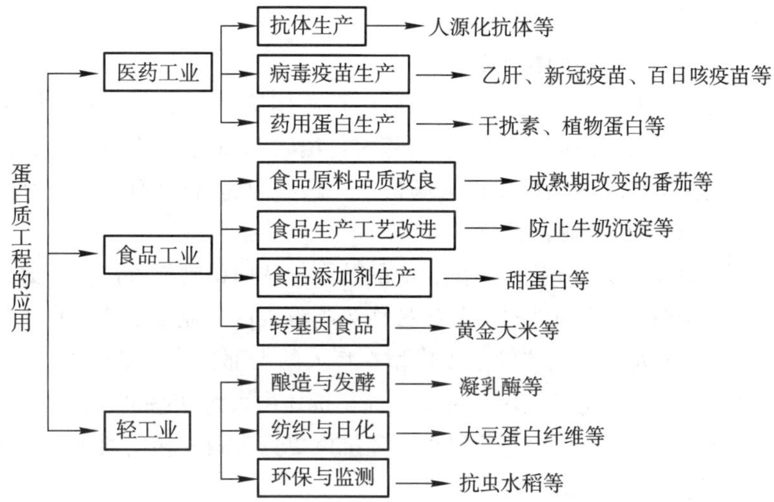

关键词

抗体　病毒疫苗　药用蛋白　转基因食品　生物酶制剂　蛋白质纤维

21 世纪生命科学发展的重要态势，是对生命现象的认识从基因工程水平向蛋白质工程水平发展。现代生命科学研究的理论与技术，开始从较长期的积累逐渐走向应用。随着蛋白质工程技术研究的不断深入，尤其是较多动植物基因组测序完成后，蛋白质工程在各个领域中的应用越来越广泛。

8.1　蛋白质工程在医药工业中的应用

蛋白质工程药物是指利用基因工程手段，将重组 DNA 导入大肠杆菌、酵母或动物细胞，并在其中表达产生新型药物，包括细胞因子、激素、溶血栓药物、疫苗、抗体、反义 RNA 及基因治疗药物等。蛋白质工程药物因其疗效好、应用范围广泛、副作用小的特点成为新药研究开发的新宠，也是发展最迅速、最活跃的领域。

8.1.1　蛋白质工程在抗体生产中的应用

蛋白质工程在抗体生产中的应用表现为在基因水平上对抗体分子进行切割、拼接、修饰，或直接合成抗体基因序列，再将基因导入细胞表达产生抗体。通过蛋白质工程设计抗体是解决免疫治疗的较好办法。

（1）抗体及种类

抗体（antibody，Ab）是 B 细胞识别抗原后增殖分化为浆细胞所产生的一种蛋白质，主要存在于血清等体液中，能与相应抗原特异性地结合，具有免疫功能。抗体在生物医药方面有着广泛的应用，在疾病的诊断、疾病的治疗、器官移植等方面发挥着越来越重要的作用。

到目前为止，已研发的蛋白质工程抗体有 1 000 多种，其中人源化抗体超过 200 种。人源化抗体主要指抗体的大部分氨基酸序列为人源序列，保留亲本鼠单克隆抗体的亲和力和特异性，可以降低异源性，方便应用于人体。

（2）人源化抗体及其他动物抗体制备

要制备人源化抗体目前有 2 种方法：一是通过噬菌体抗体库获得；另一种是通过人源性抗体转基因小鼠获得。将目的蛋白或多肽的编码基因与编码 M13 噬菌体颗粒末端蛋白的基因Ⅲ构建成融合基因，然后通过 M13 噬菌体转染大肠杆菌，从而构建出噬菌体抗体库。利用该抗体库，不需要杂交瘤细胞就可以得到人源性抗体。

另一种是用人的抗体基因定点替代小鼠相应的基因，从而得到能够产生人源性抗体的转基因小鼠。在小鼠中获得的第一个人源性抗体是抗破伤风类毒素的单克隆抗体。将小鼠的全套抗体基因敲除掉，建立一种产生人源性抗体的小鼠模型，将人的大部分抗体基因整合到小鼠染色体上，从而制备多种类型的人源性单克隆抗体。目前人源化抗体由大约 95% 的人 DNA 和 5% 的鼠 DNA 序列编码而成，它们针对人体治疗比以往鼠单克隆抗体更为有效。相信通过以后的蛋白质序列设计，能够产生更为有效的人源抗体。

和人类一样，鱼类等经济动物也面临病原体的攻击，导致经济严重损失。科学家向虹鳟鱼体内注射了一种抗病毒 G 蛋白的单克隆抗体，这种免疫后的鱼能够避免出血性败血症病毒的攻击。研究人员设计合成了一个能编码出血性败血病病毒 G 蛋白单链抗体的基因，这个基因含有来自抗 G 蛋白单克隆抗体基因的 L 链和 H 链的可变区，并在 DNA 序列的 3′ 端融合了人抗体基因的保守序列，注射了含该设计基因载体的鱼在被出血性白血病病毒感染数天后，几乎所有的鱼都能够成活，而对照组的鱼全死亡。

8.1.2 蛋白质工程在病毒疫苗中的应用

（1）疫苗及种类

疫苗是将病原微生物及其代谢产物，经过人工减毒、灭活或利用转基因等方法制成的用于预防传染病的自动免疫制剂。蛋白质工程疫苗是利用基因工程技术，对病原微生物基因组进行改造，或将其基因克隆到无毒的表达载体上制成疫苗，接种动物产生免疫力，达到防制传染病的目的。蛋白质工程疫苗的制备相对安全，制备简单，容易大量生产，且成本低，易于贮存和运输，使用方便，可以经多种途径给药等。

根据蛋白质工程疫苗研制的技术路线和疫苗组成的不同，目前可分为如下几类：① 蛋白质工程亚单位疫苗指只含有病原体的 1 种或几种抗原，而不含有病原体的其他遗传信息。能利用体外表达系统（如大肠埃希氏菌、杆状病毒、酵母等）大量表达病毒的主要保护性抗原蛋白作为免疫原，因此具有良好的安全性，且便于规模化生产。② 活载体疫苗是蛋白质工程方法表达某种特定病原物抗原决定簇基因，并产生免疫原性，或修饰、去掉毒性基因，但还保持免疫原性。③ 合成肽疫苗指合成病原微生物的保护性多肽或表位并将其连接到大分子载体上，再加入佐剂制成的疫苗。④ 转基因植物疫苗是指在植物中表达出病原微生物抗原基因的活性蛋白，人或动物食用该转基因植物，从而激发肠道免疫系统，产生对病原菌的免疫能力。

（2）常见蛋白质工程疫苗生产

① 乙肝疫苗生产　利用蛋白质工程技术生产乙肝疫苗，主要是用 DNA 重组技术将乙肝病毒的表面抗原基因片段插入酵母细胞或哺乳动物细胞的基因中，在体外培养增殖过程中组装或分泌出乙型肝炎表面抗原。然后收集表面抗原，提纯后制成乙肝疫苗。蛋白质工程疫苗原材料为酵母

和细胞，能大规模地工业化培养，成本较低。

1981 年，美国科学家 Buter 首先在酵母中表达了乙型肝炎表面抗原（HB-sAg）。1982 年，Valenzula 等在酿酒酵母中表达乙型肝炎表面抗原获得成功，同年被美国食品和药品管理局（FDA）批准上市。其后，比利时史克必成生物技术公司在酿酒酵母中表达生产疫苗，1989 年通过 FDA 批准上市。我国已从美国默克公司购买重组酵母技术进行乙肝疫苗生产。

哺乳动物细胞系统表达的乙型肝炎表面抗原更接近天然形式，使其成为蛋白质工程乙肝疫苗的一个重要系统。1981 年法国巴斯研究所和美国西奈山医学中心在哺乳动物细胞中成功表达了乙型肝炎表面抗原。巴斯德研究所研制的中国仓鼠卵巢细胞（CHO）细胞重组乙肝疫苗含 2 种抗原，对免疫抑制者接种可能有效。1991 年，中国预防医学科学院病毒所与长春生物制品研究所等单位联合研制成功表达了 CHO 重组乙肝疫苗。1997 年，华北制药集团公司的乙肝疫苗产品上市。微生物和动物系统能够表达乙肝抗体，但仍存在残余 DNA、动物病毒污染、来源局限、成本高等问题。

② 新冠疫苗生产　2019 年底新冠肺炎（COVID-19）暴发后，新冠疫苗被用于预防新冠病毒感染。重组蛋白新冠疫苗由中国生物研究院科研团队研发，通过对各种变异株的免疫逃逸能力和进化规律进行全面分析评估，全新设计开发了重组蛋白新冠疫苗，对多种变异株具有广谱保护潜力。新冠重组蛋白疫苗使用中国仓鼠卵巢细胞（CHO）细胞表达，该细胞在乙肝疫苗上已经使用多年，在蛋白质工程领域有广泛应用，是生产蛋白类药物的首选细胞。新冠重组蛋白疫苗主要有三个优势：不养活病毒，无需担心病毒外泄，对生产车间的生物安全等级要求低；利用转基因技术能实现高产量、高纯度、低成本；重组蛋白疫苗只含 RBD 蛋白，纯度高，安全性更好。目前，新冠重组蛋白疫苗是全球首个大规模接种的重组蛋白 COVID-19 疫苗，其免疫效果、安全性和冷链适应性非常均衡，且具有高产能和低成本等优势。

③ 百日咳疫苗生产　百日咳是由百日咳杆菌引起的一种具有强传染性的呼吸系统疾病，是一种营养需求复杂的革兰氏阴性球杆菌，能专门附着在人呼吸道的黏膜层。该疾病流行周期为 2～5 年，主要通过空气中飞沫传播，患病对象主要为婴幼儿。在大规模使用疫苗以前，百日咳是最常见的儿童期疾病之一。自 20 世纪 80 年代末开始，全世界已有约 80% 的婴幼儿接种了百日咳疫苗。百日咳疫苗的免疫接种主要是为减少幼儿期的严重百日咳。

随着对百日咳基因组结构、抗原成分结构和功能的了解，现已为开发新一代蛋白质工程疫苗提供了理论依据。理想的重组亚单位疫苗应该是能引起保护性免疫应答的最小、无毒的蛋白质片段。由于这些抗原成分相对分子质量较大，直接重组表达可能性小，主要研究是筛选具有免疫原性的片段并对其保护性进行研究。目前已构建重组质粒，并成功获得重组工程菌。层析纯化蛋白后，纯度均达到 95% 以上。重组蛋白基本丧失了不良的生物学活性和毒性，具有良好的免疫反应性及良好的免疫原性，可作为百日咳疫苗候选抗原。

知识拓展 8-1
国药长春所

8.1.3 蛋白质工程在药用蛋白质中的应用

（1）蛋白质工程药用蛋白及种类

蛋白质工程生产药用蛋白是指通过重组 DNA 导入大肠杆菌、酵母或动物细胞，在工程菌株、细胞中所表达生产的新型药物包括细胞因子、激素、溶血栓药物等多种难治疾病的蛋白质工程药物。因其疗效好、应用范围广泛、副作用小的特点成为新药研究开发的新宠，也是发展最迅速和最活跃的领域。自 1982 年美国 Lilly 公司上市了第一个蛋白质工程产品——人胰岛素以来，至今已有蛋白质工程药物 100 多种上市，尚处于临床实验或申报阶段的蛋白质工程药物更多，蛋白质工程制药已成为制药业的一个新亮点。

（2）常见药用蛋白生产

① 干扰素是当病毒感染动物后，动物机体产生的一种能够干扰病毒繁殖的蛋白质。目前研发的新型干扰素活性更高、更稳定和更有效。通过点突变或干扰素嵌合技术可以提高干扰素的活性。如将重组干扰素β17位的Cys改为Ser，可以将干扰素的抗病毒活性提高10倍。将干扰素α4与干扰素α1进行嵌合得到的干扰素活性分别是前者亲代的4和20倍。将干扰素β1的141位的Cys改为Tyr，则抗原性发生改变，但是不与体内自产生的干扰素β1争夺受体。干扰素αD在牛细胞株中活性最高，而干扰素αA在人细胞系中活性最高，但它们的嵌合体在鼠细胞中的活性最高，从而改变了种属特异性。

② 白细胞介素是由淋巴细胞、巨噬细胞等产生的淋巴因子，在免疫细胞成熟、活化、增殖和免疫调节等过程中发挥作用，此外还参与多种生理、病理反应。通过蛋白质工程可以改良白细胞介素，如改造白细胞介素IL-2氨基酸末端α螺旋结构可产生一种IL-2类似物，能以高亲和力与IL-2受体结合但不能刺激T细胞生长，有可能作为拮抗剂而应用。将白细胞介素IL-6与其受体sIL-6Ra融合起来，该融合蛋白活性是两者协同作用的100～1 000倍。

③ 肿瘤坏死因子（TNF）是一种能直接杀伤肿瘤细胞的糖蛋白，主要由活化的单核－巨噬细胞和T淋巴细胞产生。将hTNF-α基因的5′端编码17个氨基酸的DNA序列删除，8、9、10位的Pro-Ser-Asp编码序列替换为Arg-Lys-Arg的编码序列，157位的Leu的密码子被Phe密码子取代，然后将此突变基因插入原核表达载体Pbv220中，转化细菌获得高表达TNF菌株。

④ 组织型纤溶酶原激活剂是人体内发现的溶栓药，可用作治疗心肌梗死。但其在体内半衰期太短且剂量需要很高，因此对其进行改造成为衍生物，如将其中几个氨基酸进行突变，合成为雷特普酶和替奈普酶，从而延长半衰期和减少用药量已于1999年和2000年上市。

⑤ 多肽药物也称多肽激素，指各种具有生物活性的多肽。多肽药物具有相对分子质量小、活性高以及调节机体生理功能和提供氨基酸营养物的特点，受到了众多科学家的关注。如胰岛素、生长激素、大豆多肽等在生物体内发挥着非常重要的作用。由于天然多肽在人体内半衰期短、稳定性差和存在免疫原性等特点，多肽药物未能很好地应用于临床。因此急需设计和改造多肽获得各种理想的多肽药物。

当然，还有治疗用酶、造血生长因子、凝血因子、趋化因子、表皮生长因子、血小板衍生生长因子、成纤维细胞生长因子、转化生长因子、神经营养因子、促红细胞生成素等蛋白质药物都可以通过蛋白质改造而获得更稳定和高效等特点，造福于全人类。

（3）利用植物生产药用蛋白

知识拓展8-2 我国植物源药用蛋白已规模化生产

近20年来，对植物生理及植物基因表达调控的研究，使人类获得了操纵植物基因的能力，使植物体正成为具有重要经济价值的药用蛋白生物反应器。利用植物生产药用蛋白有明显的优势，如低成本、易推广；植物具有完整的真核细胞表达系统，能有效地翻译后加工，如磷酸化、糖基化、酰胺化等；表达产物无毒，安全性好。植物表达系统产生的疫苗可以直接储存在植物种子和果实中，易于长距离运输和普及推广。利用植物生产药用蛋白前景看好，极具诱惑力。武汉大学杨代常教授致力于植物生物反应器研究，研发出基于水稻种子的具有成本效益的重组蛋白质生产平台。目前已成功表达各种重组蛋白，如人乳铁蛋白（80k），人血清白蛋白（65k），人抗胰蛋白酶（55k）和人碱性成纤维细胞生长因子（17k）。融合技术也在水稻种子平台中被成功用来高效表达小分子多肽，如人胰岛素样生长因子（7k）。所有表达的融合或非融合的蛋白质都已被证明了体内和体外的生物活性。植物源重组人血清白蛋白也可以作为无血清培养基添加物用于细胞培养当中，特别是用于培养干细胞、生产疫苗、或用作细胞冷冻保护剂等。

8.2 蛋白质工程在食品工业中的应用

生物技术在食品上的应用有悠久的历史，曾被集中用于面包、奶酪、米酒、啤酒、葡萄酒、酱油等生产。随着现代生物技术在食品生产与开发中的广泛应用，食品工业有了飞速发展。利用蛋白质工程技术不仅可以改造食品原料，同时还能改进传统工艺，改良食品品质，提高产品加工深度，增加食品包装功能并将其产业化，而且还可以赋予食品多种功能、优化生产工艺和开发新型功能性食品。蛋白质工程技术也将成为解决食品工业生产所带来的环保和健康等问题的有效途径。

8.2.1 蛋白质工程在食品原料品质改良中的应用

（1）改良植物源食品原料

20 世纪 80 年代初，DNA 重组技术和细胞融合技术相结合，培育出高产、抗虫、抗病、生长快、高蛋白的基因改良植物，蛋白酶抑制基因、淀粉酶抑制基因、外源凝集素基因等均已被克隆和转入相应植物。例如，抗虫转基因西红柿，由于其抗虫能力的提高，减少了对化学农药的使用和对其依赖性，避免环境污染，具有较大的社会效益。

采用基因工程技术可改良原料的品质，提高食品质量。如改良的马铃薯比一般马铃薯固形物含量高；大豆经过改良后，其植物油中含不饱和脂肪酸较高，食用油的品质提高；谷物蛋白质中的氨基酸比例也可加以改良，增加蛋白质的来源，提高营养价值。如在油料作物中，通过导入硬脂酸 -ACP 脱氧酶反义基因，可使转基因油菜籽中硬脂酸含量增加，而将硬脂酰 CoA 脱氢饱和酶基因导入油料作物，则可以使转基因作物中不饱和脂肪酸含量明显增加。

另外，用工程技术方法还可控制果实软化、延缓蔬果成熟。例如，利用反义基因技术将反义 PGC 基因转入番茄，可以延长番茄的货架期，增加番茄的风味，这种番茄已由美国 FDA 批准上市，其纤维素酶的活性降低 70% ~ 90%，而且易于保存，无需冷藏，风味增加，并有抗虫害能力。

对糖类的改进可以通过对其酶的改变来实现。高等植物体中淀粉合成的酶类主要有 ADPP 葡萄糖焦磷酸酶（ADP-GPP）、淀粉合成酶（SS）和分枝酶（BE）。通过反义基因抑制淀粉分枝酶，可获得只含直链淀粉的转基因马铃薯，油炸后吸油量低，产品更具马铃薯风味。谷物类中淀粉合成酶有两种不同形式，其中一种为蜡质基因（*WX*），决定直链淀粉合成。利用反义 *WX* 基因可以抑制玉米中该酶的活性，使得玉米直链淀粉的合成受到抑制，而支链淀粉含量不变，从而改善淀粉的品质。

知识拓展 8-3
转植酸酶基因玉米

（2）改良动物源食品原料

利用蛋白质工程生产的动物生长激素（porcine somatotropin，PST）可以加速动物的生长，改善饲养动物的效率及改变畜产动物和鱼类的营养品质。美国康耐尔大学利用蛋白质工程技术将牛生长激素注射到乳牛上，可提高乳牛的产奶量；另外通过重组猪生长激素，将其注射到猪上，使猪瘦肉型化，改善肉食品质。

中科院水生所成功地将人生长激素基因和鱼生长的激素基因导入鲤鱼，育成当代转基因鱼，其生长速度比对照快。目前我国已生产出生长速度快、节约饵料的转基因鱼，为转基因鱼的实用化打下基础。上海医学遗传研究所培育的转基因羊的乳汁中含有人的凝血因子，既可以食用，又可以药用，使人类药物研究迈出了重大的一步。目前，生长速度快、抗病力强、肉质好的转基因

“兔、猪、鸡、鱼已经问世”。近期，还有人将疫苗的基因转入羊的乳腺，使这些产物随乳汁而分泌。在肉的嫩化方面，可利用工程技术对动物体内的肌肉生长发育基因进行调控，通过蛋白质工程获得嫩度好的肉。

8.2.2 蛋白质工程在食品生产工艺改进中的应用

谷物类植物中淀粉合成酶有 2 种不同的形式，其中与淀粉、颗粒结合的淀粉合成酶（GBSSI）基因又称蜡质基因（*WX*），是小麦、水稻、玉米、马铃薯等植物中决定直链淀粉合成的基因，那么在玉米上利用淀粉合成酶（*GBSSI*）基因的反义基因抑制该酶的活性，使反义转基因玉米中 GBSSI 的活力大大降低，在另一种形式的淀粉含量基本不变的基础上，其直链淀粉的合成几乎完全受到抑制，从而改善淀粉的品质并且能提高产量。此外，还可通过改良小麦中蛋白质的组成、比例，以改善其面团的流变学特性，进而提高焙烤特性。

大麦中醇溶蛋白含量过高就会影响发酵，使啤酒易产生混浊，也会使其过滤困难。采用蛋白质工程技术，便可相应地使大麦中醇溶蛋白含量降低，以适应生产的要求。在牛乳加工中如何提高其热稳定性是关键问题。牛乳中的酪蛋白分子含有丝氨酸磷酸，它能结合钙离子而使酪蛋白沉淀。采用增加 k- 酪蛋白编码基因的拷贝数和置换，k- 酪蛋白分子中 a-53 被丝氨酸所置换，便可提高其磷酸化，使 k- 酪蛋白分子间斥力增加，以提高牛乳的稳定性，这对防止消毒奶沉淀和炼乳凝结起重要作用。在烘烤工业中，将含有地丝菌属 *IXVZ* 基因的质粒转化到面包酵母中，可以使面包蓬松，内部结构较均匀，优化了加工工艺。

8.2.3 蛋白质工程在食品添加剂生产中的应用

食品添加剂是为改善品质和色、香、味，防腐和加工工艺的需要而加到食品中的物质。根据来源的不同，可分为天然和化学合成添加剂两大类。近年来，由于发现不少化学防腐剂影响人体的健康，因此人们开始把注意力转向天然防腐剂的研究开发，微生物天然防腐剂已成为当今食品保藏研究的热点。

改造后的菌种，不仅可以使产品的产量和风味获得改进，而且可以使原来从动植物中提取的各种食品添加剂，如天然香料、天然色素，转到由微生物直接转化而来。如草莓中的红色素通常需要种植大量草莓采摘后进行生物提取，而日本学者已把草莓产红色基因克隆到大肠杆菌中，通过发酵生产草莓红色素。从植物果实中提取的甜味蛋白 DNA 编码序列已经被克隆入细菌，以生产高效低热量新型甜味剂等。通过蛋白质工程可以改变酶的性质，生产食品结构改良剂。如荷兰利用愈疮种子所含的 α- 半乳糖苷酶，产生出高纯度的特殊酶，用这种酶切除多糖类的侧链，可以改善稳定剂的性质。目前已能通过蛋白质工程技术发酵生产如红曲色素、胡萝卜素、维生素 C、香味脂质和黄原胶等食品添加剂。将海藻糖制备用酶麦芽寡糖基海藻糖合成酶和麦芽寡糖基海藻糖水解酶进行高效重组表达，进一步将其用于催化淀粉制备海藻糖，并引入高特异性歧化酶将催化体系中的寡糖分子延长再利用，显著提升了原料利用率，大幅降低了海藻糖生产成本。

8.2.4 农作物品质改良与转基因食品

转基因食品是利用微生物、动物或植物的基因植入另一种微生物、动物或植物中，接受的一方由此获得了一种其所不能自然拥有的品质。转基因食品根据其原料可分为 3 类：转基因微生物及其产品、转基因作物及其产品和转基因畜产品。转基因微生物主要用来生产食品用酶。转基因畜产品主要用于医药方面的研究，在食品中多用于乳制品的生产。目前市场上的转基因食品主要是转基因作物及其加工产品，如转基因大豆、西红柿、玉米、油菜、番茄以及它们作为原料经过加工而得到的各种食品等。

转基因食品是人类对自然的认识和改造的结果，通过转基因技术来改良作物的品质是一个不可阻挡的趋势，特别是耐旱、耐贫瘠等作物品种的培育。例如非洲的沙漠地区，如果按照现在的育种手段，粮食产量根本不能满足基本生活，人们现在寄希望通过转基因技术生产比较耐旱、耐贫瘠的作物，以解决因为土地可耕面积的减少而带来的压力。另外，转基因技术可以改良作物的营养成分，金色大米是通过将胡萝卜素合成途径的关键基因转到水稻中，生产出金黄色大米，有助于治疗因缺乏维生素 A 而导致的失明等疾病。

通过基因编辑技术对作物基因组序列进行编辑，为作物产量、品质和抗性遗传改良提供了有力支撑，进一步提高了作物的营养价值、口感和市场竞争力。基因编辑的方式包括基因敲除、基因修饰和基因添加。基因敲除是通过 CRISPR-Cas9 等编辑系统将目标基因剪切，使其功能失效或丧失。基因修饰则是在目标基因的特定位置进行精确的修饰，例如点突变或插入特定的 DNA 序列，从而改变基因的功能或表达水平。基因添加是将外源基因导入到作物基因组中，以实现性状改善的目标。基因编辑技术已经在水稻、玉米、大豆、小麦和番茄等农作物以及猪、牛、羊等农业动物中广泛应用，糯玉米、高油酸大豆、抗褐变马铃薯、高 GABA 番茄、抗褐变蘑菇等基因编辑产品已陆续在美国、日本等国家上市推广。

同时，我们应该看到，目前国内外对转基因食品的安全性众说纷纭。所以，适当借鉴国外经验，建立一套既符合中国国情，又与国际接轨，且科学合理的基因安全评价和监控体系，为保护国人健康，也为我国转基因食品走向世界奠定基础。相信蛋白质工程技术的不断发展和进步，将使转基因食品的安全性得到保证，蛋白质工程技术在食品工业的应用也将越来越广泛，能够让人们吃到安全、更加丰富、更有利于健康、更富有营养、独具风味的食品，也能解决世界面临的粮食短缺、能源危机、环境保护等问题，为人类的衣食住行和保健发挥无穷无尽的力量。

知识拓展 8-4
黄金大米

8.3 蛋白质工程在轻工业中的应用

人类很早就利用自然界无处不在的微生物酿酒制酱，特别是进入 20 世纪后，更是不断地利用各种微生物来发酵生产各种产品。例如工业用的丙酮，食品中用的柠檬酸、味精等。不论是什么产品，都是利用微生物的特性，生产特定种类的产品。

8.3.1 蛋白质工程在酿造与发酵中的应用

（1）蛋白质工程在乳制品发酵中的应用

乳制品发酵是利用微生物对牛乳进行乳酸发酵，使乳糖变为乳酸。发酵乳制品包括酸乳、乳饮料和干酪制品。近年来酸奶在我国的消费量迅速增加，因此，乳制品发酵在食品工业中的地位非常重要。对于乳制品发酵工艺，其关键环节是氧的控制，特别对于双歧杆菌更是要求绝对厌氧，因此在一般乳制品中双歧杆菌数量很少。厌氧菌几乎没有超氧化物歧化酶和过氧化氢酶基因或活性很小，难以清除氧化作用产生的有害物质，如超氧阴离子、过氧化脂质，而这些物质能够破坏微生物生命代谢过程中的酶。为了解决菌株对氧的不耐受性问题，首先可以克隆超氧化物歧化酶基因和过氧化氢酶基因，然后导入发酵菌株中使其高效表达，可使发酵菌株对氧的抵抗能力增加。

此外，还可以通过改变超氧化物歧化酶的调控基因提高耐氧活性。利用 β- 半乳糖苷酶水解乳糖，可将 β- 半乳糖苷酶基因转入微生物细胞作为宿主，在发酵罐规模上生产表达有优良特性的β-半乳糖苷酶基因。此外，针对α-乳白蛋白的mRNA，用核酸编码的转基因，使与乳糖合成有关的α-乳白蛋白（是乳糖产生的催化物质）的基因被淘汰，以此达到降低乳中乳糖含量的目的。

知识拓展8-5
仙茅甜蛋白

甜蛋白来源于西非热带植物的果实，从天然植物来源中提取甜蛋白较难规模化开展。现已合成多种甜蛋白，并被允许在美国国内作为甜味剂使用。我国人工合成了蛋白质，甜度为相同质量蔗糖甜度1 000多倍；通过定点突变，还获得了蛋白质产物甜度为蔗糖甜度4 500倍的甜蛋白基因，并使其在大肠杆菌中得到表达，其表达效率在40%左右，发酵时间仅为1～2天。

（2）蛋白质工程在啤酒工业中的应用

酿酒酵母是一类单细胞的低等真核微生物，能将葡萄糖发酵为酒精和二氧化碳。啤酒工业竞争较为激烈，且消费者对啤酒风味的需求越来越多元化，解决这些问题都需要依赖现代蛋白质工程技术对传统工艺进行改进。

啤酒的酿制过程是酿酒酵母将麦芽汁中的蔗糖、果糖、葡萄糖、麦芽糖、麦芽三糖等发酵产生酒精和啤酒风味的多种次级代谢产物。由于麦芽汁中的主要成分是麦芽糖，酿酒酵母能迅速有效发酵麦芽糖较重要。麦芽糖由诱导性渗透膜酶传输进入细胞中，再由渗透性α-葡糖苷酶水解为葡萄糖。发酵过程中主要的限速步骤是这2种糖的吸收过程，因为这种传输酶的产生受葡萄糖存在的抑制。现已改良发酵菌株为解决上述难题开辟了一个路径。此外，啤酒酿制过程中苦味物质、冷浑浊的形成，都可以通过改变酿酒酵母来得以实现。

为了避免酵母优先利用葡萄糖，可构建营养缺陷型菌株，使葡萄糖被利用后产生的降解产物不再抑制酵母产生利用其他碳源的酶。例如：通过插入糖化酵母和曲霉的糖化酶基因以及芽孢杆菌的α-淀粉酶基因，来增加酿酒酵母发酵低聚麦芽糖的能力，这样可使酿酒原料大麦汁中低聚麦芽糖的残留量降低，提高原料利用率，并且使啤酒风味纯正；同时由于α-淀粉酶的活性，可直接发酵淀粉，省去了酿酒工艺中的糖化工序，节省能源，缩短生产周期，导致啤酒生产的革新；通过导入枯草芽孢杆菌和8-葡聚糖基因分解大麦的8-葡聚糖来提高啤酒的过滤性能。导入大肠杆菌和克雷伯氏菌的α-乙酰乙酸脱羧酶基因，控制双乙酰的形成，降低啤酒的苦味。导入产蛋白酶基因，其高效表达产生蛋白水解酶使大麦醇溶蛋白水解，控制混浊的形成。

由于酿酒酵母菌种不存在α-淀粉酶，需要利用麦芽产生的α-淀粉酶使谷物淀粉液化成糊精，但现在已经采用蛋白质工程技术将大麦中α-淀粉酶基因转入酿酒酵母中，这种酵母便可以直接利用淀粉进行发酵，简化了生产流程和工艺。啤酒在生产过程中容易产生一种馊酸味，严重破坏了啤酒的风味和品质，这是由于酿酒酵母产生的α-乙酰乳酸经一系列反应生成了双乙酰。可以将外源α-乙酰乳酸脱羧酶基因导入酿酒酵母中使其表达便可以达到此目的。

此外，还可主动改变酵母发酵酒精中的酶活性。葡萄糖淀粉酶基因的突变，使其表达产物酶的稳定性增加，从而延长其活性维持时间，最大限度将糊精转化为葡萄糖，这样便可生产甜味啤酒。纤维素是自然界存量最多的有机物，某些真菌如平菇、香菇、灵芝、红曲霉等对纤维素有很强的分解能力，如果利用现代蛋白质工程技术将这些真菌中控制纤维素酶合成的基因转移到酿酒酵母中去，那么酿酒酵母就能利用纤维素酿造啤酒，改变传统的啤酒生产中消耗大量的大麦和大米等粮食的局面。

（3）蛋白质工程在酶制剂生产及改良中的应用

蛋白质工程技术在酶制剂方面的应用越来越广泛。凝乳酶的凝乳能力及蛋白质水解能力，成为干酪生产中形成质地和特殊风味的关键性酶，被广泛地应用于奶酪和酸奶的制作。现已利用蛋白质工程技术将小牛胃中的凝乳酶基因转移到细菌或真核微生物生产凝乳酶。β-环状糊精广泛用于工业中，但由于β-环状糊精葡基转移酶生产菌产酶活力低，现已成功地得到高表达β-环状糊精葡基转移酶的工程菌。

酱油风味与酿造过程中生成氨基酸量密切相关，参与该反应的羧肽酶和碱性蛋白酶基因已克隆，蛋白质工程菌株中碱性蛋白酶、羧肽酶的活力大幅提高，有效提高酱油酿造过程中氨基酸的量。另外，在酱油酿造过程中，木糖可与酱油中的氨基酸反应产生褐色物质，从而影响酱油的风味。而木糖的生成与制造酱油用曲霉中木聚糖酶的含量与活力密切相关。现在，米曲霉中的木聚糖酶基因已被成功克隆。利用反义 RNA 技术抑制该酶的表达所构建的工程菌株酿造酱油，可酿造出颜色浅、口味淡的酱油。

大麦主要种植于新疆、甘肃一带，常被用于啤酒的生产，但在生产应用中发现，相同蛋白质含量的大麦，其啤酒的品质差别较大。目前已知大麦醇溶蛋白 D 的含量与麦芽的进出率呈明显的负相关。通过改造细菌的（1,3–1,4）–β– 葡聚糖酶，能使大麦在种子萌发时有效表达稳定的葡聚糖酶，从而改良大麦品质。通过改善麦谷蛋白的谷蛋白亚基和增加麦谷蛋白的合成已是当前小麦品种品质改良的有效途径。

8.3.2 蛋白质工程在纺织与日化中的应用

纺织工业是我国的传统支柱产业，在我国国民经济中占有重要地位，其中服装、棉纺织、毛纺织、丝绸、化纤生产能力居世界首位。纺织品的产品质量、纺织品的安全性、纺织品在生产过程中造成的环境污染等问题越来越受到重视。目前，蛋白质工程技术在纺织工业已有广泛应用，包括生物酶制剂生产、新型纺织纤维的开发、纺织品风格整理等方面。

（1）蛋白质工程在纺织工业中的应用

将蛋白质工程技术运用于纺织纤维的开发领域已经取得了非常大的成功。蛋白质工程技术目前在纤维改性、真丝脱胶、原麻脱胶、染整退浆、精练整理和净洗加工，纺织印染的废水处理以及服装的成衣加工等方面都有较大应用。

纺织工业应用的酶制剂主要为水解酶制剂，如纤维素酶、半纤维素酶、淀粉酶、木质素酶、果胶酶、过氧化氢酶、脂肪酶和漆酶等。它们在纺织物石磨水洗、柔软处理、织物精炼、去除残留杂质等环节起了重要的作用。目前已利用蛋白质工程方法对纤维素酶潜在的活性中心氨基酸残基进行基因定点突变、体外分子定向进化和对定点突变酶进行动力学分析，以摸清纤维素酶的催化机制和改善纤维素酶性质，以利于生产应用。聚乙烯醇（PVA）降解酶可以降解纺织企业废水中的 PVA。由于产生 PVA 降解酶的菌在大自然分布范围小、降解效率不高、难提取等问题还不能得到很好地解决，采用该酶进行纺织物退浆，通过蛋白质工程促进 PVA 降解酶的生产和改良。

葡糖氧化酶在棉织物的退浆、精炼和漂白工序起了相当重要的作用，但是该酶只能利用葡萄糖做底物，在生产过程中不断添加葡萄糖无疑是大大增加了生产成本，所以研究出底物不单一或底物环保便宜的酶制剂势在必行。全酶法处理纺织物与化学制剂处理相比有很大的优越性，如工艺流程缩短、不污染环境等，所以对酶制剂的研究十分重要。枯草杆菌蛋白酶广泛应用于洗涤剂、制革及丝绸工业，但是该酶容易失活，通过蛋白质工程研发出适用广泛温度和 pH 的突变体十分重要。

羊毛酶处理主要用于防毡缩、柔软丝光处理和降低染色温度等，是羊毛制品高档化、高附加值有效途径之一。用生物酶对麻纤维进行脱胶具有纤维强力损失小、纤维光洁柔软、成纱性能好、生产效率高、能耗小等优点。用纤维素酶对织物进行减量处理，可以使织物具有丝绸感，用酶加工能使织物具有较好的柔软手感，棉织物由纤维素酶处理后，随着处理时间的增加，茸毛可以大量去除，从而改善织物光泽，染色后色光更鲜艳。用酶洗工艺可减少石磨时浮石用量，保护机器不受损伤，避免浮石尘屑，减少环境污染。

大豆蛋白纤维被称为新世纪的“生态纺织纤维”，可以用其代替羊毛和化学纤维，我国在大豆蛋白纤维上的研究处于国际领先地位，并成功应用于工业化生产。此外，可以通过蛋白质工程合成彩色蚕丝，不需要对蚕丝进行染色，减轻了丝绸印染的污染，可以制作不需要染色的彩色服装。还可通过将发色基因整合到棉花的基因组中，进而表达出目的基因的色泽，从而获得具有天然色彩的彩棉纤维。向棉纤维中引入其他成分，形成天然多成分棉。

知识拓展 8-6
大豆蛋白纤维

将蜘蛛丝蛋白基因植入奶牛和山羊乳腺细胞中，分泌的乳汁中可以提取到与蜘蛛丝性能相似的丝蛋白纤维。另外可利用蜘蛛丝蛋白有关基因，在大肠杆菌或酵母等微生物中通过发酵培养使其产生大量的蜘蛛丝蛋白。

蛋白质工程以其特有的优势在纺织工业中的应用越来越广泛。未来一定会使纺织品在新的层次上实施“绿色纤维”“绿色设计”“绿色制造”的“绿色纺织”，这种“绿色纺织”可在污水治理、环境保护中起到重要作用，为纺织工业带来了可观的经济效益，并能产生巨大的社会效益。

（2）蛋白质工程在日化工业中的应用

化妆品发展到至今，已由当初的简单美容修饰作用逐渐向功效性方面转变，出现了功能性化妆品。功能性化妆品除化妆品主要原料外，还配入了新的辅料，如化学药物添加剂、中草药物添加剂、生物工程技术产物、类似人类皮肤结构组分的物质，以及植物提取物等，由于这些物质的添加，使化妆品具有某些功能性，扩大化妆品功能和用途，起到保健和改善皮肤的效果，这是化妆品发展的科学深入和进步。

蛋白质工程技术的发展和应用，给化妆品行业带来全新的发展，赋予化妆品一定的功效性，是现代化妆品发展的重要趋势。如表皮营养因子是从人胚胎皮肤细胞通过蛋白质工程技术提取的复合类脂，主要含有磷脂、固磷脂和不饱和脂肪酸，应用于高级化妆品，在化妆品中起到营养、滋润、保护皮肤等功效，是高新技术生物添加剂。提取纯化的表皮生长因子，用于化妆品和牙膏配方中，可以促进皮肤的新陈代谢、抗衰老、防皱纹、预防粉刺、暗疮及皮癣、防牙龈出血、起止血和口腔溃疡等功效。现已推出一系列表皮生长因子的美容护肤品，具良好的效果。

超氧化物歧化酶（SOD）广泛存在于自然界一切生物体内，特别是人、动物的血细胞和组织器官中的含量很高，有效地清除人体内生成的过多的衰老因子——超氧化自由基，用于化妆品可以收到抗衰老、抗皱纹、去除粉刺、色素沉淀等功效。通过对螺旋藻中的蛋白质改良，也可用作化妆品生产，有增加皮肤弹性、润肤保湿、除皱、祛斑等功效，还能促进皮肤新陈代谢，并减少疤痕。由于螺旋藻化妆品的通透性较好，能起到皮肤表面和深层营养及护理的作用，且使用十分安全，对皮肤没有刺激和致敏作用。

8.3.3 蛋白质工程在环保与监测中的应用

20 世纪 50 年代以来，随着工业的迅速发展，环境污染的问题日趋严重。研究污染物质在环境中的运动规律以及防治污染的原理和方法已成为世界各国重点探索的课题之一。蛋白质工程为环境污染的生物防治开辟了更加广阔的途径。

（1）减少农药和化肥对环境的污染

利用蛋白质工程减少农药和化肥对环境的污染，有 2 种思路：一是通过改良微生物的降解作用更有效地减少已经存在的污染；二是通过转基因获得优良性状的工程菌或抗性植株从而减少农药、化肥等污染物对环境的破坏。

① 蛋白质工程技术在农药降解上的应用　利用细菌中的农药降解基因，构建高效的蛋白质工程菌可以显著提高农药降解效率。构建蛋白质工程菌的方法主要有转移质粒法和改变基因法 2

种。目前已发现了一些可以降解除草剂2,4-D、杀虫剂“666”和烟碱等农药的农药降解质粒，人们曾用它们构建过同时具有多种功能的多质粒菌株，但由于多质粒菌株往往不够稳定，所以人们现在更多的是研究用重组DNA技术把质粒中的农药降解基因连接在一起，形成重组质粒，以便获得遗传性更加稳定的新菌株。

为了提高降解酶的催化活性以增强降解菌的降解能力，可以通过定向诱变、随机突变或DNA重组，以及加入强启动子等技术进行基因改造。现已将*OpdA*（编码有机磷降解基因）构建了原核表达质粒，转到大肠杆菌中表达，通过其表达产物有机磷水解酶分析，发现*OpdA*产物能作用更多底物的类似物，降解范围更广。

② 转基因作物在农业中的应用　转基因作物减少了农药对环境的污染。转基因作物是利用重组技术将目的基因转入作物中培育而成的。主要用来选育具有特殊优良性状（抗虫、抗病毒、抗除草剂、抗盐碱、抗干旱和抗高温等）。可以减少农药、化肥对环境的污染，改善人类的生存环境，并打破地域、季节的限制，扩大农作物种植的范围和面积。

蛋白质工程在农业中的应用包括培育新品种，改良作物品质，促进作物增产，防除杂草，防治病虫害等。这里主要介绍病虫害防治和减少化肥施用量2方面。

抗植物病虫害的基因有很多，目前经常使用的主要有3种，即来源于苏云金芽孢杆菌（*Bacillus thuringiensis*，Bt）的杀虫结晶蛋白基因、胰蛋白酶抑制剂（trypsin inhibitor，TI）基因和植物凝集素基因（lectin gene）。目前，人们对于抗虫转基因研究得最深入、应用得最广泛的是苏云金芽孢杆菌毒蛋白基因。高等植物的蛋白酶抑制剂（proteinase inhibitor，PI）基因是存在于许多植物种子、块茎、叶等器官和组织中的小相对分子质量蛋白质分子，其抑制取食昆虫胰蛋白酶和胰凝乳蛋白酶的活性，使昆虫得不到必需的营养而死亡。

生物固氮技术为减少化肥用量、增加作物产量、减少环境污染也提供了有效途径。目前，已把固氮功能基因导入禾本科植物根际的细菌中去，使其具有固氮能力，为作物提供氮肥。另外是利用细胞融合技术把固氮基因直接重组到作物细胞的基因组中，从而获得自身可以固氮的农作物，从根本上解决了固氮问题。目前，已通过细胞融合将豆科植物固氮基因转到稻、麦、玉米等植物细胞中。由此，利用现代生物技术培育人们所需要的作物，为减少化肥施用、保护生态环境奠定了基础。

（2）减少原料的浪费和垃圾的排放

利用蛋白质工程可以提高目标产物的代谢流，改变物质流的性质，构建新的代谢旁路，从而提高微生物对复杂有机物的降解或转化活性，得到更多副产品，从而减少原料的浪费和污染物的排放。

木质纤维是地球上数量最大的一种可再生资源，而乙醇是一种重要的化工原料，广泛用作有机溶剂，是一种环境友好型的生物能源。木质纤维主要由纤维素、半纤维素和木质素组成。纤维素和半纤维素经过糖化和发酵转化为乙醇，而木质素的降解物不含可发酵糖，只能通过燃烧供热或化学转化为燃料添加剂加以综合利用。

许多细菌、真菌和高等植物中都存在着由丙酮酸生成乙醇的途径，为厌氧条件下的糖酵解途径起着再生NAD^+的重要作用。其中，丙酮酸脱羧酶（PDC）催化丙酮酸的非氧化脱羧反应，形成二氧化碳和乙醛；后者在乙醇脱氢酶（ADH）的作用下转变为乙醇。由于丙酮酸在糖酵解途径中是个关键的节点，与草酰乙酸、乙酰辅酶A、乳酸等合成途径均有密切联系，因此可以通过构建蛋白质工程菌强化表达细胞内PDC和ADH的活性来扩增目标途径，阻断副产物的形成路线，解除乙醇生物合成的代谢阻遏作用来提高菌株乙醇产量。

利用木质纤维素原料商业化生产乙醇的主要技术难题在于开发合适的菌种。传统的乙醇生产采用的菌种酵母和运动发酵单胞菌不能发酵木糖或阿拉伯糖。自然界的一些细菌虽能发酵五碳糖，但是其发酵产生多种产物。因此，可以通过代谢工程的手段构建重组菌，使之能够发酵葡萄糖、木糖或者阿拉伯糖产生乙醇。用于开发能发酵六碳糖和五碳糖的产乙醇优良菌株主要通过对常规的产乙醇菌株进行工程改造，拓宽底物利用范围；另外是对能天然利用多种底物的微生物进行工程改造，提高产乙醇能力。

大肠杆菌的野生菌株能够利用非常广泛的碳源，其中包括六碳糖（葡萄糖、果糖、甘露糖）和五碳糖（木糖、阿拉伯糖）以及糖酸等物质，即大肠杆菌可以利用木质纤维素降解产生的各种糖类。但是野生型大肠杆菌缺少强有力的产醇发酵酶系统，厌氧发酵时糖代谢的主要产物是各种有机酸，乙醇含量很低。故大肠杆菌菌种改造的重点是增强其产醇能力。为了实现这一目标，一般是用蛋白质工程手段将运动发酵单胞菌的 2 个基因，*pdc*（丙酮酸脱羧酶基因）及 *adh*（乙醇脱氢酶基因）克隆到大肠杆菌中，促使丙酮酸定向地转化成乙醇。

（3）石油污染的处理

随着全球性广泛的石油勘探、开采、贮运、加工和使用，石油污染已成为普遍而严重的问题。各种人为原因所造成的石油污染，如油田开发中的井喷事故、输油管、贮油罐泄漏和油船海难事故等，正严重威胁着土壤和海洋。石油中含有的各种烃类，大部分均可被微生物降解，其中 C10 ~ C18 范围内化合物较易分解。其中，烯烃最易分解，烷烃次之，芳烃难，多环芳烃很难，脂环芳烃对微生物作用最不敏感。正构烷烃比异构烷烃易降解。苯的降解极难，含 30 个以上 C 的烷烃，也因溶解度小难被生物降解。

20 世纪 70 年代以来，人们发现许多具有特殊降解能力的细菌其降解途径所需要的酶，不是由染色体基因编码，而是由染色体外的质粒基因编码。这类质粒称为“降解质粒”或“代谢质粒”。它们的相对分子质量一般都比较大，大多具有接合转移能力。含有这类质粒的细菌，在某些环境污染物的降解过程中起着重要的作用。

现已培育出能同时降解石油中大多数烃类物质的“超级细菌”。组建的过程是：首先，通过接合作用使菌株 1 的樟脑质粒（CAM）转移到含辛烷质粒（OCT）的菌株 2 中，形成杂种质粒，同时使菌株 3 的萘质粒（NAH）转移到“二甲苯质粒”（XYL）的菌株 4 中；然后，再使新产生的两个菌株进行接合转移，产生含 4 种质粒的菌株。多质粒细菌降解石油的速度快、效率高。

（4）垃圾及工业废弃物再利用

城市生活垃圾的处理是目前我国环境污染控制的最重要课题之一。目前，城市生活垃圾处理处置的方法主要包括卫生填埋、堆肥化、焚烧 3 种，其中前 2 种处理方式均属于生物处理技术。依靠自然界微生物作用，通过生物转化，将易于生物降解的有机组分转化为腐殖质肥料、沼气或其他化学产品，如饲料蛋白、乙醇或糖类，从而达到固体废物无害化的目的。

通过蛋白质工程改良工程菌的代谢途径提高生物制氢产量是目前国内外的主要研究方向。一个热点方向是固体废物厌氧发酵制氢。厌氧制氢的细菌能利用有机固体废物中的葡萄糖、淀粉、纤维素和半纤维素等作为底物进行厌氧发酵。在厌氧菌胞外酶的作用下，复杂的有机物被分解成简单的有机物，如蛋白质转化成氨基酸，脂质转化成脂肪酸和甘油，淀粉、纤维素和木质素等水解后最终转化为单糖，单糖生成挥发性脂肪酸乙酸、丙酸、丁酸等，以及氢气和二氧化碳；其后，在氢化酶作用下，上述挥发性脂肪酸进一步转化为氢气、二氧化碳和醇类，代谢的末端产物为氢气、二氧化碳、醇及部分未转化的脂肪酸。

另外一个是从嗜酸热原体（*Thermoplasma acidophilum*）和激烈火球菌（*Pyrococcus furiosus*）中分离出了氢气体外产生系统的 2 个酶——葡萄糖脱氢酶（GDH）和氢化酶。GDH 催化葡萄糖氧化为葡糖酸 -δ- 内酯，而从激烈火球菌中分离的氢化酶可以利用 NADH 或 NADPH 作为电子供体，进一步水解产生葡糖酸。GDH 和氢化酶结合使葡萄糖能够在体外转化产生氢气，其附加条件是需要辅因子的连续循环（20 次）。这一途径没有二氧化碳和一氧化碳的中间产物。

工业废物指在工业生产活动过程中排放出来的各种废渣、粉尘及其他废物等。如化学工业的酸碱污泥、机械工业的废铸砂、食品工业的活性炭渣、纤维工业的动植物的纤维屑、硅酸盐工业的砖瓦碎块等。这种固体废物，数量庞大、成分复杂、种类繁多。如经过适当的工艺处理，可成为工业原料或能源。单细胞蛋白指的是在大规模培养装置中，利用非食用资源和废弃资源作原料，工业化培养细菌、酵母、放线菌和藻类等，然后用这些微生物细胞的干物质作为食品和家畜饲料的蛋白质来源。可以相信，利用废弃资源生产单细胞蛋白的技术开发，必将大大促进饲料工业的迅速发展，从而促进畜牧业的大发展，为人类提供日益丰富的动物蛋白质。生产淀粉和豆制品的废水，生产乙醇和味精的废水，奶粉厂分离牛奶时离心出来的乳清废水等，都含有可供细菌、放线菌和酵母生长的营养成分，是生产单细胞蛋白的好原料。又如木质纤维，也可用微生物进行发酵生产单细胞蛋白。

近年来，蛋白质工程作为一种新兴技术得到了极大的发展。环境生物技术应用于环境污染治理和环境监测，不仅对环境保护有着重要意义，也势必推动现代生物技术不断改革创新。对蛋白质工程菌的深入研究和是对环境中微生物的习性及工程菌、环境微生物、污染物三者之间的相互作用的研究将有效地预防和治理环境污染，节约资源，改善我们赖以生存的生态环境。

开放讨论题

如何在现代发酵和啤酒生产中应用蛋白质工程技术？

思考题

1. 蛋白质工程能够生产哪些药物？
2. 谈谈蛋白质工程技术在纺织与日化中的应用前景。
3. 举例说明蛋白质工程在环保与监测中的用途。
4. 植物表达系统生产药用蛋白有什么优势？
5. 新冠疫苗有哪些种类？各自有什么优缺点？

推荐阅读

1. 李维平 . 蛋白质工程 . 北京：科学出版社，2013.

点评：该教材分 3 个层次阐述：蛋白质生物学基础理论、蛋白质工程技术理论、蛋白质工程方法与技术，书中还列举了大量科研及生产案例，使读者更好地理解本学科的内容。

2. 黄耀江 . 蛋白质工程原理及应用 . 北京：中央民族大学出版社，2007.

点评：该书主要内容包括蛋白质结构、蛋白质组学、蛋白质生物信息学、蛋白质的分子模拟与药物设计、蛋白质表达、蛋白质分离纯化工程，以及蛋白质工程的应用，如抗体工程、蛋白质多肽药物、酶蛋白工程、蛋白质芯片等。

3. 菲格斯．工业蛋白质组学．钱小红，贺福初，主译．北京：科学出版社，2007.

点评： 该书专注于蛋白质组学在工业中应用。该书内容丰富，信息全面，既可为工业蛋白质组研究领域的研究人员提供参考，也可作为分子生物学、生物化学、细胞生物学、蛋白质组学以及医学、药学等领域的研究院所、高等院校的研究生及科研人员的参考用书。

数字课程学习

◆本章小结　◆教学课件　◆参考文献